高等院校规划教材 网络工程系列

网络工程与设计

毛雪涛 李 琳 主编

机械工业出版社

本书比较全面系统地介绍了网络工程的基础知识，包括网络理论基础知识、局域网技术、广域网技术；详细介绍了网络工程组网的重要技术，包括网络互连技术、服务器技术、网络安全技术，并给出了最新相关技术的发展；介绍了网络工程实施的相关内容，包括网络规划与设计、网络管理、网络调试方法。本书内容充实，循序渐进，兼顾基础，注重实际应用，给出大量配置实例和实验内容，为读者掌握网络工程的设计、配置、管理起到指导作用。

　　本书可作为大中专院校计算机科学与技术、网络工程等专业的教材或教学参考用书；也可供从事网络工程的研究人员和工程技术人员参考。

　　本书配有授课电子课件，需要的教师可登录 www.cmpedu.com 免费注册、审核通过后下载，或联系编辑索取（QQ：2399929378，电话：010-88379753）。

图书在版编目（CIP）数据

网络工程与设计 / 毛雪涛，李琳主编. —北京：机械工业出版社，2013.10
高等院校规划教材·网络工程系列

ISBN 978-7-111-45076-4

Ⅰ. ①网…　Ⅱ. ①毛…　②李…　Ⅲ. ①计算机网络-高等学校-教材
Ⅳ. ①TP393

中国版本图书馆 CIP 数据核字（2013）第 295630 号

机械工业出版社（北京市百万庄大街 22 号　邮政编码 100037）
责任编辑：郝建伟
责任印制：李　洋
北京宝昌彩色印刷有限公司印刷
2014 年 3 月第 1 版·第 1 次印刷
184mm×260mm·14 印张·346 千字
0001—3000 册
标准书号：ISBN 978-7-111-45076-4
定价：32.00 元

出 版 说 明

计算机技术在科学研究、生产制造、文化传媒、社交网络等领域的广泛应用，极大地促进了现代科学技术的发展，加速了社会发展的进程，同时带动了社会对计算机专业应用人才的需求持续升温。高等院校为顺应这一需求变化，纷纷加大了对计算机专业应用型人才的培养力度，并深入开展了教学改革研究。

为了进一步满足高等院校计算机教学的需求，机械工业出版社聘请多所高校的计算机专家、教师及教务部门针对计算机教材建设进行了充分的研讨，达成了许多共识，并由此形成了教材的体系架构与编写原则，策划开发了"高等院校规划教材"。

本套教材具有以下特点：

1）涵盖面广，包括计算机教育的多个学科领域。

2）融合高校先进教学理念，包含计算机领域的核心理论与最新应用技术。

3）符合高等院校计算机及相关专业人才培养目标及课程体系的设置，注重理论与实践相结合。

4）实现教材"立体化"建设，为主干课程配备电子教案、素材和实验实训项目等内容，并及时吸纳新兴课程和特色课程教材。

5）可作为高等院校计算机及相关专业的教材，也可作为从事信息类工作人员的参考书。

对于本套教材的组织出版工作，希望计算机教育界的专家和老师能提出宝贵的意见和建议。衷心感谢广大读者的支持与帮助！

机械工业出版社

前　言

网络，一个科技发展的产物，在当今社会发展中起着非常重要的作用。随着新技术、新应用的不断出现，网络工程技术已经发生了很大的变化，社会对网络工程人才的技能要求也不断提升，因此按照国家教育部"卓越工程师教育培养计划"的要求，培养真正社会需要的网络工程人才，实现教学内容与社会发展需求的无缝对接显得尤为重要。

本书以培养读者在网络工程方面的实际应用能力为主要目标，从网络工程设计角度出发，全面详细地阐述网络工程基础理论、技术和项目实施方法。作者结合多年从事计算机网络教学和企业网络项目实施经验，精心设计本书内容，突出重点和难点，做到层次分明，侧重实用技术。对常用网络互连设备及配置、RAID 等组网技术的关键问题阐述得更加清楚。对于目前比较流行而大部分教材没能及时新增的内容，如 WLAN 技术、主动防御技术等，在本书中都有适当的讲解。

不同于其他同类教材，本书对一些长期以来学生们已经熟悉的常识性内容和其他课程已经介绍过的理论基础方面做了简化，而将内容的重点放在了与实际工程应用更接近的诸如行业标准、实验步骤、工程实践等方面，以期让读者能够在实际开展教学和实践工作时作为参考。

全书共 10 章。第 1、2 章为网络工程基础，重点介绍计算机网络理论基础、计算机网络体系结构；第 3～7 章详细介绍网络工程技术，主要包括高速局域网、广域网接入、网络互连设备及配置、服务器技术和网络安全技术；第 8、9 章为网络工程实施的相关内容；第 10 章为网络工程基础实验，专门编写一个章节，以实验形式给出网络工程实践中常见的问题及解决方法，加强实践能力培养。作为教材，本书每章后附有习题。

本书的第 2、8、9、10 章由毛雪涛编写；第 1、4、5 章由李琳编写；第 3 章由王云华编写；第 6、7 章由秦珀石编写。本书的顺利出版，还要感谢周彩兰教授一直给予的大力支持。

由于编者水平所限，书中难免还存在一些缺点和错误，殷切希望广大读者批评指正。

编　者

目 录

第 1 章　计算机网络及通信概述

　　在现代信息化的社会中，计算机网络已经对社会的发展、人类的生活方式等均产生了深刻的影响和冲击。所以对于身处网络时代的大学生而言，掌握计算机网络技术知识的要求也越来越高。通过本章的学习，旨在了解计算机网络的基本概念，掌握不同网络拓扑结构的特点及优缺点，通过引入数据通信模型了解数据通信要完成的任务并掌握相关的术语和技术指标，了解计算机网络中常用的传输介质。

1.1　计算机网络的基本概念

　　计算机网络是计算机技术与通信技术二者高度发展和密切结合而形成的产物，它经历了一个从简单到复杂，由低级到高级的演变过程。世界上最早的计算机网络是 ARPANET（Internet 的前身），建立的初衷是用于军事目的，保证在现代化战争情况下，军事指挥系统发出的指令能够畅通无阻。ARPANET 于 1969 年开通，最初仅连接美国本土的四个主机系统（加州大学洛杉矶分校、加州大学伯克利分校、斯坦福研究所、犹他大学），随后网络规模的不断扩大，连接的主机数目越来越多，并由最初的纯军事网络演变成为面向教育、科研、商业的全球性网络。ARPANET 的运行成功，标志着网络时代的到来。在随后的 30 年里，计算机网络得到了异常迅猛的发展，如今正朝着开放、集成、高性能和智能化的下一代计算机网络发展。

1.1.1　计算机网络的定义

　　到目前为止，计算机网络尚未形成如数学概念那样严格的定义。通常，人们根据看待问题观点的不同，给计算机网络下不同的定义。

　　本书介绍一种能够较全面反映计算机网络特征的定义：将若干台独立自主的计算机，用某种或多种通信介质连接起来，通过完善的网络协议，在数据交换的基础上，实现网络资源共享的系统称为计算机网络。

　　定义中"独立自主"的含义是指每台计算机都可运行各自独立的操作系统，各计算机系统之间的地位平等，无主从之分，即任何一台计算机不能干预或强行控制其他计算机的正常运行，否则就不是自主的。

　　从上述定义中可以看出，数据交换是网络最基本的功能，其他各种资源共享都是建立在数据交换的基础上的。数据交换的必然前提是用传输介质（如双绞线、同轴电缆、光纤、微波等）将计算机连接起来。

1.1.2 计算机网络的组成

为了实现资源共享，计算机网络必须具有数据处理和数据通信两种能力。图 1-1 所示是计算机网络的一般结构形式。它在逻辑功能上分成两个部分：通信子网和用户资源子网。前者负责信息通信，后者负责信息处理，通过一系列计算机网络协议把二者紧密地结合在一起，共同完成计算机网络工作。

1）通信子网：由一些专用的结点交换机和连接这些结点的通信链路组成。其中，链路通信提供物理信道。

2）用户资源子网：专门负责全网的信息处理，以实现最大限度地共享全网资源的目标，包括主机和其他资源信息设备。

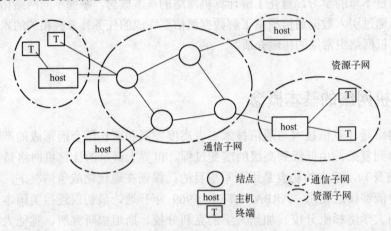

图 1-1 计算机网络的一般结构形式

1.1.3 计算机网络的功能

计算机网络的功能很多，归纳起来主要有以下几个方面：

1）数据交换和通信：计算机和计算机之间或计算机与终端之间可以传送数据、文件，如 E-mail、FTP 等。

2）资源共享：计算机网络的主要目的是实现网络中软件、硬件和数据的共享。硬件资源共享包括 CUP 共享，硬盘共享，打印共享等；软件资源共享包括数据库共享，应用软件共享等。

3）提高可靠性：在一些可靠性要求高或需要计算机进行实时监控的场合，计算机网络可以提高系统的可靠性。当某台计算机发生故障时，可用网络中的其他计算机代替；某台计算机中的文件被破坏了，可在网络的其他计算机中找到该文件的副本。

4）分布式网络处理和负载均衡：在大型的任务处理中，当某些设备负担太重时，可以将任务分散到网络中的其他设备进行处理，这样就起到了分布式处理和均衡负载的作用。

1.1.4 计算机网络的分类

计算机网络有多种不同的分类方式，可以按照覆盖范围、传输技术、传输介质等进行分类。

1．按照网络覆盖的地理范围划分

1）局域网（Local Area Network，LAN）：其覆盖范围一般不超过数公里，即最远的两台计算机之间的距离不超过数公里。例如一个办公室、一栋楼房、一个园区、一个单位等。

2）城域网（Metropolitan Area Network，MAN）：其覆盖范围通常是一个大城市，大约数十公里到上百公里。在一个城市内通过城域网可以将政府部门、大型企业、机关、部门等连接起来，可以实现大量用户的信息传递。

3）广域网（Wide Area Network，WAN）：其覆盖范围一般在数百公里甚至覆盖全球，Internet 就是目前最大的广域网。广域网一般利用现有的公用数据连接多个分布遥远的局域网或城域网或主机系统。

注：上述数据仅为相对而言的概念，随着技术的发展，这些数据也会不断地变化。

2．按网络的传输技术划分

1）广播式网络：通常使用一条共享的信道，当某台计算机在信道上发送数据包时，网络中的每台计算机都会收到这个数据包，收到数据包的计算机会将自己的地址和分组中的地址进行比较。如果相同，则接收该数据包；反之，则丢弃该数据包。

2）点到点网络：每条信道连接两台计算机，保证两台计算机独立的信道带宽。如果两台计算机之间要经过多个结点才能将数据发送到目的地，这样选择路由就非常重要。

3．按网络的传输介质划分

1）有线网络：通常是指采用双绞线、同轴电缆以及光缆等有线传输介质组建的网络。

2）无线网络：是使用无线传输介质（主要包括微波、红外线和无线电短波等）进行传输的网络。

1.2　计算机网络的拓扑结构

在计算机网络中，常采用拓扑学的方法，分析网络单元彼此互连的形状与性能的关系。网络拓扑就是把工作站、服务器等网络单元抽象成为"点"，把网络中的传输介质抽象为"线"，形成由点和线组成的几何图形，从而抽象出了网络系统的具体结构。本节主要介绍计算机网络中最简单的三种拓扑结构，即总线型拓扑结构、环形拓扑结构和星形拓扑结构。

1.2.1　总线型拓扑结构

总线型拓扑结构通过一条总线连接所有的站点，而所有站点通过一条共享总线信道直接通信，如图 1-2 所示。

主机发出的数据帧沿着总线向两端传送，每台主机都会收到该帧，并将该帧中的目的地址和自己的主机地址进行比较。如果相同，则接收该帧；否则，丢弃该帧。传送到总线末端的数据帧会被终端匹配器吸收。由于总线是共享介质，如果多台主机同时发送数据就会发生冲突，因此需要介质访问协议进行控制。

总线型拓扑结构的传输介质可以有双绞线、同轴电缆和光纤。这种网络的可靠性好，任何结点故障都不会影响整个网络正常运行。

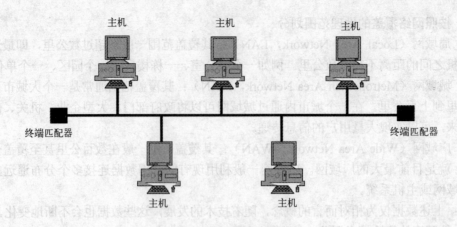

图 1-2　总线型拓扑结构

1.2.2　环形拓扑结构

环形拓扑结构是由多个中继器用传输介质连接成一个闭环，每个中继器都连接一个站点，如图 1-3 所示。

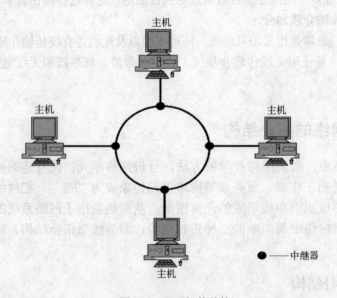

●——中继器

图 1-3　环形拓扑结构

中继器从一端发送数据，从另一端接收数据，环中是单向传输数据的。主机发送的数据首先组成数据帧。在帧头部分包含源地址、目的地址和其他控制信息。数据帧在环上单向流动时被目标站复制，返回源后被源站回收。由于多个站点共享单环，所以需要访问控制协议来控制数据的发送。

环路采用的是点对点链路串接的形式，所以可以使用任何传输介质。由于环形网的每个结点或链路都直接影响网络的可靠性，一旦等结点或链路发生故障，则环路断开，导致网络无法运行。

1.2.3　星形拓扑结构

拓扑结构有一个中心结点，传输介质从中心结点向外辐射连接其他结点，如图 1-4 所示。任何两个结点之间的信息交换必须经过中心结点转发。因此，中心结点是该结构网络中的关键设备，中心结点的可靠性十分重要，一旦中心结点发生故障，会引起整个网络瘫痪。

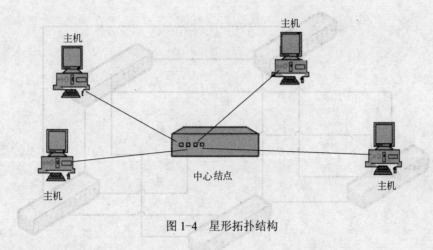

图 1-4　星形拓扑结构

1.2.4　树状拓扑结构

树状拓扑结构就像一棵倒过来的树，由一个树根结点开始向下逐渐分支，直到最末端的 PC 或其他终端，如图 1-5 所示。和星形拓扑一样，树状拓扑结构的网络对树根结点的要求很高。相对于树叶结点（终端），处于第二层次的树枝结点（交换机等）的重要性也更高。树结构的优点是同一树枝下的结点通信不会影响其他树枝，因此可以隔离通信量和故障，而且树结构层次清晰，设计和规划较复杂的网络相对简单。

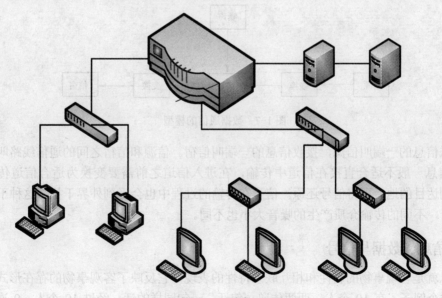

图 1-5　树状拓扑结构

1.2.5　网状拓扑结构

网状拓扑结构是指几乎每两个结点之间都有直接链路的网络结构，如图 1-6 所示。其优势是可靠性高，但其劣势也很明显，就是建网成本很高。一般网状结构用于对可靠性有较高要求的场合，如军用网络。

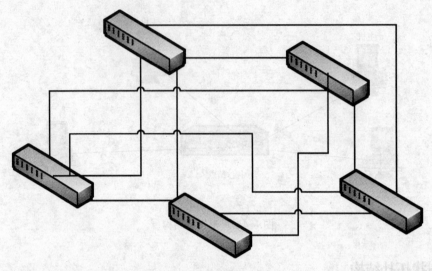

图 1-6　网状拓扑结构

1.3　数据通信基本概念

数据通信是计算机网络的基础。一般数据通信的模型如图 1-7 所示。

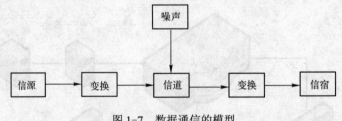

图 1-7　数据通信的模型

发送信息的一端叫信源，接收信息的一端叫信宿。信源和信宿之间的通信线路叫信道。原始的信息一般不适合直接在信道中传输，在进入信道之前需要变换为适合信道传输的形式，在到达目的地后再将信号还原。信号在传输的过程中也会受到外界干扰，这种干扰就会产生噪音，不同的传输介质产生的噪音大小也不同。

1.3.1　信息、数据与信号

信息就是客观事物的属性和相互联系特性的表现，它反映了客观事物的存在形式或运动状态。举个例子，有 10 个人，两两传递一句话，一句同样的话，经过 10 个人，9 次传递，可能面目全非。人们听到的和事情的本质存在非常大的差异。人们听到的是消息，而不是信息。常常把消息中有意义的内容通俗地理解为信息，所以信息是能够用来消除不确定性的东西。再举个例子，单位通知作息时间："下周开始，上午上班时间 8：00—12：00，下午上班时间 14：00—18：00。"。这就是信息应用的一个具体事例。

数据是信息的载体，是信息的表现形式。信息所描述的内容能通过某种载体（如符号、声音、文字、图形、图像等）来表现和传播。

信号是数据在传输过程中的具体物理表示形式，具有确定的物理描述。

传输介质是通信中传送信息的载体，又称为信道。

1.3.2 数据通信方式

在计算机网络通信中有两种通信方式，即串行通信和并行通信。串行通信常用于计算机之间的通信；并行通信则一般用于计算机内部之间或近距离设备的传输通信。在串行通信中，还要考虑到通信的方向以及通信过程中的同步和异步传输问题。

1. 串行通信

串行通信在传输数据时，数据是一位一位地在通信上传输的。网卡负责串行数据和并行数据的转换工作。串行数据传输的速率要比并行传输慢得多，但对于覆盖面极其广阔的公用电话系统来说具有更大的现实意义。

串行数据线有三种不同配置：单工通信、半双工通信、全双工通信。

1）单工通信：单工通信数据只能在一个方向上传送，发送方只能发送数据但不能接收数据；接收方只能接收数据但不能发送数据。信道带宽全部用于单向的数据传输。例如，有线电视和无线广播都属于这种类型。

2）半双工通信：在半双工通信中，通信双方可以交替地发送和接收数据，但不能在同一时间发送或接收。这种方式比单工通信设备要贵，但比全双工设备便宜。

3）全双工通信：全双工通信方式可以双向同时传输数据，通信双方的设备既要做发送设备又要做接收设备，而且对信道要求也比较高，信道需要提供双向的双倍带宽。例如，电话系统就属于全双工通信方式。

在串行通信中，发送端逐位发送，接收端逐位接收，所以收发双方要采取同步措施（即判断什么时候有数据，什么时候结束传输）。通信双方收发数据序列必须在时间上取得一致，这样才能保证接收的数据与发送的数据一致，这就是通信中的同步。同步的方式有两种：

第一种为同步传输。同步传输就是使接收端接收的每一位数据信息都要和发送端准确地保持同步，中间没有间断时间。以数据块为单位进行传输，在数据块之前先发送一个或多个同步字符 SYN，用于接收方进行同步检测，从而使通信双方进行同步状态。在同步字符之后，可以连续发送任意多个字符或数据块，发送完毕，再使用同步字符来标识整个发送过程结束。同步传输的传输效率高，对传输设备要求也高。

第二种为异步传输。在异步传输中，任何两个字符之间时间可以是随机的、不同步的，但在一个字符时间之内，收发双方各数据位必须同步。发送端在发送字符时，在每个字符前设置 1 位起始位，在每个字符之后设置 1 位或 2 位停止位。起始位为低电平，停止位为高电平。在发送端不发送数据时，传输线处于高电平状态，当接收端检测到低电平（即起始位）

时，表示发送端开始发送数据，于是便开始接收数据，在接收了一个字符的数据位后，传输线将处于高电平状态。这种传输方式又称为起止式同步方式。在异步传输中，每个字符作为一个独立的整体进行传送，字符之间的时间间隔是任意的，每传输一个字符都需要多使用2～3个二进制位，增加了通信的开销，适合于低速通信。

2．并行通信

并行通信传输中有多个数据位（一般为 8 位）同时在两个设备之间传输。发送设备将这些数据位通过对应的数据线传送给接收设备，还可附加一位数据校验位。接收设备可同时接收到这些数据，不需要做任何变换就可直接使用。并行方式主要用于近距离通信，最典型的例子是计算机和并行打印机之间的通信。这种方法的优点是传输速率高，处理简单。

1.3.3 数据通信中的主要技术指标

数据通信中的主要技术指标如下。

1）信道带宽：信道带宽是描述信道传输能力的技术指标，它的大小是由信道的物理特性决定的。信道能够传送电磁波的有效频率范围就是该信道的带宽。

2）数据传输速率：数据传输速率又称为比特率，是指信道每秒钟所能传输的二进制比特数，记为 bit/s，常见的单位有 kbit/s、Mbit/s、Gbit/s 等。数据传输速率的高低，由每位数据所占用的时间决定，一位数据所占用的时间宽度越小，则传输速率越高。

3）信道容量：信道的传输能力是有一定限制的，信道传输数据的速率上限称为信道容量，一般表示单位时间内最多可传输的二进制数据的位数。

根据香农（Shannon）定理，有噪音的情况下，数据的极限速率为 $C=W\log 2 (1+S/N)$。其中，C 为信道容量；W 为信道带宽；N 为噪声功率；S 为信号功率；S/N 称为信噪比。信噪比 S/N 通常用 $10\lg (S/N)$ 来表示，其单位为分贝，噪声小的系统信噪比高。

4）波特率：波特率是传输的信号值每秒钟变化的次数。一个数字脉冲就是一个码元，单位时间传输码元的个数为码元速率。因为码元的速率单位是波特（Baud），所以码元速率又称为波特率。如果被传输的信号周期为 T，则波特率 $R_b=1/T$。

5）信道延迟：数据从信源沿信道传输到信宿需要一定的时间，就是信道延迟。在信道中信号的传输速率都接近光速，所以一般不考虑信道迟延，但对于一个具体的网络要经常用到信道延迟，而有些网络信道迟延对某些应用（如卫星通信等）影响特别大。

信道延迟=计算机的发送和接收处理时间＋传输介质的延迟时间＋发送设备和接收设备的响应时间＋通信设备的转发和等待时间

6）误码率：数据在传输的过程中出错的概率叫误码率。公式为 $P_e=N_e/N$。其中，N_e 表示单位时间内接收的错误码元数；N 表示单位时间内系统接收的总码元数。

误码率越低，通信系统的可靠性越高，通信质量越好。

1.4 常见传输介质及特性

网络传输介质是网络中传输数据、连接各网络结点的实体，是信息从发送端传输到接收端的物理路径。网络传输介质分为有线介质和无线介质。常用的有线介质有双绞线、同轴电缆和光纤等；无线介质主要有微波超短波、红外线和激光等。不同的传输介质对网络的传输性能和成本产生很大的影响。

1.4.1　双绞线

双绞线（Twisted Pair）是一种最常用的传输介质，由呈螺线排列的两根绝缘导线组成，两根导线相互扭绞在一起，这样可以减少电磁干扰，提高传输质量。电话线就是双绞线。一根双绞线电缆有多个绞在一起的线对（如 8 条线组成 4 个线对）。

双绞线既可用于传输模拟信号，又可用于传输数字信号，比较适合于短距离传输。网络用它作为传输介质时，其传输速率取决于所采用的芯线质量、传输距离、驱动器和接收器能力等因素。

目前，在局域网中所使用的双绞线有屏蔽和非屏蔽之分。屏蔽双绞线（Shielded Twisted Pair，STP）抗干扰性好，性能高，用于远程中继线时，最大距离可以达到十几公里。但成本也较高，所以一直没有广泛使用。非屏蔽双绞线（Unshielded Twisted Pair，UTP）的传输距离一般为 100m，由于其较好的性能价格比，目前被广泛使用。非屏蔽双绞线主要有 1、2、3、4、5 五类，常用的是 3 类线和 5 类线，5 类线既可支持 100Mbit/s 的快速以太网连接，又可支持到 150Mbit/s 的 ATM 数据传输，是连接桌面设备的首选传输介质。图 1-8 所示是无屏蔽双绞线和屏蔽双绞线的示意图。

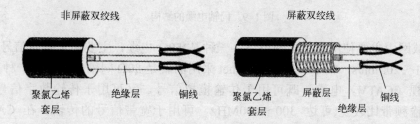

图 1-8　无屏蔽双绞线和屏蔽双绞线示意图

下面简单介绍几种非屏蔽双绞线：

3 类线（CAT3）：一种包括四个电线对的 UTP 形式。在带宽为 16MHz 时，数据传输速率最高可达 10Mbit/s。 3 类一般用于 10Mbit/s 的 Ethernet 或 4Mbit/s 的 Token Ring。虽然 3 类比 5 类便宜，但为了获得更高的吞吐量，正逐渐用 5 类代替 3 类。

5 类线（CAT5）：用于新网安装及更新到快速 Ethernet 的最流行的 UTP 形式。CAT5 包括四个电线对，支持 100Mbit/s 吞吐量和 100Mbit/s 信号速率。在基于双绞线的 100Mbit/s 高速网络中，通常使用 5 类 UTP 或 STP 作为其传输介质。除 100Mbit/s Ethernet 之外，CAT5 电缆还支持其他的快速连网技术，如异步传输模式。

除此之外，市面上还有另外两种价格稍高的双绞线产品：

1）超 5 类线（增强 CAT5）：CAT5 电缆的更高级别的版本。它包括高质量的铜线，能提供一个更高的缠绕率，进一步减少串扰。增强 CAT5 能支持高达 200MHz 的信号频率，是常规 CAT5 容量的 2 倍。

2）6 类线（CAT6）：包括四对电线对的双绞线电缆。每对电线被箔绝缘体包裹，另一层箔绝缘体包裹在所有电线对的外面，同时一层防火塑料封套包裹在第二层箔层外面。箔绝缘体对串扰提供了较好的阻抗，从而使得 CAT 6 能支持的吞吐量是常规 CAT5 吞吐量的 6 倍，由于 CAT6 是一种新技术且大部分网络技术不能利用它的最高容量，CAT6 很少用于当今的网络中。

　　在局域网中，双绞线是一种较为廉价的传输介质。通过适当的屏蔽和扭曲长度可提高双绞线的抗干扰性能，传输信号波长远大于扭曲长度时，其抗干扰性最好。因此，在低频传输时，双绞线的抗干扰能力比同轴电缆要强，但传输信号频率高于 10～100kHz 时，双绞线的抗干扰能力就不如同轴电缆了。

1.4.2　同轴电缆

　　同轴电缆（Coaxial Cable）是局域网中应用较为广泛的一种传输介质。它由内、外两个导体组成，内导体是单股或多股线，呈圆柱形的外导体通常由编织线组成并围裹着内导体，内外导体之间使用等间距的固体绝缘材料来分隔，外导体用塑料外罩保护起来，如图 1-9。

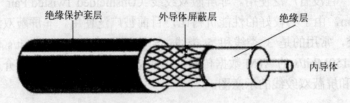

图 1-9　同轴电缆的结构

　　在局域网中主要使用两种同轴电缆：一种是 50Ω 电缆，主要用于基带信号传输，传输带宽为 1～20Mbit/s，如 10Mbit/s Ethernet 采用的就是 50Ω 同轴电缆；另一种是 75Ω 公用天线电视（CATV）电缆，既可用于传输模拟信号，又可用于传输数字信号。CATV电缆的传输频带比较宽，可达 300～400MHz，可用于宽带信号的传输。在 CATV 电缆上，通常通过 FDM 频分多路复用技术实现多路信号的传输，它既能传输数据，也能传输话音和视频图像信号。

1.4.3　光纤

　　光导纤维（Fiber）是一种传送光信号的介质，简称光纤，也称光缆。光纤的内层是具有较高光波折射率的光导玻璃纤维，外层包裹着一层折射率较低的材料，利用光波的全反射原理来传送编码后的光信号，如图 1-10 所示。

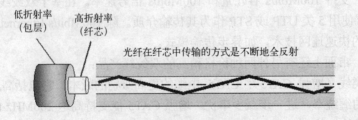

图 1-10　光波在纤芯中的传播

　　根据光波的传输模式，光纤主要分为两种：多模光纤和单模光纤。在多模光纤中，通过多角度地反射光波实现光信号的传输。由于多模光纤中有多个传输路径，每个路径的长度不同，通过光纤的时间也不同，这会导致光信号在时间上出现扩散和失真，限制了其传输距离或者传输速率。在单模光纤中，只有一个轴向角度来传输光信号，或者说光波沿着轴向无反射地直线传输，只有一个传输路径，不会出现信号传输失真现象。因此，在相同传输速率情况下，单模光纤比多模光纤的传输距离长得多。通常，单模光纤传输系统的价格要高于多模光纤传输系统。

光纤系统主要由三部分组成：光发送器、光纤和光接收器。发送端的光发送器利用电信号对光源进行光强控制，从而将电信号转换为光信号；光信号经过光纤传输到接收端，光接收器通过光电二极管再把光信号还原成电信号。

光纤是一种不易受电磁干扰和噪声影响的传输介质，具有很大的传输带宽，可进行远距离、高速率的数据传输，而且具有很好的保密性能。由于光纤的衔接、分岔比较困难，一般只适用于点到点或环形结构的网络系统中。

1.4.4 无线介质

在不便敷设电缆的场合，可采用无线介质作为传输信道。常用的无线介质有微波、超短波、红外线以及激光等。

1. 微波通信

微波是一种高频电磁波，其工作频率为 $10^9 \sim 10^{10}$Hz。微波通信系统可分成地面微波通信系统和卫星微波通信系统。

地面微波通信系统由视野范围内的两个互相对准方向的抛物面天线组成，能够实现视野范围内的微波通信。计算机网络主要将地面微波通信系统作为中继链路使用，以延长网络的传输距离。例如，两个相距较远大楼中的局域网可以采用地面微波通信系统互相连通，实现数据通信。这种远程连接方式可能比有线远程连接的费用要低廉一些。

卫星微波通信系统由卫星转发器和地面站组成，主要用于实现超远距离的微波通信，比较适合于城市之间以及海上和油田等移动通信的场合，但费用相对高一些。

2. 红外线

红外线的工作频率为 $10^{11} \sim 10^{14}$Hz，红外线的方向性很强，不易受电磁波干扰。在视野范围内的两个互相对准的红外线收发器之间通过将电信号调制成非相干红外线而形成通信链路，可以准确地进行数据通信。由于红外线的穿透能力较差，易受障碍物的阻隔。因此，比较适合于近距离的楼宇之间的数据通信。

3. 激光

激光的工作频率为 $10^{14} \sim 10^{15}$Hz，其方向性很强，不易受电磁波干扰。但外界气候条件对激光通信的影响较大，如在空气污染、雨雾天气以及能见度较差情况下可能导致通信的中断。激光通信系统由视野范围内的两个互相对准的激光调制解调器组成，激光调制解调器通过对相干激光的调制和解调，从而实现激光通信。

4. 扩频无线电

扩频无线电是一种新的民用（不需要许可证）无线通信技术，它采用 900MHz 或 2.4GHz 的微波频段作为传输介质，通过先进的直序扩展频谱或跳频方式发射信号，属于宽带调制发射，具有传输速率高、发射功率小、抗干扰能力强以及保密性好等特点。

1.4.5   传输介质的选择

传输介质的选择取决于网络拓扑结构、实际需要的通信容量、可靠性要求、价格等因素。

双绞线的显著优点是价格便宜，但与同轴电缆相比，其带宽受到限制。对于单个建筑物内的局域网来说，双绞线的性能价格比是最好的。

同轴电缆的价格比双绞线要贵一些。在需要连接较多设备，而且通信容量较大时可选择同轴电缆。

光纤作为传输介质，与双绞线和同轴电缆相比有一系列的优点，如速率高、频带宽、体积小、重量轻、衰减少、能电磁隔离、误码率低等，因此在高速数据通信中有广泛的应用。随着光纤产品价格的降低，性能的进一步提高，光纤作为主流传输媒体将会被进一步广泛采用。

目前，便携式计算机有了很大的发展和普及，对可移动的无线网的要求日益增加。无线传输介质有着非常美好的应用前景。

1.5   典型计算机网络介绍

理论上，一般将计算机网络分为局域网、广域网或城域网。随着网络技术的发展，网络的宽度（指网络所覆盖的最大距离）越来越大，实际的网络工程往往包含了多种类别成分。目前，一般的网络工程项目往往根据实际的施工环境来设计。下面介绍几种较常见、较典型的计算机网络。

1.5.1   楼宇网

楼宇网可以被简单地理解为布设在一幢大楼里的计算机网络，它是智能楼宇的基本组成部分。智能楼宇是指综合计算机网络、信息通信等技术，使建筑物内的电力、空调、照明、防灾、防盗、运输设备等协调工作，实现建筑物自动化（BA）、通信自动化（CA）、办公自动化（OA）、安全保卫自动化（SA）和消防自动化（FA）。将这 5 种功能结合起来的建筑，外加结构化综合布线系统（SCS）、结构化综合网络系统（SNS）和智能楼宇综合信息管理自动化系统（MAS）构成了智能化楼宇。

楼宇网是智能楼宇的主要信息传输系统，它将建筑中所有计算机连成一个信息处理体系，犹如智能建筑的大脑。楼宇网工程项目的特点是信息种类繁多，信息点密度大，对传输速率和质量要求高。其结构通常由主干网、各楼层局域网和外部网络互连设备组成，采用综合布线系统实施。

1.5.2   企业网

企业网是指覆盖企业范围的网络，是把企业的通信资源、处理器资源、存储器资源，以及企业的信息资源等捆绑在一起的网络。通过这个网络，企业员工可以很方便地访问这些资源，如图 1-11 所示。通常一个企业网仅包括该企业所拥有的网络资源，如微机、服务器、工作站、局域网和路由器等。用户通过具有计算能力的微机或工作站连接局域网，这些局域网再利用成熟的网络互连技术互连起来。目前，企业网正朝着综合化的方向发展，即利用统一的传输设施和交换设备来支持所有形式的信息传输，包括声音、数据、视频和图像等。

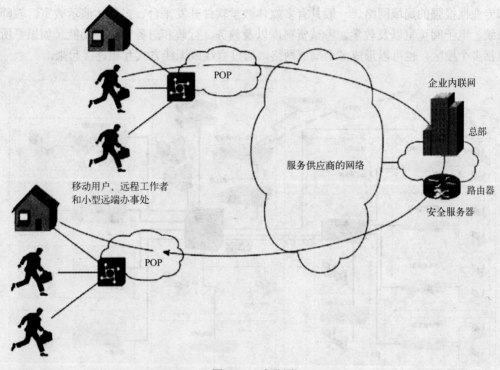

图 1-11　企业网

内联网（Intranet）是企业网的常见形式，是采用因特网技术组建的企业网。在内联网中除了提供 FTP、E-mail 等因特网的常用功能外，还提供 Web 服务。

内联网的主要特征如下：

1）采用 TCP/IP 作为通信协议。

2）采用 Web 技术。

3）仅供单位内部使用，并具有明确的应用目标。

4）对外具有与因特网连接的接口。

5）有安全设施，防止内部和外部的攻击。

内联网与因特网的区别是内联网上的绝大部分资源仅供企业内部使用，不对外开放。为了防止外界的非法侵入，内联网通常会采用防火墙或者其他安全技术，将企业内部资源和因特网隔离开来。相对而言，外联网（Extranet）则是一种使用因特网技术将企业网（如内联网）通过公用网络进行互连的网络，或者将其视为一个由多个企业合作共建的、能被合作企业的成员访问的更大型的虚拟企业网。与内联网类似，外联网也采用了 TCP/IP 作为通信协议。外联网访问是半私有的，用户是由关系紧密、相互信任的企业结成的小组，信息在信任的圈内共享。由于外联网主要用于互连合作企业的网络，并且交换仅限于这些企业共享的信息，因此，安全和可靠是外联网建设考虑的主要因素，可采用的技术包括隧道技术、访问控制技术、身份认证技术等。

1.5.3 校园网

校园网是园区网的一种，是在学校范围内，为学校教学、科研和管理等教育提供资源共享、信息交流和协同工作的计算机网络，如图 1-12 所示。校园网是一个宽带、具有交互功能和专业性很强的局域网络。一般具有多媒体教学软件开发平台、多媒体演示教室、教师备课系统、电子阅览室以及教学、考试资料库以及教务、行政和总务管理等功能。如果一所学校包括多个校区，也可以形成多个局域网络，通过有线或无线方式互相连接起来。

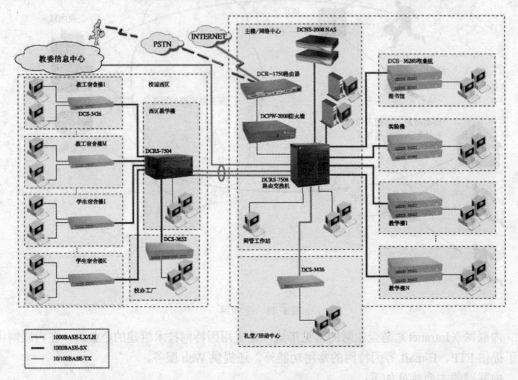

图 1-12 校园网示意图

随着经济的发展和国家科教兴国战略的实施，校园网络建设已逐步成为学校的基础建设项目，更成为衡量一个学校教育信息化、现代化的重要标志。目前，大多数有条件的学校已完成了校园网硬件工程建设。除了组成计算机网络的硬件以外，校园网也常指提供给学校职工和学生使用的软件资源，包括网站、办公自动化、数据库资源等。在进行组网时，要同时考虑硬件和软件两个方面。

习题

一、选择

1. 计算机网络系统中可以共享的资源可概括为（　　）。

    A．硬件、软件、数据

    B．主机、程序、数据

    C．硬件、程序、数据

D. 主机、软件、外设

2. 计算机网络按（　　）分类，可分为广域网和局域网。

A. 网络拓扑结构

B. 网络覆盖范围

C. 网络传输介质

D. 网络成本价格

3. 计算机网络通信中传输的信号是（　　）。

A. 数字信号

B. 模拟信号

C. 数字或模拟信号

D. 脉冲信号

4. （　　）的时候需进行调制。

A. 数字数据在数字信道上传递

B. 数字数据在模拟信道上传递

C. 模拟数据在数字信道上传递

D. 模拟数据在模拟信道上传递

5. 下面说法中错误的是（　　）。

A. 多模光纤的芯线由透明玻璃或塑料制成

B. 多模光纤包层的折射率比芯线的折射率低

C. 多模光纤的数据速率比单模光纤的高

D. 光波在芯线中以多种反射路径传播

6. 码元速率又称为（　　）。

A. 信道带宽

B. 信号带宽

C. 误码率

D. 波特率

二、简答

1. 简述计算机网络的定义和组成。

2. 简述计算机网络的常用分类方法。

3. 说明三种常用网络拓扑结构的特点。

4. 同步传输和异步传输的区别有哪些？

5. 数据通信中的主要技术指标有哪些？

第 2 章　计算机网络体系结构

理解计算机网络，是从了解计算机网络的体系结构开始的。因为计算机网络是一个复杂的系统，为了研究的方便，可以将这个复杂系统划分成若干个较小的部分来分别研究。所谓体系结构，简单说就是对所研究对象的一个科学的划分。当然，这种划分可以有很多种不同的方式。那么，哪种划分的方法更有利于研究呢？理想的划分希望各个部分内容相对独立，互相之间又能有机结合，每个部分的内容量适中，划分的部分又不至于太多。因此，如何建立体系结构本身就是一个值得研究的课题。世界上有许多组织在进行各种体系结构的研究，最后得到公认的体系结构就会成为一种通用的标准。

2.1　计算机网络的标准化组织

标准是科学、技术和实践经验的总结。技术意义上的标准就是一种以文件形式发布的统一协定，其中包含可以用来为某一范围内的活动及其结果制定规则、导则或特性定义的技术规范或者其他精确准则，其目的是确保材料、产品、过程和服务能够符合需要。为在一定的范围内获得最佳秩序，对实际的或潜在的问题制定共同的和重复使用的规则的活动，即制定、发布及实施标准的过程，称为标准化。通过标准及标准化工作，以及相关技术政策的实施，可以整合和引导社会资源，激活科技要素，推动自主创新与开放创新，加速技术积累、科技进步、成果推广、创新扩散、产业升级以及经济、社会、环境的全面、协调、可持续发展。

2.1.1　标准化组织与机构

由于计算机工业和计算机网络发展迅速，许多不同的组织都开发了自己的标准。根据这些内部标准生产的计算机硬件和软件在组织范围内能够进行各自的网络应用。但由于缺乏能够在各组织之间统一的标准，使得一个硬件不能与另一个硬件兼容，或者一个软件应用程序不能与另一个软件通信而不能进行跨组织的网络应用。例如，一个厂商设计一个 1 厘米宽插头的网络电缆，另一公司生产的槽口为 0.8 厘米宽，将无法将电缆插入这种槽口。因此在网络互联的要求下，不同的计算机系统要能够互连互通，必须使不同组织的标准能够相互适应。这导致了标准化工作受到了前所未有的重视，产生了许多专门从事标准化工作的组织。标准化组织分为国际标准化组织、区域标准化组织、行业标准化组织、国家标准化组织。在计算机通信及网络领域，主要的标准化组织有 ISO、TIU、TIA、EIA、IEEE 等。

（1）ISO

国际标准化组织（International Organization for Standardization，ISO）是一个全球性的政

府组织，是国际标准化领域中一个十分重要的组织。ISO 由 130 多个国家参与，其总部设在瑞士日内瓦，ISO 的任务是促进全球范围内的标准化及其有关活动的开展，以利于国际间产品与服务的交流以及在知识、科学、技术和经济活动中发展国际间的相互合作。它显示了强大的生命力，吸引了越来越多的国家参与其活动。ISO 制定了网络通信的标准，即开放系统互连参考模型（Open System Interconnection，OSI）它将网络通信分为七层，开放的意思是通信双方必须都要遵守 OSI 模型。

（2）ITU

国际电信联盟（International Telecommunication Union，ITU），1865 年成立于法国巴黎，1947 年成为联合国的一部分，成员来自于 193 个国家，总部设在瑞士日内瓦。ITU 是世界各国政府的电信主管部门协调电信事务的一个国际组织。ITU 的宗旨是维持和扩大国际合作，以改进和合理地使用电信资源；促进技术设施的发展及其有效的运用，以提高电信业务的效率，扩大技术设施的用途，并尽量使公众得以普遍利用；协调各国行动，以达到上述目的。在通信领域，最著名的国际电信联盟电信标准化部门（ITU0-T）标准有 V 系列标准，例如 V.32、V.33、V.42 标准对使用电话传输数据作了明确的说明；还有 X 系列标准，例如X.25、X.400、X.500 为公用数字网上传输数据的标准；ITU-T 的标准还包括了电子邮件、目录服务、综合业务数字网 ISDN 和宽带 ISDN 等方面的内容。

（3）TIA

美国通信工业协会（Telecommunications Industries Association，TIA）是一个全方位的服务性国家贸易组织。其成员包括为美国和世界各地提供通信和信息技术产品、系统和专业技术服务的 900 余家大小公司，协会成员有能力制造供应现代通信网中应用的所有产品。此外，TIA 还有一个分支机构——多媒体通信协会（MMTA）。TIA 还与美国电子工业协会（EIA）有着广泛而密切的联系。

（4）EIA

美国电子工业协会（Electronics Industries Association，EIA）广泛代表了设计生产电子元件、部件、通信系统和设备的制造商以及工业界、政府和用户的利益，在提高美国制造商的竞争力方面起到了重要的作用。在信息领域，EIA 在定义数据通信设备的物理接口和电气特性等方面做出了巨大的贡献，尤其是数字设备之间串行通信的接口标准，例如 EIA RS-232、EIA RS-449 和 EIA RS-530。

（5）IEEE

电气和电子工程师协会（Institute of Electrical and Electronics Engineers，IEEE）是在1963 年由美国电气工程师学会（AIEE）和美国无线电工程师学会（IRE）合并而成的，是美国规模最大的专业学会。IEEE 最大的成果是制定了局域网和城域网的多项标准。

2.1.2　Internet 协议和 RFC 文档

Internet 协议是在促使 Internet 范围内计算机硬件和软件互相兼容的国际化标准。目前Internet 协议就是指 TCP/IP 协议簇，是 Internet 的核心和基础。Internet 协议以 RFC 的形式公布于世。

RFC（Request For Comments），意即"请求注解"，包含了关于 Internet 的几乎所有重要的文字资料。通常，当某机构开发出了一套标准或提出对某种标准的设想，想要征询外界的意见时，就会在 Internet 上发放一份 RFC，对这一问题感兴趣的人可以阅读该 RFC 并提出自己的意见。绝大部分网络标准的制定都是以 RFC 的形式开始，经过大量的论证和修改过程，最后由主要的标准化组织来认定。但在 RFC 中所收录的文件并不都是正在使用或为大家所公认的，也有很大一部分只在某个局部领域被使用或并没有被采用，一份 RFC 具体处于什么状态都在文件中作了明确的标识。RFC 文档基本都可以在 Internet 上搜索得到。表 2-1 列出了部分 TCP/IP 协议及其对应的 RFC 文档名称。

表 2-1 RFC 文档举例

网 络 协 议	对应的 RFC 文档
FTP	RFC 959
TFTP	RFC 1350
Telnet	RFC 854，RFC 855
POP3	RFC 1939
SMTP	RFC 821
IGMPv2	RFC 2236
IP	RFC 791
UDP	RFC 768
TCP	RFC 793
MIB-II	RFC 1213
BOOTP	RFC 951
DHCP	RFC 1541
DNS	RFC 1034，RFC 1035
SNMP	RFC 1157
PPP	RFC 1661
PPP-MP	RFC 1717
ARP	RFC 826
RARP	RFC 903
HTML 2.0	RFC 1866
HTTP 1.0	RFC 1945
HTTP 1.1	RFC 2616，RFC 2617（用户认证）
OSPFv2	RFC 1583
NetBIOS	RFC 1001，RFC 1002
MIME	RFC 1341
BGPv4	RFC 1771

2.1.3 Internet 管理机构

随着 Internet 范围的扩大、新技术的采用以及功能的增强，Internet 的管理工作似乎变得越来越复杂。究竟是谁在管理 Internet 呢？实际上，没有一个组织对 Internet 负责，Internet 的管理一直沿袭 20 世纪 60 年代形成时的多元化模式。其中几个突出的组织时刻关注着 Internet 技术、管理注册过程以及处理其他与运行主要网络相关的事情。

（1）Internet 协会（ISOC）

Internet 协会是一个专业性的会员组织，由来自 100 多个国家的 150 个组织以及 6 000 名个人成员组成。这些组织和个人展望影响 Internet 现在和未来的技术。ISOC 由几个负责 Internet 结构标准的组织组成，包括 Internet 体系结构组（IAB）和 Internet 工程任务组（IETF）。ISOC 的主 Web 站点是 http://www.ISOC.org。

（2）Internet 体系结构组（IAB）

Internet 体系结构组以前称为 Internet 行动组，是 Internet 协会技术顾问，这个小组定期考查由 Internet 工程任务组和 Internet 工程指导组提出的新思想和建议，并给 IETF 带来一些新的想法和建议。IAB 的 Web 站点是 http://www.IAB.org/。

（3）Internet 工程任务组（IETF）

Internet 工程任务组是由网络设计者、制造商和致力于网络发展的研究人员组成的一个开放性组织。IETF 一年会晤三次，主要的工作通过电子邮件组来完成，IETF 被分成多个工作组，每个组有特定的主题。IESG 工作组包括超文本传输协议（HTTP）和 Internet 打印协议（IPP）工作组。IETF 对任何人都是开放的，其站点是 http://www.IETF.org。

（4）Internet 编号管理局（IANA）

Internet 编号管理局负责分配 IP 地址和管理域名空间，IANA 还控制 IP 协议端口号和其他参数，IANA 在 ICANN 下运作。IANA 的站点是 http://www.IANA.org/。

（5）Internet 名字和编号分配组织（ICANN）

ICANN 是为国际化管理名字和编号而形成的组织。其目标是帮助 Internet 域名和 IP 地址管理从政府向民间机构转换。当前，ICANN 参与共享式注册系统（Shared Registry System，SRS），通过 SRS，Internet 域的注册过程是开放式公平竞争的。关于 ICANN 的更多信息可通过访问 http://www.icann.org/获得。

（6）Internet 网络信息中心和其他注册组织（InterNIC）

InterNIC（Internet Network Information Center）从 1993 年起由 Network Solutions 公司运作，负责最高级域名的注册（.com，.org，.net，.edu），InterNIC 由美国国家电信和信息管理机构（NTIA）监督，这是商业部的一个分组。InterNIC 把一些责任委派给其他官方组织（如国防部 NIC 和亚太地区 NIC）。最近有一些建议想把 InterNIC 分成更多的组，其中一个建议是已知共享式注册系统（SRS），SRS 在域注册过程中努力引入公平和开放的竞争。当前，有 60 多家公司进行注册管理。

（7）RFC 编辑

RFC 是关于 Internet 标准的一系列文档，RFC 编辑是 Internet RFC 文档的出版商，负责 RFC 文档的最后编辑检查。想获得关于 RFC 编辑的更多信息，可以访问 http://www.RFC-editor.org/。

（8）国内的主要 Internet 管理机构

我国的两个主要 Internet 管理机构是：CERNIC 和 CNNIC。中国教育与科研计算机网网络信息中心（CERNIC）总部设在北京清华大学，主要负责中国教育网内的 IP 地址和.edu.cn域名信息的管理。中国互联网信息中心（CNNIC）在北京中国科学院计算机网络信息中心设立，主要负责.cn 域名（除.edu.cn 外）信息的管理。

除此之外，20 世纪 90 年代 Internet 商业化之后，大量的 Internet 服务提供商（ISP）专门负责提供成千上万的家庭和商业用户接入 Internet 的服务。ISP 是商业机构，通过提供远程用户至 Internet 的接入支持收取服务费。Internet.com 提供了 ISP 的数据库，可通过电话区号搜索，访问这个 ISP 向导的站点在 http://thelist.Internet.com。目前，我国有竞争力的 ISP 主要有中国电信、中国联通、中国长城通信，并且在最近几年还涌现出了不少新兴的民营 ISP 企业。

（9）全球 IPv6 测试中心

全球 IPv6 测试中心成立于 2002 年，自成立以来测试中心一直专注于 IPv6 测试相关标准制订，测试平台，互通性测试，自动化测试和性能测试等研究和开发。全球 IPv6 测试中心是全球 IPv6 论坛授权认证的全球三大 IPv6 测试中心之一，负责辅助企业进行"IPv6 Ready Logo"的测试与认证，至今全球 IPv6 测试中心已经为国内外 80 多家知名企业提供 IPv6 测试或咨询相关服务，其中包括思科、华为、juniper、微软等全球 500 强企业。全球 IPv6 测试中心是 IPv6 Enabled Logo 国际认证的创始单位，同时也是 IPv6 Ready Logo 委员会的核心成员之一，支撑 IPv6 Ready Logo 运营和技术咨询等。更多信息可访问 http://www.ipv6.net.cn/。

2.2 网络体系结构概述

由于计算机网络是一个复杂的系统，所以各界普遍采用分层的研究方法。分层，就是将复杂的问题划分为多个小的层次来进行研究。这也是分析复杂问题的一种常见思路。大人物通信的例子（如图 2-1 所示）即说明了分层的思想：两位大人物需要交流，他们首先通过各自的秘书将交流的内容进行整理，然后秘书又通过邮递员进行传递。

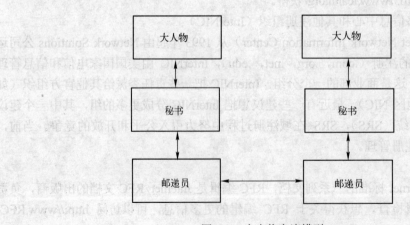

图 2-1　大人物交流模型

2.2.1 基本概念

计算机网络的层次划分、各层的协议以及层与层间的接口的集合，称为计算机网络的体系结构，简称网络体系结构。一个网络的体系结构就是该计算机网络及其部件所应该完成的功能的精确定义。需要强调的是，这些功能究竟由何种硬件或软件完成，则是一个遵循这种体系结构的具体实现的问题。可见体系结构是抽象的，是存在于纸上的，而实现是具体的，是运行在计算机软件和硬件之上的。例如，在许多文献资料上可以看到路由器是第三层设备，网桥是第二层设备，即说明路由器或网桥是遵循网络体系结构的具体实现设备。

世界上第一个网络体系结构是美国 IBM 公司于 1974 年提出的，它取名为系统网络体系结构（System Network Architecture，SNA）。凡是遵循 SNA 的设备就称为 SNA 设备。这些 SNA 设备可以很方便地进行互连。在此之后，很多公司也纷纷建立自己的网络体系结构，这些体系结构大同小异，都采用了层次技术，但各有其特点以适合本公司生产的计算机组成网络，这些体系结构也有其特殊的名称。例如，70 年代末有美国数字网络设备公司 DEC 公司发布的数字网络体系结构（Digital Network Architecture，DNA）等。但使用不同体系结构的厂家设备是不可以相互连接的，后来经过不断地发展有诸如以下的体系结构诞生，从而实现不同厂家设备互连。常见的计算机网络体系结构有 OSI 模型和 TCP/IP 模型两种。

2.2.2 网络体系结构的分层

研究网络体系结构时，一般以 ISO 于 1978 年提出的开放系统互联参考模型（简称 OSI）或 TCP/IP 模型为参照对象。OSI 有 7 层，TCP/IP 有 4 层，如图 2-2 所示。

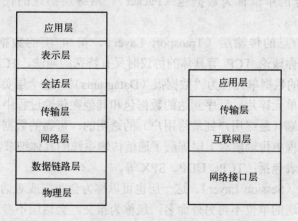

图 2-2　OSI 的 7 个层次和 TCP/IP 的 4 个层次

1．OSI 模型

OSI 中各层的功能大致如下：

第一层是物理层（Physical Layer），规定通信设备的机械的、电气的、功能的和过程的特性，用以建立、维护和拆除物理链路连接。具体地讲，机械特性规定了网络连接时所需接插件的规格尺寸、引脚数量和排列情况等；电气特性规定了在物理连接上传输 bit 流时线路上信号电平的大小、阻抗匹配、传输速率距离限制等；功能特性是指对各个信号先分配确切的信号含义，即定义了 DTE 和 DCE 之间各个线路的功能；规程特性定义了利用信号线进行

bit 流传输的一组操作规程，是指在物理连接的建立、维护、交换信息时，DTE 和 DCE 双方在各电路上的动作系列。

在这一层，数据的单位称为比特（bit）。属于物理层定义的典型规范代表包括：EIA/TIA RS-232、EIA/TIA RS-449、v.35、RJ-45 等。

第二层是数据链路层（Data Link Layer），在物理层提供比特流服务的基础上，建立相邻结点之间的数据链路，通过差错控制提供数据帧（Frame）在信道上无差错的传输，并进行各电路上的动作系列。

数据链路层在不可靠的物理介质上提供可靠的传输。该层的作用包括：物理地址寻址、数据的成帧、流量控制、数据的检错、重发等。

在这一层，数据的单位称为帧（Frame）。数据链路层协议的代表包括：SDLC、HDLC、PPP、STP、帧中继等。

第三层：网络层（Network Layer）在计算机网络中进行通信的两个计算机之间可能会经过很多个数据链路，也可能还要经过很多通信子网。网络层的任务就是选择合适的网间路由和交换结点，确保数据及时传送。网络层将数据链路层提供的帧组成数据包，包中封装有网络层包头，其中含有逻辑地址信息——源站点和目的站点地址的网络地址。

如果你在谈论一个 IP 地址，那么你是在处理第 3 层的问题，这是"数据包"问题，而不是第 2 层的"帧"。IP 是第 3 层问题的一部分，此外还有一些路由协议和地址解析协议（ARP）。有关路由的一切事情都在第 3 层处理。地址解析和路由是 3 层的重要目的。网络层还可以实现拥塞控制、网际互连等功能。

在这一层，数据的单位称为数据包（Packet）。网络层协议的代表包括：IP、IPX、RIP、OSPF 等。

第四层是处理信息的传输层（Transport Layer）。第 4 层的数据单元也称作数据包（Packets）。但是，当你谈论 TCP 等具体的协议时又有特殊的叫法，TCP 的数据单元称为段（Segments）而 UDP 的数据单元称为"数据报（Datagrams）"。这个层负责获取全部信息，因此，它必须跟踪数据单元碎片、乱序到达的数据包和其他在传输过程中可能发生的危险。第 4 层为上层提供端到端（最终用户到最终用户）的透明的、可靠的数据传输服务。所谓透明的传输是指在通信过程中传输层对上层屏蔽了通信传输系统的具体细节。

传输层协议的代表包括：TCP、UDP、SPX 等。

第五层是会话层（Session Layer）。这一层也可以称为会晤层或对话层，在会话层及以上的高层次中，数据传送的单位不再另外命名，统称为报文。会话层不参与具体的传输，它提供包括访问验证和会话管理在内的建立和维护应用之间通信的机制。如服务器验证用户登录便是由会话层完成的。

第六层是表示层（Presentation Layer）。这一层主要解决用户信息的语法表示问题。它将欲交换的数据从适合于某一用户的抽象语法，转换为适合于 OSI 系统内部使用的传送语法。即提供格式化的表示和转换数据服务。数据的压缩和解压缩，加密和解密等工作都由表示层负责。

第七层应用层（Application Layer），为操作系统或网络应用程序提供访问网络服务的接口。

应用层协议的代表包括：TELNET、FTP、HTTP、SNMP 等。

2. TCP/IP 模型

TCP/IP 是美国国防部高级研究计划局（ARPA）1969 年在研究 ARPAnet 时提出的一个模型。TCP/IP 对应用层、传输层、互联网络层都定义了相应的协议和功能，但网络接口层一直没有明确的定义。

由于 TCP/IP 推出的时机正好迎合了当时的研发组织和生产商家的需求，所以有大量的协议和应用都支持该模型。所以，TCP/IP 早已经成为了事实上的工业标准。有关 TCP/IP 更为详细的内容将在下一节讲解。

习题

一、选择

1. OSI/RM 是指（　　　）。

    A. 国际标准化协议

    B. 计算机网络开放式系统互联协议

    C. OSI/RM 协议

    D. 开放系统互联参考模型

2. 负责分配 IP 地址和管理域名空间的机构是（　　　）。

    A. IAB   B. IETF

    C. OSI   D. IANA

3. 因特网的体系结构有（　　　）层。

    A. 7   B. 4   C. 5   D. 6

4. 计算机网络的层次划分、各层的协议以及层与层间的接口的集合，称为（　　　）。

    A. 参考模型   B. 体系结构

    C. 协议簇   D. 拓扑结构

5. 局域网的标准是由（　　　）制定的。

    A. 局域网委员会   B. 国际标准化协会

    C. 国际电信联盟   D. 电子电气工程师协会

二、简答

1. 列举 4 个计算机网络的标准化组织。

2. 计算机网络的管理机构包括哪些？

3. 简述 OSI 参考模型各层的特点及作用。

第 3 章　局域网技术

局域网是 20 世纪 70 年代后迅速发展起来的计算机网络，是一个高速的通信系统。它在较小的区域内将许多数据通信设备互相连接起来，使用户共享计算机资源。局域网通常建立在集中的工业区、商业区、政府部门、校园以及各公司及企业等，其应用范围非常广泛，从简单的分时服务到复杂的数据库系统、管理信息系统、事务处理和分散的过程控制等都有应用，而且应用部门日益扩大。本章首先讨论了局域网的体系结构，局域网中的介质访问控制方式，然后详细介绍了以太网、无线局域网和虚拟局域网。

3.1　局域网概述

局域网是应用最广泛的网络形态，它由某个单位自行筹资建设、规划、维护和使用。建设单位对所建设的局域网具有完全的所有权，因此使用也是最为自由的。但同时，如果没有连接到更广泛的网络，局域网也只能使用由自己提供的资源。

3.1.1　局域网定义与特点

1. 局域网定义

局域网是将较小地理区域内的各种数据通信设备连接在一起的通信网络，我们可以从局域网所具有的三个属性来理解这个定义：

1）局域网是一个通信网络，它仅提供通信功能，从 OSI 参考模型的协议层看，局域网标准仅包含了物理层和数据链路层的功能，所以连到局域网的数据通信设备必须加上高层协议和网络软件才能组成计算机网络。

2）局域网的连接对象是数据通信设备，这里的数据通信设备是广义的，它包括：微型计算机、中/小型计算机、终端设备和各种计算机外围设备等。

3）局域网覆盖的范围小，传输距离有限。

2. 局域网的特点

局域网的主要特点是高数据率、短距离和低误码率。一般来说，它有如下主要特点：

1）覆盖地理范围较小。例如一幢大楼、一个工厂、一所学校或一个大到几千米的区域，其范围一般不超过 10km。

2）以微型计算机为主要联网对象。局域网连接的设备可以是各类计算机、终端和各种外围设备等，但微机是其主要的联网对象。

3）通常属于某个单位或部门。局域网是由一个单位或部门负责建立、管理和使用的，并且完全受该单位或部门的控制，这是局域网与广域网的重要区别之一。广域网覆盖的地理范围就比较广，可以分布在一个国家的不同地区，甚至是不同的国家之间，由于经济和产权方面的原因，不可能为某一组织所有。

4）数据传输速率高。局域网通信线路短，数据传输快，现在的局域网数据传输速率通常在 100Mbit/s 以上。

5）管理方便。由于局域网覆盖地理范围小，且为某一组织所有，因而网络的建立、维护、管理、扩充和更新都十分方便。

6）成本价格低。由于该网络覆盖地理较小，通信线路短，且现在因技术的发展，微型计算机的价格日益降低，因而局域网性价比高。

7）实用性强，应用广泛。局域网既可采用双绞线、光纤、同轴电缆等有形介质，也可采用无线电波、微波等无形介质，此外还有现在应用最广泛的宽带局域网来实现对数据、语音和图像的综合传输，这就使得局域网有较强的适应性和综合处理能力。

综合以上所述，可以概括出局域网主要具有以下优点：

1）方便地共享服务器、主机及软件、数据和昂贵的外部设备，从一个站点可以访问全网；

2）便于系统扩展；

3）提高系统的可靠性和可用性；

4）响应速度快；

5）各设备的位置可灵活调整和改变。

3.1.2 局域网的拓扑结构

拓扑学（Topology）是一种研究与大小、距离无关的几何图形特性的方法。在计算机网络中，采用拓扑的方法，抛开网络中的具体设备，把工作站、服务器等网络设备抽象为"点"，把网络中的传输介质抽象为"线"，这样从拓扑学的观点看计算机网络系统，就形成了由点、线组成的几何图形，我们称这种采用拓扑学方法抽象出的网络结构为计算机网络的拓扑结构。

局域网的拓扑结构有逻辑拓扑结构和物理拓扑结构之分。逻辑拓扑结构指计算机网络中信息流动的逻辑关系，物理拓扑结构指计算机网络各个组成部分之间的物理连接关系。具有相同逻辑拓扑结构的计算机网络可以具有不同的物理拓扑结构；具有相同物理拓扑结构的计算机网络可以具有不同的逻辑拓扑结构。同一网络的逻辑拓扑结构和物理拓扑结构可能相同，也可能不同。

局域网的拓扑结构决定了局域网的工作原理和数据传输方法，一旦选定一种局域网的拓扑结构，则同时需要选择一种适合于该拓扑结构的局域网工作方法和信息的传输方式。目前，局域网的拓扑结构主要有星形、环形、总线型以及网状等。

1. 总线型拓扑结构

使用总线拓扑（Bus Topology）的网络采用单根传输线作为传输介质，局域网所有的站点都通过相应的硬件接口直接连接到一条作为公共传输介质的总线上，其拓扑结构如图 3-1 所示。

作为总线的通信连线可以是同轴电缆、双绞线，也可以是光纤、无线介质。目前，10BASE-T、100BASE-T 使用这种拓扑结构。它仅仅支持一种信道，每个工作站结点共享总线的全部容量。网络中的每个工作站结点都能接收在总线上传输的数据，因此它又可以看成一种端到端的拓扑结构，使用这种结构必须解决的一个问题是确保各工作结点在发送数据时不能出现冲突，因此研究人员开发了一种在总线共享型网络使用的媒体访问控制方法：带有冲突检测的载波侦听多路访问（CSMA/CD）。

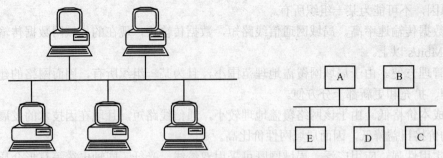

图 3-1　总线型拓扑结构

在总线型结构中，单根总线作为数据通信必经的信号线的负载能力是有限的，这也是由通信介质本身的物理性能决定的，这就限制了总线型结构网络中工作站结点的个数。如果工作站结点的个数超出了总线负载能力，就需要延长总线的长度，并加入相当数量的附加转接部件，使总线负载达到负载要求。

树形结构是总线型的延伸，它是一个分层分支的结构。一个分支和结点故障不影响其他分支和结点的工作。像总线结构一样，它也是一种广播式网络。任何一个结点发送的信息，其他结点都能接收。此种结构的优点是在原网上易于扩充，但缺点是线路利用率不如总线型结构高。

总线拓扑的优点是：电缆长度短，易于布线和维护；结构简单，传输介质又是无源元件，从硬件的角度看，十分可靠。总线拓扑的缺点是：因为总线拓扑的网不是集中控制的，所以故障检测需要在网上的各个站点上进行；在扩展总线的干线长度时，需重新配置中继器、剪裁电缆、调整终端器等；总线上的站点需要介质访问控制功能，这就增加了站点的硬件和软件费用。

2．星形拓扑结构

在星形拓扑（Star Topology）结构中，网络中的各结点都连接到一个中心设备上，由该中心设备向目的结点传送信息，其拓扑结构如图 3-2 所示。

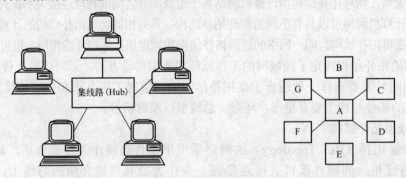

图 3-2　星形拓扑结构

在星形网中，可以在不影响系统其他设备工作的情况下，非常容易地增加和减少设备。星形拓扑的优点是：利用中央结点可方便地提供服务和重新配置网络；单个连接点的故障只影响一个设备，不会影响全网，容易检测和隔离故障，便于维护；任何一个连接只涉及中央结点和一个站点，因此控制介质访问的方法很简单，从而访问协议也十分简单。星形拓扑的缺点是：每个站点直接与中央结点相连，需要大量电缆，因此费用较高；如果中央结点产生故障，则全网不能工作，所以对中央结点的可靠性和冗余度要求很高。

26

3．环形拓扑结构

在环型拓扑（Ring Topology）结构中，网络中的结点通过点到点链路与相邻结点连接，构成闭合的环型，环中数据沿着一个方向绕环逐站传输，其拓扑结构如图 3-3 所示。

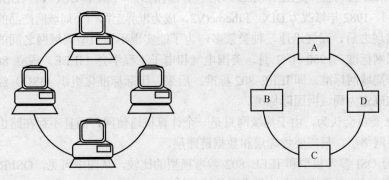

图 3-3　环形拓扑结构

环形网络的一个典型代表是令牌环局域网，它的传输速率为 4Mbit/s 或 16Mbit/s，这种网络结构最早由 IBM 推出，但现在被其他厂家采用。在环型网络中，信息在环中沿着每个结点单向传输，因此，环中任何一段的故障都会使各站之间的通信受阻，网络失效。其优点是各站点容易协调，易检测网络的运行状况。

4．网状拓扑结构

在一组结点中，将任意两个结点通过物理信道连接成一组不规则的形状，就构成网状结构（如图 3-4 所示）。利用专门负责数据通信和传输的结点构成的网状网络，入网设备直接接入结点机进行通信。网状网络通常利用冗余的设备和线路来提高网络的可靠性，因此，结点机可以根据当前的网络信息流量有选择地将数据发往不同的线路。它的优点是最大限度地提供了专用带宽；缺点是造价高，结构较复杂，目前在 ATM 局域网中使用这种结构。

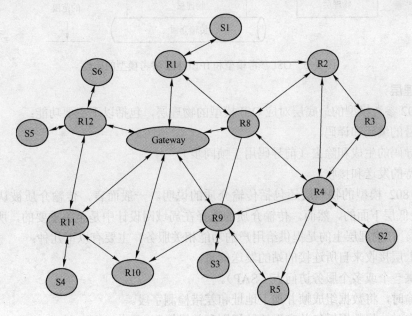

图 3-4　网状拓扑结构

3.1.3 局域网参考模型

世界上第一个局域网于 1975 年由美国施乐 Xerox 公司研制。1981 年由 Xerox 公司、Digital 公司、Intel 公司合作提出 10Mbit/s 以太网规约的第一个版本 DIX V1（DIX 是这三个公司名称的缩写）。1982 年修改为 DIX EthernetV2，成为世界上第一个局域网产品的规约。

局域网出现之后，发展迅速，种类繁多，为了能实现不同类型局域网之间的通信，迫切需要产生局域网标准。1980 年 2 月，美国电气和电子工程学会（IEEE）成立 802 课题组，研究并制定了局域网标准，即 IEEE 802 标准。后来，国际标准化组织（ISO）经过讨论，建议将 802 标准确定为局域网国际标准。

IEEE 802 委员会认为，由于局域网只是一个计算机通信网，而且不存在路由选择问题，因此它不需要网络层，只需要物理层和数据链路层。

图 3-5 为 OSI 参考模型和 IEEE 802 参考模型的比较，从图中可见，OSI/RM 的数据链路层功能，在局域网参考模型中被分成媒体访问控制（Medium Access Control，MAC）和逻辑链路控制（Logical Link Control，LLC）两个子层，而网络的服务访问点 SAP 则在 LLC 层与高层的交界面上。

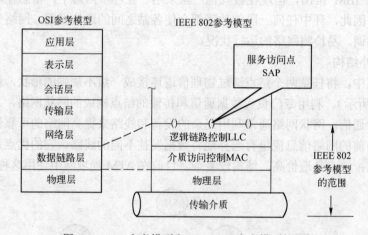

图 3-5　OSI 参考模型和 IEEE 802 参考模型的比较

1. 物理层

IEEE802 参考模型的最底层对应 OSI 模型的物理层，包括以下主要功能：

1）信号的编码和译码。

2）前导码的生成和除去（前导码用于帧同步）。

3）比特的发送和接收。

另外，802 模型的物理层还包括传输介质的说明。一般而言，传输介质被认为是位于 OSI 模型最低层下面的。然而，传输介质的选择在局域网设计中是至关重要的，所以规范被包括了进来。在物理层上的是提供给用户的功能相关服务，主要有以下几种：

1）最上层接收来自所连接的站的发送信息。

2）提供一个或多个服务访问点（SAP）。

3）传输时，将数据组成帧并加上地址和差错检测字段。

4）接收时，将数据拆包并实现地址识别和差错检测。

5）管理局域网传输介质访问。

2. LLC 子层（逻辑链路控制）

LLC 也是数据链路层的一个功能子层。LLC 在 MAC 子层的支持下向网络层提供服务。可运行于所有 802 局域网和城域网协议之上的数据链路协议，被称为逻辑链路控制 LLC。

LLC 子层与传输介质无关，它独立于介质访问控制方法，隐藏了各种 802 网络之间的差别，向网络层提供一个统一的格式和接口。

LLC 子层的功能包括：数据帧的组装与拆卸、帧的收发、差错控制、数据流控制和发送顺序控制等功能并为网络层提供两种类型的服务，面向连接服务和无连接服务。

一个主机当中可能有多个进程在运行，它们可能同时与其他主机上的一个或多个进程进行通信。因此，在一个主机的 LLC 子层上应设多个服务访问点（SAP），以便向多个进程提供服务，这些服务访问点共享数据链路，如图 3-6 所示。

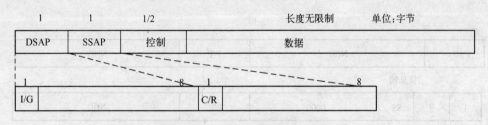

图 3-6 多个 SAP 复用一条数据链路

因此，在局域网的进程通信时，需要以下两种地址：

（1）MAC 地址

MAC 地址即主机在网络中的主机地址或物理地址，这由 MAC 帧负责传送。

（2）SAP 地址

SAP 地址即进程在某一个主机中的地址，也就是 LLC 子层上面的服务访问点 SAP，这由 LLC 帧负责传送。

LAN 中的寻址分成两步，先根据 MAC 地址找到目的站点，再根据 SAP 地址找到该站点中的相应进程。

LLC 提供的服务有 4 种操作类型：

1）LLC1：不确认的无连接服务，适用于广播、组播通信，周期性数据采集。

2）LLC2：面向连接服务，适用于长文件传输。

3）LLC3：带确认的无连接服务，适用于传送可靠性和实时性都有要求的信息，如告警信息。

4）LLC4：高速传送服务，适用于 MAN。

LLC 帧格式如图 3-7 所示。

目的服务访问点地址字段 DSAP，一个字节，其中七位实际地址，一位为地址类型标志，用来标识 DSAP 地址为单个地址或组地址。

源服务访问点地址字段 SSAP，一个字节，其中七位实际地址，一位为命令/响应标志位用来识别 LLC PDU 是命令或响应，后面为控制字段、信息字段。

LLC 为服务访问点间的数据通信定义了两种操作：Ⅰ型操作，LLC 间交换 PDU 不需要建立数据链路连接，这些 PDU 不被确认，也没有流量控制和差错恢复。Ⅱ型操作，两个 LLC 间交换带信息的 PDU 之前，必须先建立数据链路连接，正常的通信包括，从源 LLC 到目的 LLC 发送带有信息的 PDU，它由相反方向上的 PDU 所确认。

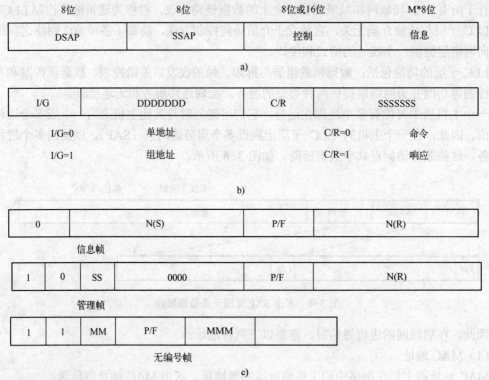

N(S)—发送顺序号；N(R)—接收顺序号；S—管理帧功能位；

M—无编号帧功能位；P/F—询问/终止位

图 3-7　LLC 帧格式

a) 帧结构　b) 地址字段　c) 控制字段

3. MAC 子层（介质访问控制）

MAC 是数据链路层的一个功能子层。MAC 构成了数据链路层的下半部，它直接与物理层相邻。它的主要功能是进行合理的信道分配，解决信道竞争问题。它在支持 LLC 子层中，完成介质访问控制功能，为竞争的用户分配信道使用权，并具有管理多链路的功能。

MAC 子层为不同的物理介质定义了介质访问控制标准。目前，IEEE 802 已规定的介质访问控制标准有著名的带冲突检测的载波监听多路访问（CSMA/CD）、令牌环（Token-Ring）和令牌总线（Token-Bus）等。

MAC 地址用来区别一个局域网上的主机，相当于一台主机的唯一标识符，通常被烧制在网卡中，称为硬件地址。网卡从网上每收到一个 MAC 帧，首先检查其硬件地址字段，若与本卡的硬件地址相同，则接收，否则就丢弃。

MAC 地址字段可以采用两种形式之一：6B 全球范围，2B 单位范围，如图 3-8 所示。但 6B 最常用，即 MAC 地址采用 6 字节，共 48 位。

为了保证 MAC 地址不会重复，由 IEEE 作为 MAC 地址的法定管理机构，它负责将地址字段的前 3 字节（高 24 位）统一分配给厂商，而低 24 位则由厂商分配。

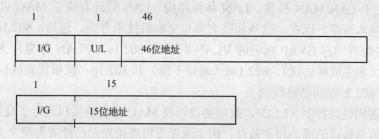

图 3-8　6B、2B 结构的 MAC 地址结构

3.1.4　IEEE 802 标准

IEEE 在 1980 年 2 月成立了局域网标准化委员会（简称 IEEE 802 委员会），专门从事局域网的协议制订，形成了一系列的标准，称为 IEEE 802 标准。该标准已被国际标准化组织 ISO 采纳，作为局域网的国际标准系列，称为 ISO 802 标准。在这些标准中，根据局域网的多种类型，规定了各自的拓扑结构、媒体访问控制方法、帧和格式等内容。IEEE 802 系列标准中各个子标准之间的关系如图 3-9 所示。

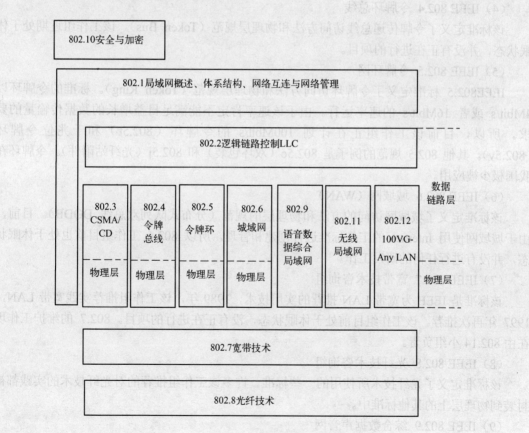

图 3-9　IEEE 802 分委员会所研究内容关系图

（1）IEEE 802.1 网间互连定义

802.1 是关于 LAN/MAN 桥接、LAN 体系结构、LAN 管理和位于 MAC 以及 LLC 层之上的协议层的基本标准。现在，这些标准大多与交换机技术有关，包括：802.1q（VLAN 标准）、802.1ac（带有动态 GVRP 标记的 VLAN 标准）、802.1v（VLAN 分类）、802.1d(生成树协议)、802.1s（多生成树协议）、802.1ad（端口干路）和 802.1p（流量优先权控制）。

（2）IEEE 802.2 逻辑链路控制

该协议对逻辑链路控制（LLC），高层协议以及 MAC 子层的接口进行了良好的规范，从而保证了网络信息传递的准确和高效性。由于现在逻辑理论控制已经成为整个 802 标准的一部分，因此这个工作组目前处于"冬眠"状态，没有正在进行的项目。

（3）IEEE 802.3 CSMA/CD 网络

IEEE 802.3 定义了 10Mbit/s、100Mbit/s、1Gbit/s，甚至 10Gbit/s 的以太网雏形，同时还定义了第五类屏蔽双绞线和光缆是有效的缆线类型。该工作组确定了众多的厂商的设备互操作方式，而不管它们各自的速率和缆线类型。而且这种方法定义了 CSMA/CD（带冲突检测的载波侦听多路访问）这种访问技术规范。IEEE 802.3 产生了许多扩展标准，如快速以太网的 IEEE 802.3u，千兆以太网的 IEEE 802.3z 和 IEEE 802.3ab，10G 以太网的 IEEE 802.3ae。目前，局域网络中应用最多的就是基于 IEEE 802.3 标准的各类以太网。

（4）IEEE 802.4 令牌环总线

该标准定义了令牌传递总线访问方法和物理层规范（Token Bus）。该工作组近期处于休眠状态，并没有正在进行的项目。

（5）IEEE 802.5 令牌环网

IEEE802.5 标准定义了令牌环访问方法和物理层规范（Token Ring）。标准的令牌环以 4Mbit/s 或者 16Mbit/s 的速率运行。由于该速率肯定不能满足日益增长的数据传输量的要求，所以，目前该工作组正在计划 100Mbit/s 的令牌环（802.5t）和千兆位令牌环（802.5v）。其他 802.5 规范的例子是 802.5c（双环包装）和 802.5j（光纤站附件）。令牌环在我国极少被应用。

（6）IEEE 802.6 城域网（WAN）

该标准定义了城域网访问的方法和物理层的规范（分布式队列双总线 DQDB）。目前，由于城域网使用 Internet 的工作标准进行创建和管理，所以 802.6 工作组目前也处于休眠状态，并没有进行任何的研发工作。

（7）IEEE 802.7 宽带技术咨询组

该标准是 IEEE 为宽带 LAN 推荐的实用技术，1989 年，该工作组推荐实践宽带 LAN，1997 年再次推荐。该工作组目前处于休眠状态，没有正在进行的项目。802.7 的维护工作现在由 802.14 小组负责。

（8）IEEE 802.8 光纤技术咨询组

该标准定义了光纤技术所使用的一些标准。许多该工作组推荐的对光纤技术的实践都被封装到物理层上的其他标准中。

（9）IEEE 802.9 综合数据声音网

该标准定义了介质访问控制子层（MAC）与物理层（PHY）上的集成服务（IS）接口。同时，该标准又被称为同步服务 LAN（ISLAN）。同步服务是指数据必须在一定的时间限制内被传输的过程。流介质和声音信元就是要求系统进行同步传输通信的例子。

（10）IEEE 802.10 网络安全技术咨询组

该标准定义了互操作 LAN 安全标准。该工作组以 802.10a（安全体系结构）和 802.10c（密匙管理）的形式提出了一些数据安全标准。该工作组目前处于休眠状态，没有正在进行的项目。

（11）IEEE 802.11 无线联网

该标准定义了无线局域网介质访问控制子层与物理层规范（Wireless LAN）。该工作组正在开发以 2.4GHz 和 5.1GHz 无线频谱进行数据传输的无线标准。IEEE 802.11 标准主要包括三个标准，即 IEEE 802.11a、IEEE 802.11b 和 IEEE 802.11g。

（12）IEEE 802.12 需求优先（100VG-AnyLAN）

IEEE 802.12 规则定义了需要优先访问的方法。该工作组为 100Mbit/s 需求优先 MAC 的开发提供了两种物理层和中继规范。虽然他们的使用已申请了专利并被接受作为 ISO 标准，但是它们被广泛接受的程度远逊色于以太网。802.12 目前正处于被分离的阶段。

（13）IEEE 802.14 交互电视

本标准对交互式电视网（包括 Cable Modem）进行了定义以及相应的技术参数规范。该工作组开发有线电视和有线调制解调器的物理与介质访问控制层的规范。确信他们的工作完成后，该工作组没有正在进行的项目。

（14）IEEE 802.15 短距离无线网

本标准规定了短距离无线网络（WPAN），包括蓝牙技术的所有技术参数。个人区域网络设想将在便携式和移动计算设备之间产生无线互连，例如 PC、外围设备、蜂窝电话、个人数字助理（PDA）、呼机和消费电子，该网络使用这些设备可以在不受其他无线通信干扰的情况下进行相互通信和互操作。

（15）IEEE 802.16 宽带无线接入

该标准主要应用于宽带无线接入方面。802.16 工作组的目标是开发固定宽带无线接入系统的标准，这些标准主要解决最后一英里本地环路问题。802.16 与 802.11a 的相似之处在于它使用未经当局许可的国家信息下部构造（U-NII）频谱上的未许可频率。802.16 不同于 802.11a 的地方在于它为了提供一个支持真正无线网络迁回的标准，从一开始就提出了有关声音、视频、数据的服务质量问题。

3.2 介质访问控制方式

将传输介质的频带有效地分配给网上各结点的方法称为介质访问控制方式。介质访问控制方式是局域网最重要的一项基本技术，对局域网体系结构、工作过程和网络性能产生决定性影响。介质访问控制方式主要是解决介质使用权的算法或机构问题，如何使众多用户能够合理而方便地共享通信介质资源，从而实现对网络传输信道的合理分配。

介质访问控制方式的主要内容有两个方面：一是要确定网络上每一个结点能够将信息发送到介质上去的特定时刻；二是要解决如何对共享介质访问和利用加以控制。常用的介质访问控制方式有三种：总线结构的带冲突检测的载波侦听多路访问（CSMA/CD）方式、环型结构的令牌环（Token Ring）访问控制方式和令牌总线（Token Bus）访问控制方式。

3.2.1　信道分配问题

信道分配问题也就是介质共享技术，通常，可将信道分配方法划分为两类：静态划分信道和动态介质接入控制。

1. 静态划分信道

静态划分信道，也是传统的分配方法，它采用频分复用、时分复用、波分复用和码分复用等办法将单个信道划分后静态地分配给多个用户。用户只要得到了信道就不会和别的用户发生冲突。

当用户结点数较多或使用信道的结点数在不断变化或者通信量的变化具有突发性时，静态分配多路复用方法的性能较差，因此，传统的静态分配方法，不适合于局域网和某些广播信道的网络使用。

2. 动态介质接入控制

动态介质接入控制又称为多点接入（Multiple Access），其特点是信道并非在用户通信时固定分配给用户。动态介质接入控制又分为两类：

（1）随机接入

随机接入的特点是所有的用户可随机地发送信息。但如果恰巧有两个或更多的用户在同一时刻发送信息，那么在共享介质上就发生了冲突，使得这些用户的发送都失败。因此，必须有解决冲突的网络协议，如以太网采用的带冲突检测的载波侦听多路访问（CSMA/CD）协议和在卫星通信中使用的 ALOHA 协议。

（2）受控接入

受控接入的特点是用户不能随机地发送信息而必须服从一定的控制。典型的代表有分散控制的令牌环局域网、光纤分布式数据接口（FDDI）和集中控制的多点线路探询（Polling）或称为轮询。

3.2.2　带冲突检测的载波侦听多路访问（CSMA/CD）

CSMA/CD（Carrier Sense Multiple Access / Collision Detection）是采用争用技术的一种介质访问控制方式。CSMA/CD 通常用于总线型拓扑结构和星形拓扑结构的局域网中。IEEE 802.3 即以太网，是一种总线型局域网，使用的介质访问控制子层方式是 CSMA/CD。

它的每个结点都能独立决定发送帧，若两个或多个结点同时发送，即产生冲突。把在一个以太网中所有相互之间可能发生冲突的结点的集合称为一个冲突域。例如，对于用同轴电缆互连的以太网，其中所有结点就属于一个冲突域。当一个冲突域中的结点数目过多时，冲突就会很频繁。因此，在以太网中结点数目过多将会严重影响网络性能。为了避免数据传输的冲突，以太网采用带有冲突监测的载波侦听多路访问机制规范结点对于共享信道使用。每个结点都能判断是否有冲突发生，如冲突发生，则等待随机时间间隔后重发，以避免再次发生冲突。

"冲突"是指两个信号相互干扰。尽管冲突不会损坏硬件，但是它产生了混淆的传输，阻止了任何一个帧的正确接收。当一台正在发送的计算机检测到冲突，它立即停止传输。这种在传输的过程中监测电缆的方法称为冲突检测（Collision Detect，CD）。由于载波监听不能完全避免冲突，所以在以太网的收发器中设立了冲突检测机构。发送信息包的结点一面将信息流送至总线上，一面经接收器从总线上将信息流接收下来。将接收到的信息与发送的信息进行比较，如果两者相同，则继续发送；如果不一致，就必定是发生了冲突，应停止发送信息，并发送干扰信号警告所有的其他站点，已检测到冲突。然后采取某种退避算法等待一段时间后再重新监听线路，准备重新发送该信息。

那么，为什么会产生冲突呢？这是因为电磁波在总线上是以有限的速率传播的。如图 3-10 所示，假设以太网中站点 A 经过同轴电缆向站点 B 发送数据，信号通过这段介质的传播时间为 τ，如果这时站点 B 在站点 A 发送的信号到达之前发送信号到站点 A（因为这时 B 的载波监听检测不到 A 发送的信号），则站点 A 和站点 B 发送的信号必然在某时发生碰撞。所以，在站点 A，在它发出信号后，如果收到站点 B 发来的信号，之间所经过的时间大于 2τ 的话，就应该没有发生冲突。反之，如果站点 A 发出信号后，还没有经过 2τ 时延就收到站点 B 传来的信号，那么说明信道上肯定发生了冲突。这时，A 应立即停止发送这次还没发送完的其他数据。然后延迟一段时间后，再重新进行 CSMA/CD。

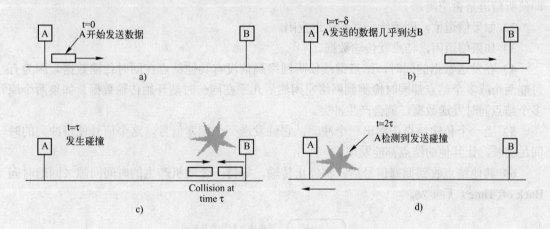

图 3-10　传播时延对载波监听的影响

下面是图 3-10 的一些重要时刻。

在 t=0 时，A 开始发送数据，B 检测到信道空闲。

在 t=τ-δ，A 发送的数据几乎到达 B。

在 t=τ，A 和 B 发生碰撞。

在 t=2τ，A 检测到发送碰撞。

这里，τ 称为端到端时延（一般取以太网中两个距离最大的站点的时延）；2τ 为以太网端到端往返的时延，称为争用期（Contention Period）。之所以叫争用期，是因为这段时间里会发生冲突，一个站点发送数据后，经过争用期还没有发生碰撞，那么这次发送就肯定不会发生碰撞。

如果数据传输时发生了碰撞，是立即发送数据还是等待一段时间再发送数据？为了使重传时再次发生冲突的概率减小，一般不是立即再发送数据，而是推迟一个随机的时间。以太网采用截断二进制指数类型的退避算法来决定避让的时间。

截断二进制指数退避算法是这样的：

1）确定基本退避时间为 2τ。

2）定义参数 k 为重传次数，但 k 不超过 10。k＝Min[重传次数，10]。

3）重传时延 Td＝r·2τ，r 为从离散的整数集合[0，1，2，…，(2k-1)]中随机地抽取一个数。

4）当重传次数超过 16 次仍不成功，表明网络太拥挤，则丢弃该帧，并向高层报告。

例如，第一次发生冲突，要进行重传，重传时 k＝1，r＝0 或 1，等待时间 Td 为 0 或 2τ；第二次如果又发生冲突，重传时 k＝2，r＝0，1，2，3，等待时间 Td 为随机选择 0，2τ，4τ，6τ 中的任一个数；如果第三次冲突，重传时 k＝3，r＝0，1，2，3，5，6，7，等待时间 Td 随机选择 0，2τ，4τ，6τ，8τ，10τ，12τ，14τ 中的任一个数；……；以此类推，第 i 次冲突，等待时间为随机选择的 0～（2i-1）倍的 2τ 中的任一个数。

CSMA/CD 的工作原理可概括成四句话，即先听后发，边发边听，冲突停止，随机延时后重发，如图 3-11 显示了采用 CSMA/CD 方法的流程图。具体过程如下：

1）当一个结点想要发送数据的时候，它首先检测网络是否有其他结点正在传输数据，即侦听信道是否空闲。

2）如果信道忙，则等待，直到信道空闲。

3）如果信道闲，结点就传输数据。

4）在发送数据的同时，结点继续侦听网络确信没有其他结点在同时传输数据。因为有可能两个或多个结点都同时检测到网络空闲然后几乎在同一时刻开始传输数据。如果两个或多个结点同时发送数据，就会产生冲突。

5）当一个传输结点识别出一个冲突，它就发送一个拥塞信号，这个信号使得冲突的时间足够长，让其他的结点都能发现。

6）其他结点收到拥塞信号后，都停止传输，等待一个随机产生的时间间隙（回退时间 Back off Time）后重发。

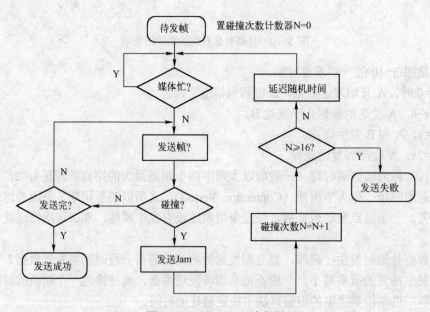

图 3-11　CSMA/CD 流程图

总之，CSMA/CD 采用的是一种"有空就发"的竞争型访问策略，因而不可避免会出现信道空闲时多个结点同时争发的现象，无法完全消除冲突，只能是采取一些措施减少冲突，并对产生的冲突进行处理。因此采用这种协议的局域网环境不适合于对实时性要求较强的网络应用。

3.2.3 令牌环访问控制（Token–Ring）

令牌环技术是 1969 年由 IBM 提出来的。它适用于环形网络，并已成为流行的环访问技术。这种介质访问技术的基础是令牌。令牌是一种特殊的帧，用于控制网络结点的发送权，只有持有令牌的结点才能发送数据。由于发送结点在获得发送权后就将令牌删除，在环路上不会再有令牌出现，其他结点也不可能再得到令牌，保证环路上某一时刻只有一个结点发送数据，因此令牌环技术不存在争用现象，它是一种典型的无争用型介质访问控制方式。

令牌有"忙"和"闲"两种状态。当环正常工作时，令牌总是沿着物理环路单向逐结点传送，传送顺序与结点在环路中的排列顺序相同。当某一个结点要发送数据时，它须等待空闲令牌的到来。它获得空令牌后，将令牌置"忙"，并以帧为单位发送数据。如果下一结点是目的结点，则将帧拷贝到接收缓冲区，在帧中标志出帧已被正确接收和复制，同时将帧送回环上，否则只是简单地将帧送回环上。帧绕行一周后到达源结点后，源结点回收已发送的帧，并将令牌置"闲"状态，再将令牌向下一个结点传送。图 3-12 给出了令牌环的基本工作过程。

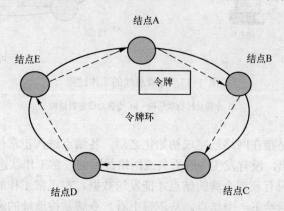

图 3-12　令牌环的基本过程

当令牌在环路上绕行时，可能会产生令牌的丢失，此时，应在环路中插入一个空令牌。令牌的丢失将降低环路的利用率，而令牌的重复也会破坏网络的正常运行，因此必须设置一个监控结点，以保证环路中只有一个令牌绕行。当令牌丢失，则插入一个空闲令牌。当令牌重复时，则删除多余的令牌。

令牌环的主要优点在于其访问方式具有可调整性和确定性，且每个结点具有同等的介质访问权。同时，还提供优先权服务，具有很强的适用性。它的主要缺点是环维护复杂，实现较困难。

3.2.4 令牌总线访问控制（Token–Bus）

CSMA/CD 采用用户访问总线时间不确定的随机竞争方式，有结构简单、轻负载时时延小等特点，但当网络通讯负荷增大时，由于冲突增多，网络吞吐率下降、传输延时增加，性能明显下降。令牌环在重负荷下利用率高，网络性能对传输距离不敏感。但令牌环网控制复杂，并存在可靠性保证等问题。令牌总线综合 CSMA/CD 是在令牌环两种介质访问方式的优点的基础上而形成的一种介质访问控制方式。

令牌总线主要适用于总线型或树状网络。采用此种方式时，各结点共享的传输介质是总线型的，每一结点都有一个本站地址，并知道上一个结点地址和下一个结点地址，令牌传递规定由高地址向低地址，最后由最低地址向最高地址依次循环传递，从而在一个物理总线上形成一个逻辑环。环中令牌传递顺序与结点在总线上的物理位置无关。图 3-13 给出了正常的稳态操作时令牌总线的工作原理。

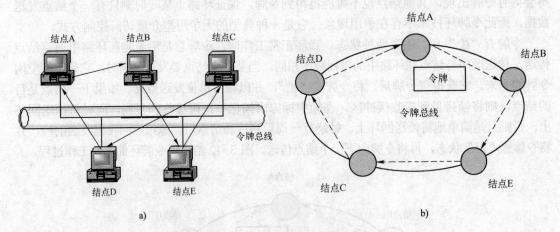

图 3-13　令牌总线的工作过程

a) 令牌总线物理结构　b) 令牌总线逻辑结构

正常的稳态操作是指在网络已完成初始化之后，各结点进入正常传递令牌与数据，并且没有结点要加入或撤出，没有发生令牌丢失或网络故障的正常工作状态。

与令牌环一致，只有获得令牌的结点才能发送数据。在正常工作时，当结点完成数据帧的发送后，将令牌传送给下一个结点。从逻辑上看，令牌是按地址的递减顺序传给下一个结点的。而从物理上看，带有地址字段的令牌帧广播到总线上的所有结点，只有结点地址和令牌帧的目的地址相符的结点才有权获得令牌。

获得令牌的结点，如果有数据要发送，则可立即传送数据帧，完成发送后再将令牌传送给下一个结点；如果没有数据要发送，则应立即将令牌传送给下一个结点。由于总线上每一结点接收令牌的过程是按顺序依次进行的，因此所有结点都有访问权。为了使结点等待令牌的时间是确定的，需要限制每一结点发送数据帧的最大长度。如果所有结点都有数据要发送，则在最坏的情况下，等待获得令牌的时间和发送数据的时间应该等于全部令牌传送时间和数据发送时间的总和。另一方面，如果只有一个结点有数据要发送，则在最坏的情况下，等待时间只是令牌传送时间的总和，而平均等待时间是它的一半，实际等待时间在这一区间范围内。

令牌总线还提供了不同的优先级机制。优先级机制的功能是将待发送的帧分成不同的访问类别，赋予不同的优先级，并把网络带宽分配给优先级较高的帧，而当有足够的带宽时，才发送优先级较低的帧。

令牌总线的特点在于它的确定性、可调整性及较好的吞吐能力，适用于对数据传输实时性要求较高或通讯负荷较重的应用环境中，如生产过程控制领域。它的缺点在于它的复杂性和时间开销较大，结点可能要等待多次无效的令牌传送后才能获得令牌。

3.2.5　CSMA/CD 与 Token Bus、Token Ring 的比较

在共享介质访问控制方法中，CSMA/CD 与 Token Bus、Token Ring 应用广泛。从网络拓扑结构看，CSMA/CD 与 Token Bus 都是针对总线拓扑的局域网设计的，而 Token Ring 是针对环型拓扑的局域网设计的。如果从介质访问控制方法性质的角度看，CSMA/CD 属于随机介质访问控制方法，而 Token Bus、Token Ring 则属于确定型介质访问控制方法。

与确定型介质访问控制方法比较，CSMA/CD 方法有以下几个特点：

1）CSMA/CD 介质访问控制方法算法简单，易于实现。目前有多种 VLSI（Very Large Scale Integration）可以实现 CSMA/CD 方法，这对降低 Ethernet 成本，扩大应用范围是非常有利的。

2）CSMA/CD 是一种用户访问总线时间不确定的随机竞争总线的方法，适用于办公自动化等对数据传输实时性要求不严格的应用环境。

3）CSMA/CD 在网络通信负荷较低时表现出较好的吞吐率与延迟特性。但是，当网络通信负荷增大时，由于冲突增多，网络吞吐率下降、传输延迟增加，因此 CSMA/CD 方法一般用于通信负荷较轻的应用环境中。

与随机型介质访问控制方法比较，确定型介质访问控制方法 Token Bus、Token Ring 有以下几个特点：

1）Token Bus、Token Ring 网中结点两次获得令牌之间的最大时间间隔是确定的，因而适用于对数据传输实时性要求较高的环境，如生产过程控制领域。

2）Token Bus、Token Ring 在网络通信负荷较重时表现出很好的吞吐率与较低的传输延迟，因而适用于通信负荷较重的环境。

3）Token Bus、Token Ring 的不足之处在于它们需要复杂的环维护功能，实现较困难。

3.3　以太网

以太网是目前局域网市场占有量最高的一种网络形态，各厂商推出的和以太网组网相关的产品也非常丰富。可以说，以太网几乎成了局域网的代名词。

3.3.1　以太网概述

以太网从诞生到现在，发展迅速，其数据率已经从最初的 10Mbit/s 到 100Mbit/s，又到了 1 000Mbit/s，甚至 10 000Mbit/s，是一个令人心动的变革。它以其低廉的端口价格和优越的性能，成为目前局域网中应用最广泛的局域网，几乎成了局域网的代名词。

这里所说以太网，相对于现在 100Mbit/s 甚至 1 000Mbit/s、10 000Mbit/s 的以太网来

说，严格说应该叫做"传统以太网"，它表示最初进入市场的 10Mbit/s 速率的以太网。它是由美国施乐（Xerox）公司于 1975 年最先发明的，并以曾经在历史表示电磁波的以太（Ether）来命名。1980 年 9 月，Xerox 又联合了 Digital、Intel 共同出台了最早的以太网标准——称为 DIX Ethernet V1。1982 年，修改为 DIX Ethernet V2。IEEE 制定局域网标准时，其 802.3 标准绝大部分参考了 DIX Ethernet。因此，以太网有两个标准，即 DIX EthernetV2 标准和 802.3 标准，但这两个标准差别很小，我们经常不严格区分这两个标准，因此，我们常将 802.3 局域网简称为"以太网"。目前 802.3 标准所包含的协议见下表 3-1 所示。下面我们介绍以太网的工作原理和几种常用的以太网标准。

表 3-1　802.3 标准所包含的协议

标准	标准颁布时间	数据率	拓扑	媒体	最大电缆网段长度（m）	
					双工	全双工
10BASE5	DIX-1980, 802.3-1983	10 Mbit/s	总线型	一根 50 Ω 同轴电缆 （粗缆以太网） (10mm 直径)	500	不使用
10BASE2	802.3a-1985	10 Mbit/s	总线型	一根 50 Ω RG 58 同轴电缆 (细缆以太网) (5 mm 直径)	185	不使用
10Broad36	802.3b-1985	10 Mbit/s	Bus	一根 75 Ω CATV 宽带电缆	1 800	不使用
FOIRL	802.3d-1987	10 Mbit/s	星形	两根光纤	1 000	>1 000
1BASE5	802.3e-1987	1 Mbit/s	星形	两对双绞线电话电缆	250	不使用
10BASE-T	802.3i-1990	10 Mbit/s	星形	两对 100 Ω 的 3 类或更好的 UTP 电缆	100	100
10BASE-FL	802.3j-1993	10 Mbit/s	星形	两根光纤	2 000	>2 000
10BASE-FB	802.3j-1993	10 Mbit/s	星形	两根光纤	2 000	不使用
10BASE-FP	802.3j-1993	10 Mbit/s	星形	两根光纤	1 000	不使用
100BASE-TX	802.3u-1995	100 Mbit/s	星形	两对 100 Ω 的 5 类 UTP 电缆	100	100
100BASE-FX	802.3u-1995	100 Mbit/s	星形	两根光纤	412	2 000
100BASE-T4	802.3u-1995	100 Mbit/s	星形	4 对 100 Ω 的 3 类或更好的 UTP 电缆	100	不使用
100BASE-T2	802.3y-1997	100 Mbit/s	星形	两对 100 Ω 的 3 类或更好的 UTP 电缆	100	100
1000BASE-LX	802.3z-1998	1 Gbit/s	星形	长波长激光 (1300 nm) 使用: 62.5 μm 多模光纤 50 μm 多模光纤 10 μm 单模光纤	316 316 316	550 550 5000
1000BASE-SX	802.3z-1998	1 Gbit/s	星形	短波长激光 (850 nm) 使用: 62.5 μm 多模光纤 50 μm 多模光纤	275 316	275 550

标准	标准颁布时间	数据率	拓扑	媒体	最大电缆网段长度（m）	
					双工	全双工
1000BASE-CX	802.3z-1998	1 Gbit/s	星形	特殊屏蔽双铜线电缆	25	25
1000BASE-T	802.3ab-1999	1 Gbit/s	星形	4 对 100 Ω 的 5 类或更好的电缆	100	100
10GBASE-SR	802.3ae-2002	10 Gbit/s	星形	短波长激光 (850 nm)	不使用	63～300
10GBASE-SW	802.3ae-2002	10 Gbit/s	星形	短波长激光 (850 nm)	不使用	63～300
10GBASE-LX4	802.3ae-2002	10 Gbit/s	星形	长波长激光(1 300nm)，WWDM 多模光纤 单模光纤	不使用	300～10 k
10GBASE-LR	802.3ae-2002	10 Gbit/s	星形	长波长激光 (1300 nm) 使用单模光纤	不使用	10 k
10GBASE-LW	802.3ae-2002	10 Gbit/s	星形	长波长激光 (1 300 nm) 使用单模光纤	不使用	10 k
10GBASE-ER	802.3ae-2002	10 Gbit/s	星形	特长波长激光 (1 550 nm)使用单模光纤	不使用	40 k
10GBASE-EW	802.3ae-2002	10 Gbit/s	星形	特长波长激光 (1 550 nm) 使用单模光纤	不使用	40 k

以太网采用总线拓扑结构，所有计算机都共享同一条总线。那么，这些计算机以怎样的方式来协调使用共享的总线，这是以太网要解决的头号问题。

以太网采用带有冲突检测的载波监听多路访问控制技术即 CSMA/CD，以解决共用总线的争用及冲突问题。

3.3.2 以太网的连接方式

1．网卡的作用

计算机通过网络接口卡 NIC（Network Interface Card）与外界的局域网连接。不同的局域网技术有自己特殊的网卡，相互之间不能通用。网卡工作在数据链路层，网卡的功能像一种 I/O 设备，并不需要 CPU 就能处理帧的传输与接收的所有细节，实现数据帧的封装与解封，发送数据时，网卡将上层交下来的数据加上首部和尾部，封装成为以太网的帧；接收数据时，网卡将下层传来的以太网帧去掉首部和尾部，然后交上一层。在数据链路管理上，网卡实现 CSMA/CD 协议。网卡使用中断机制来通知 CPU。

2．以太网的连接

根据以太网使用的传输媒体的不同，以太网有不同的连接方式和不同的物理层。图 3-14 给出几种常见传输媒体的物理层，即 10BASE5（粗缆以太网）、10BASE2（细缆以太网）、10BASE-T（双绞线以太网）、10BASE-F（光缆以太网）。这里"BASE"表示基带信号，BASE 前面的数字"10"表示数据率为 10Mbit/s，BASE 后面的数字 5 或 2 表示每一段电缆的长度为 500m 或 200m（实际上是 185m）。"T"代表双绞线，"F"代表光纤。

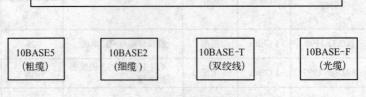

图 3-14　以太网的四种不同的物理层

目前最广泛使用的传输媒体是双绞线。图 3-15 是分别采用粗缆、细缆和双绞线的 3 种总线局域网（以太网）的组网方式。

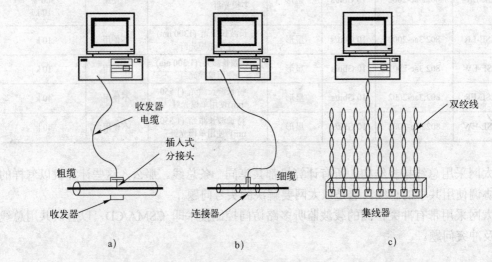

图 3-15　采用粗缆、细缆和双绞线的总线局域网（以太网）的组网方式

a) 10BASE5　b) 10BASE2　c) 10BASE-T

粗缆以太网是最早使用的以太网，计算机通过收发器电缆和收发器连到总线上。收发器的功能是：

1）从计算机经收发器电缆得到数据向同轴电缆发送，或反向过来，从同轴电缆接收数据经收发器电缆送给计算机。

2）检测在同轴电缆上发生的数据帧的冲突。

3）在同轴电缆和电缆接口的电子设备之间进行电气隔离。

4）当收发器或所连接的计算机出故障时，保护同轴电缆不受其影响。

收发器电缆用于连接结点和外部收发器，通常称为 AUI 电缆。粗缆以太网数据传输速率为 10Mbit/s，因为信号沿同轴电缆（总线）传播时要产生衰减，所以要限制同轴电缆的最大长度，粗缆以太网规定同轴电缆的最大长度为 500m。

粗缆以太网的优点是具有较高的可靠性和较强的网络抗干扰能力，具有较大的地理覆盖范围。缺点是网络安装、维护和扩展比较困难，造价高。

细缆以太网上的每个结点通过 T 型连接器与网络进行连接，它水平方向的两个插头用于连接两段细缆，与之垂直的插口与网络接口适配器上的 BNC 连接器相连。细缆以太网与粗缆以太网一样具有很强的网络抗干扰能力，但比粗缆以太网容易安装，造价也低。细缆以太网的缺点是网络维护和扩展比较困难，电缆系统的断点较多，影响网络系统的可靠性。

粗缆以太网和细缆以太网致命的缺点就是若总线上某个电缆接头处发生短路或开路等故障时，则整个网络停止工作。为了便于维护局域网，人们提出以太网能否像电话网那样，使用星形网拓扑结构，不使用电缆而使用无屏蔽双绞线。这样，1990 年 IEEE 制订出星形网 10BASE-T 的标准。在双绞线以太网中的中心，增加了一种非常可靠的设备叫集线器（Hub）。

集线器工作在 OSI 模型的物理层，相当于多端口转发器，一个集线器有许多个端口，8个、16 个等，每个端口采用 RJ-45 插座，集线器的每个端口都是具有发送和接收数据的功能。注意，使用集线器的局域网，在物理上是一个星形网，但在逻辑上仍是一个总线网，因为各工作站仍然共享逻辑总线，也就是某一时间段，只有一对工作站可交换数据。而交换式集线器（Switches Hub）可同时有二对以上工作站交换数据。

3.3.3 交换以太网

20 世纪 90 年代初，随着计算机性能的提高及通信量的剧增，传统以太网已经越来越不适应发展的需要。交换式以太网技术应运而生，大大提高了局域网的性能。以太网交换技术是在多端口网桥的基础上发展起来的，实现 OSI 模型的下两层协议，与网桥有着千丝万缕的联系。

交换式以太网是以以太网交换机为中心构成的星形拓扑结构的网络，传统的以太网由于共享传输介质，网上所有结点共享总线上的带宽，并且每个结点的实际占有带宽随结点数的增多而减少，再加上发送结点可能出现的冲突，故要保证网上各结点的带宽和实时信息传输是困难的。以太网交换机的出现彻底改变了这种状态。在交换式以太网中，不仅仅交换机的每个端口结点占用的带宽不会因端口结点的增加而减少，相反整个交换机的总带宽随着端口结点占用的增加而扩张。

以太网交换机的工作原理是，它检测从以太网端口传来的数据包的源和目的地的 MAC 地址，然后与系统内部的动态查找表进行比较，若数据包的 MAC 地址不在查找表中，则将该地址加入查找表中，并将数据包发送给相应的目的端口。在交换式以太网中，数据包的传输方式有两种：直接方式和存储转发方式。

（1）直接方式

当接收到从以太网端口传来的数据包后，检测起源和目的地址，根据这两个地址将输入端和输出端"接通"，然后就将数据转发到正确的端口线路上。此方式的交换速度快、时延小，但由于它不做差错检验和其他增值服务，因此不具备过滤出错的功能。

（2）存储转发方式

将端口传来的数据包完整地接收并存储下来，然后进行差错检验。当检验出错时，将进行纠错。确保数据包正确后，取出目的地址，将其转发到相应的输出端口。此方式由于要对帧进行差错检验及其他操作，因此数据包时延较大。

3.3.4 快速以太网

随着局域网的普及，网上用户日益增多，网络规模越来越大，网上的通信量随之进一步增加。随着高分辨率图像、视频信号以及其他丰富的媒体数据类型在网络中传输量的增多，不管台式机、服务器、集线器还是其他交换机，都需要更大的带宽。因此，需要发展快速以太网来增加网络的带宽。

100BASE-T 是在双绞线上传输 100Mbit/s 基带信号的星形拓扑以太网，仍使用 IEEE 802.3 的 CSMA/CD 协议，又称为快速以太网。它是 10BASE-T 以太网标准的扩展，保留了众所周知的以太网概念，同时开发了新的传输技术，使网络的速度提高了 10 倍。由于保留了大家所熟悉的 CSMA/CD 协议，从而保证不需对工作站的以太网卡的软件和上层协议做任何修改，就可以使局域网上的 10BASE-T 和 100BASE-T 站点间相互通信并且不需要协议转换。因此，100BASE-T 和 100BASE-T 的设备可以在一个网络中工作，这样，在提高了网络性能的同时，降低了系统的造价和升级费用，还增加了灵活性。

快速以太网技术可以有效地保障用户在布线基础设施上的投资，它支持 3、4、5 类双绞线以及光纤的连接，能有效地利用现有的设施。当然它也有不足之处，比如，快速以太网是基于载波侦听多路访问（CSMA/CD）技术的，当网络负载较重时，会造成效率的降低，这可以使用交换技术来弥补。

快速以太网分为 3 类。

（1）100BASE-TX

100BASE-TX 使用两对双绞线，其中一对用于发送数据，一对用于接收数据；在传输中使用 4B/5B 编码方式，信号频率为 125MHz；符合 EIA586 的 5 类布线标准和 IBM 的 SPT1 类布线标准；使用同 10BASE-T 相同的 RJ-45 连接器。它的最大网段长度为 100m。它支持全双工的数据传输。

（2）100BASE-FX

100BASE-FX 使用两根光缆，其中一根用于发送数据，另一根用于接收数据；在传输中使用 4B/5B 编码方式，信号频率为 125MHz；使用 MIC/FDDI 连接器、ST 连接器或 SC 连接器；最大网段长度为 150m、412m、2000m 或更长至 10km，这与所使用的光纤类型和工作模式有关。它支持全双工的数据传输，特别适合于有电气干扰、较大距离连接或高保密环境等情况下。

（3）100BASE-T4

100BASE-T4 使用 3、4、5 类开屏蔽双绞线或屏蔽双绞线，使用 4 对双绞线，其中 3 对用于传输数据，1 对用于检测冲突信号。在传输中使用 8B/6T 编码方式，信号频率为 25MHz，符合 EIA586 结构化布线标准。使用与 10BASE-T 相同的 RJ-45 连接器，最大网段长度为 100m。

3.3.5 千兆位以太网

在 1995 年以前，人们普遍认为，到了千兆位的速率，以太网肯定是不行的。很多人认为，对于千兆位的速率，唯一能使用的技术就只有 ATM 了。然而到了 1996 年夏季，千兆位以太网的产品已经上市。IEEE 在 1997 年通过了关于千兆位以太网的标准 802.3z，1998 年通过了正式的 802.3z 标准。由于千兆位以太网仍使用 CSMA/CD 协议与现有的以太网兼容，这就使得在局域网的范围 ATM 更加缺乏竞争力。

千兆位以太网可用作现有网络的主干网，也可在高带宽的应用中用来连接工作站和服务器。

千兆位以太网的物理层使用两种成熟的技术：一种来自现有的以太网；另一种则是 ANSI 制定的光纤通道。采用成熟技术就能大大缩短千兆位以太网标准的开发时间。

千兆位以太网的物理层共有 1000 BASE-X(802.3z)和 1000 BASE-T(802.3ab)两个标准：

1．1000BASE-X(802.3z)

1000BASE-X 标准是基于光纤通道的物理层，即 FC-0 和 FC-1。使用的媒体有三种：

1000BASE-SE 用多模光纤和 850nm 激光器（距离为 300～550m）；1000BASE-LX 用单模光纤或多模光纤和 1 300nm 激光器；1000BASE-CX 使用短距离的屏蔽双绞线电缆 STP（距离为 25m）。

2．1000BASE-T(802.3ab 标准)

1000BASE-T 是使用 4 对 5 类线 UTP，传送距离为 23～100m。为了能够进行冲突检测，千兆位以太网若将最大电缆长度减小到 10m 就没有什么实际用处了。因此千兆位以太网采用"载波延伸"的办法。这就是最短帧长 64 字节仍不变，但将争用期变为 512 字节。凡发送的帧长不足 512 字节时，就用一些特殊字符填充在帧的后面，使其长度达到 512 字节，但这对净负荷并无影响。当原来只有 64 字节，长的帧填充到 512 字节时，所填充的 448 字节造成很大的浪费。

为此，千兆位以太网还增加了一种功能称为分组突发。这就是当很多短帧要发送时，第一个短帧要用上面所说的载波延伸的方法进行填充。但随后的一些短帧则可一个接一个地发送，它们之间只需要留有必要的帧间最小间隔即可。这样就形成了一串分组的突发，直到达到 1 500 字节为止。

千兆位以太网交换机可以直接与多个图形工作站相连，也可与几个 100Mbit/s 以太网集线器相连，然后再和大型服务器连接在一起。千兆位以太网可以很容易将 FDDI 主干网进行升级。这时只要将原 FDDI 的集中器和以太网到 FDDI 的路由器与千兆比以太网交换机相连即可。千兆位以太网还可用作快速以太网的主干网。

3.3.6 万兆位以太网

到目前为止，以太网的发展已经成功地实现了三个阶段：以太网（Ethernet）、快速以太网（Fast Ethernet）以及最近完成的千兆位以太网（Gigabit Ethernet）。计算机工业界正在把目光瞄准下一代以太网——10Gbit/s 以太网。10Gbit/s 以太网更大的数据传输速率意味着用户能以更加快的速度访问 Intranet 和其他数据密集型服务，并有一个更大的访问 Internet 和广域网服务的管道。

电气和电子工业协会 IEEE 已经成立了相关的研究小组，确定 10Gbit/s 以太网标准的各项参数，如距离的限制、传输介质以及数据传输速度等。

10Gbit/s 以太网将显著增加带宽，以帮助企业迎接负担过重或者不断扩展的网络基础设施所带来的挑战。10Gbit/s 以太网的通信处理能力将极大地缓解局域网主干所承受的压力，同时为用户提供高效运行数据密集型应用程序所需的可伸缩性和速度。当获得 10Gbit/s 的以太网的数据传输速率后，各公司将能够大大加快文件在服务器和其他设备间的传输速度。

尽管 ATM 为寻求服务集成、保证的服务质量或者局域网/广域网集成的公司提供一条可行的迁移途径，但 10Gbit/s 以太网将通过对现有基础设施做尽量少的变更就能提供更高的传输速率。虚拟实现、数据仓库、CAD/CAM、印刷预处理和大量的图像处理是 10Gbit/s 以太网技术的最佳候选应用程序。

如果 10Gbit/s 以太网得以实现，9.584640Gbit/s 的速度就和同步光纤网络 SONET 标准的 OC-192 相等。SONET 是在广域网上传输数据的标准，被电信公司广泛采纳。

研究小组在许多方面已经达成共识，最重要的一点是，所有厂商一致同意，10Gbit/s 以太网选择全双工的工作方式，而不是半双工工作方式。这就意味着，新的以太网将失去以前的一些基本特征，它将不能采用 CSMA/CD 机制与许多台机器共享相同的以太网分段。但是这个改变并不会造成戏剧性的变化。尽管千兆位以太网支持半双工操作，也几乎没有哪一种网络硬件使用这样的标准。研究小组认识到，在 10Gbit/s 以太网上采用 5 类线缆将非常困难，他们正在考虑 6 类线缆。

快速以太网和千兆位以太网的标准化过程只用了几年的时间，但是 10Gbit/s 以太网的标准将比前两种技术都长。不过，在实现 10Gbit/s 以太网技术之前，人们很有可能又开始了 100Gbit/s 以太网的研究，因为追求是无止境的。

3.4 无线局域网

由于智能手机、笔记本电脑及平板电脑等移动互联网终端的迅猛发展，无线局域网在近年来获得了飞速的发展。其优势不言而喻，除了使终端用户摆脱地理位置的束缚以外，无线局域网安装方便，价格低廉，特别在一些不适合进行有线连接的场合，无线局域网成了唯一的选择。

3.4.1 无线局域网概述

近年来，随着无线局域网技术的发展，无线局域网产品逐渐成熟，无线局域网得到了业界以及公众的热情关注，无线局域网的应用也逐渐发展起来。

无线局域网（Wireless Local Area Network，WLAN）是计算机网络与无线通信技术相结合的产物。它以无线多址信道作为传输媒介，利用电磁波完成数据交互，实现传统有线局域网的功能。

无线局域网络绝不是用来取代有线局域网络，而是用来弥补有线局域网络之不足，以达到网络延伸之目的，下列情形可能需要无线局域网络：

1）无固定工作场所的使用者。

2）有线局域网络架设受环境限制。

3）作为有线局域网络的备用系统。

无线局域网的优势主要体现在以下几个方面：

（1）安装便捷

一般在网络建设中，施工周期最长、对周边环境影响最大的，就是网络布线施工工程。在施工过程中，往往需要破墙掘地、穿线架管。而 WLAN 最大的优势就是免去或减少了网络布线的工作量，一般只要安装一个或多个接入点（Access Point）设备，就可建立覆盖整个建筑或地区的局域网络。

（2）使用灵活

在有线网络中，网络设备的安放位置受网络信息点位置的限制。而一旦 WLAN 建成后，在无线网的信号覆盖区域内任何一个位置都可以接入网络。

（3）经济节约

由于有线网络缺少灵活性，这就要求网络规划者尽可能地考虑未来发展的需要，这就往往导致预设大量利用率较低的信息点。而一旦网络的发展超出了设计规划，又要花费较多费用进行网络改造。WLAN 可以避免或减少以上情况的发生。

（4）易于扩展

WLAN 有多种配置方式，能够根据需要灵活选择。这样，WLAN 就能胜任从只有几个用户的小型局域网到上千用户的大型网络，并且能够提供像"漫游（Roaming）"等有线网络无法提供的特性。

WLAN 具有多方面的优点，其发展十分迅速。在最近几年里，WLAN 已经在医院、商店、工厂和学校等不适合网络布线的场合得到了广泛的应用。

无线局域网的基础还是传统的有线局域网，只是在有线局域网的基础上通过无线 Hub、接入点（Access Point，AP）、无线网桥、无线网卡（Wireless LAN Card）、天线（Antenna）等设备使无线通信得以实现。任何一台装有无线网卡的 PC 均可通过 AP 去分享网络甚至 Internet 网络的资源。

和有线局域网一样，无线局域网同样也需要传送介质，只是无线局域网采用的传输媒体不是双绞线或者光纤，而是红外线或者无线电波。

（1）红外线

红外线局域网采用小于一微米波长的红外线作为传输媒体，有较强的方向性，由于它采用低于可见光的部分频谱作为传输介质，使用不受无线电管理部门的限制。红外线信号要求视距传输，并且窃听困难，对邻近的区域的类似系统也不会产生干扰。在实际应用中，由于红外线具有很高的背景噪声，受日光，环境照明等影响较大，一般要求的发射功率较高，而采用现行技术（特别是 LED），很难获得高的比特速率（>10Mbit/s），尽管如此，红外线 LAN 仍是目前 100Mbit/s 以上无线局域网络最可行的方案。

（2）无线电波

由于无线电波的覆盖范围较广，采用微波波段的无线电波作为无线局域网的传输介质应用最多。使用扩频方式通信时，特别是直接序列扩频调制方法因发射功率低于自然的背景噪声，具有很强的抗干扰抗噪声能力，抗衰落能力。一方面使通信具有很高的安全性，基本避免了通信信号的偷听和窃取，具有很高的可用性。另一方面无线局域网使用的频段主要是 S 频段（2.4～2.4835GHz），这个频段也叫 ISM（Industry Science Medical）即工业科学医疗频段，该频段在美国不受 FCC（美国联邦通信委员会）的限制，属于工业自由频段，不会对人体健康造成伤害。

无线局域网采用的关键传输技术有以下几种。

（1）正交频分复用技术

是以多个副载频并发来传输高速数字信息，每个副载频留取足够长的时间和码元宽度来"躲避"多径衰落信道带来的码间干扰的影响。所采用的数字信息调制有时间差分移相键控（TDPSK）和频率差分移相键控（FDPSK），以快速傅里叶变换（FFT）算法实施数字信息调制和解调功能。

（2）红外线辐射技术

这种技术的特点是：不能穿透物体；通信距离要远远小于通常使用的射频技术的通信距离。由于空间衰减很大，信号不易被探测，比较适用于近距离点对点传输速率较高的环境。

（3）宽带扩展频谱技术

它是一种传输信息的调制制式，其传输信息的信号带宽远大于信息本身的带宽。信息带宽的扩展是通过编码方法实现的，与所传数据信息无关。在接收端将宽带的扩频信号恢复成窄带的传输信号，同时将干扰信号频谱再次进行扩展，从而提高信息解调信噪比，达到扩频通信目的。

3.4.2　无线局域网结构与标准

1．无线局域网的结构

对于不同局域网的应用环境与需求，无线局域网可采取不同的网络结构来实现互连。

（1）网桥连接型

不同的局域网之间互连时，由于物理上的原因，若采取有线方式不方便，则可利用无线网桥的方式实现二者的点对点连接，无线网桥不仅提供二者之间的物理与数据链路层的连接，还为两个网的用户提供较高层的路由与协议转换。

（2）基站接入型

当采用移动蜂窝通信网接入方式组建无线局域网时，各站点之间的通信是通过基站接入、数据交换方式来实现互连的。各移动站不仅可以通过交换中心自行组网，还可以通过广域网与远地站点组建自己的工作网络。

（3）Hub 接入型

利用无线 Hub 可以组建星形结构的无线局域网，具有与有线 Hub 组网方式相类似的优点。在该结构基础上的 WLAN，可采用类似于交换型以太网的工作方式，要求 Hub 具有简单的网内交换功能。

（4）无中心结构

要求网中任意两个站点均可直接通信。它要求网中任意两个站点间均能直接进行信息交换。每个站点既是工作站，也是服务器。此结构的无线局域网一般使用公用广播信道，MAC 层采用 CSMA 类型的多址接入协议。

2．无线局域网的技术标准

无线接入技术区别于有线接入的特点之一是标准不统一，不同的标准各有不同的应用。

WLAN 标准主要是针对物理层和媒质访问控制层（MAC），涉及所使用的无线频率范围、空中接口通信协议等技术规范与技术标准。在 WLAN 迅猛发展的同时，WLAN 的标准之争也成为众多厂商和运营实体非常关注的一个话题，究竟 WLAN 最终会采取哪种技术作为主流标准直接影响到企业今后的决策走向。在众多的标准中，人们知道最多的是 IEEE（美国电子电气工程师协会）802.11 系列，此外制定 WLAN 标准还有 ETSI（欧洲电信标准化组织）提出的标准有 HiperLan 和 HiperLan2，HomeRF 工作组的两个标准是 HomeRF 和 HomeRF2，另外还有蓝牙特别兴趣组织 BSIG（Bluetooth Special Interest Group），简称蓝牙 SIG 的蓝牙技术标准。针对目前业界最为关心的容量、兼容性、应用前景等方面出发，下面对各个 WLAN 技术标准进行逐一介绍比较。

（1）IEEE 的 802.11 标准系列

IEEE 的 802.11 标准由很多子集构成，它详细定义了 WLAN 中从物理层到 MAC 层（媒体访问控制）的通信协议。该系列中的 802.11b、802.11a 和 802.11g 都已经崭露头角，尤其是 802.11b，它的产品普及率最高，在众多的标准中处于先导地位。

1）IEEE 802.11b（Wi-Fi）：802.11b 使用开放的 2.4GHz 频段，物理调制方式为补码键控（CCK）编码的直接序列扩频（DSSS），最大数据传输速率为 11Mbit/s，无需直线传播。其实际的传输速率在 5Mbit/s 左右，与普通的 10Base-T 规格有线局域网处于同一水平。使用动态速率转换，当射频情况变差时，可将数据传输速率降低为 5.5Mbit/s、2Mbit/s 和 1Mbit/s。且当工作在 2Mbit/s 和 1Mbit/s 速率时可向下兼容 IEEE 802.11。IEEE 802.11b 的使用范围在室外为 300m，在办公环境中则最长为 100m。使用与以太网类似的连接协议和数据包确认，来提供可靠的数据传送和网络带宽的有效使用。IEEE 802.11b 运作模式基本分为两种：点对点模式和基本结构模式，点对点模式是指无线网卡和无线网卡之间的通信方式，即 Ad Hoc 模式或者独立基本服务集（IBSS）。基本结构模式（BSS）是指仅使用一个接入点（AP）的无线网络；使用多个接入点的两个或多个 BSS 无线网络可以组成扩展服务集（ESS），这是无线网络规模扩充或无线和有线网络并存时的通信方式，是 IEEE 802.11b 最常用的方式。然而随着网络应用中视频、语音等关键数据传输需求越来越多，速率问题将会成为 802.11b 进一步发展的主要障碍。此外 802.11b 的安全问题也不容忽视，目前主要通过 WEP 加密协议来弥补这一缺陷，不过 IEEE 已经出台了一个标准 802.11i 来专门解决 WLAN 中的安全问题。

2）IEEE 802.11a：工作在 5GHz U-NII 频带，从而避开了拥挤的 2.4GHz 频段，所以相对 802.11b 来说几乎是没有干扰。物理层速率可达 54Mbit/s，传输层可达 25Mbit/s。采用正交频分复用（OFDM）的独特扩频技术；可提供 25Mbit/s 的无线 ATM 接口、10Mbit/s 以太网无线帧结构接口和 TDD/TDMA 的空中接口，支持语音、数据、图像业务，一个扇区可接入多个用户，每个用户可带多个用户终端。IEEE 802.11a 在使用频率的选择和数据传输速率上都优于 IEEE 802.11b，不过其不兼容 IEEE 802.11b、空中接力不好、点对点连接很不经济，不适合小型设备，另外由于技术成本过高，缺乏价格竞争力，经济规模始终无法扩大，加上 5GHz 并非免费频段，在部分地区面临频谱管制的问题，市场销售情况一直不理想。相比而言，业界非常看好 IEEE 802.11b。

3）802.11g：802.11g 是 IEEE 为了解决 802.11a 与 802.11b 的互通而出台的一个标准，它是 802.11b 的延续，两者同样使用 2.4GHz 通用频段，互通性高，被看好是新一代的 WLAN 标准。802.11g 的速率上限已经由 11Mbit/s 提升至 54Mbit/s，但由于 2.4GHz 频段干扰过多，在传输速率上低于 802.11a。与 802.11a 和 802.11b 同时兼容是 802.11g 的一大亮点，它同时支持 802.11b 的 CCK 和 802.11a 的 OFDM，802.11g 还支持 PBCC（Packet Binary Convolutional Coding，分组二进制卷积码）技术。802.11g 中规定的调制方式有两种，一种为原 Intersil 公司提案采用的 CCK-OFDM，另一种为 TI 公司提案采用的 PBCC-22（也称 CCK-PBCC）调制方式，其中采用 PBCC-22 方式的 TI 提案保持了对 IEEE 802.11b 的完全兼容，并使最高传输速率达到了 22Mbit/s，目前已经有不少符合该标准的产品。而 CCK-OFDM 则作为 802.11g 的强制 54Mbit/s 模式，同时支持两种模式的 802.11g 产品便可以在与 802.11b 网络兼容的情况下，最高提供与 802.11a 标准相同的 54Mbit/s 连接速率。802.11g 的兼容性和高数据速率弥补了 802.11a 和 802.11b 各自的缺陷，一方面使得 802.11b 产品可以平稳向高数据速率升级，满足日益增加的带宽需求，另一方面使得 802.11a 实现与 802.11b 的互通，克服了 802.11a 一直难以进入市场主流的尴尬，因此 802.11g 一出现就获得众多厂商的支持。IEEE 标准委员会已经通过了 802.11g 标准，WLAN 市场势将再掀波澜。

（2）HomeRF 标准

HomeRF 无线标准是由 HomeRF 工作组开发的，指在家庭范围内，使计算机与其他电子设备之间实现无线通信的开放性工业标准。HomeRF 是 IEEE 802.11 与 DECT 的结合，使用这种技术能降低语音数据成本。与前几种技术一样，使用开放的 2.4GHz 频段。采用跳频扩频（FHSS）技术，跳频速率为 50 跳/秒，共有 75 个带宽为 1MHz 的跳频信道，室内覆盖范围为 45m。调制方式为恒定包络的 FSK 调制，分为 2FSK 与 4FSK 两种，采用调频调制可以有效地抑制无线环境下的干扰和衰落。2FSK 方式下，最大数据的传输速率为 1Mbit/s；4FSK 方式下，速率可达 2Mbit/s。在新的 HomeRF 2.x 标准中，采用了 WBFH（Wide Band Frequency Hopping，宽带调频）技术来增加跳频带宽，由原来的 1MHz 跳频信道增加到 3MHz、5MHz，跳频的速率也增加到 75 跳/秒，数据峰值达到 10Mbit/s。

以下为 HomeRF 标准的主要特点：HomeRF 提供了流媒体（Stream Media）真正意义上的支持。由于流媒体规定了高级别的优先权并采用了带有优先权的重发机制，这样就确保了实时播放流媒体所需的带宽、低干扰、低误码。

HomeRF 把共享无线接入协议（SWAP）作为未来家庭联网的技术指标，基于该协议的网络是对等网，因此该协议主要针对家庭无线局域网。其数据通信采用简化的 IEEE 802.11 协议标准，沿用类似于以太网技术中的冲突检测的载波侦听多址技术（CSMA/CD）——CSMA/CA，即冲突避免的载波侦听多址技术。语音通信采用 DECT（Digital Enhanced Cordless Telephony）标准，使用 TDMA 时分多址技术。

不过由于 HomeRF 技术标准没有公开，仅获得了数十家公司的支持，并且在抗干扰能力等方面与其他技术标准相比也存在不少欠缺，这些先天不足决定了 HomeRF 标准应用和发展前景有限，又加上这一标准推出后，市场营销策略失当、后续研发与技术升级进展迟缓，因此，2000 年之后，HomeRF 技术开始走上了下坡路，2001 年 HomeRF 的普及率降至 30%，市场优势逐渐丧失。与此同时，作为 HomeRF 技术劲敌的 Wi-Fi 技术不仅在商用与家庭无线联网市场双管齐下，而且无论在技术标准升级演化、普及程度和产品价格方面，Wi-Fi 都开始领先于 HomeRF，尤其是芯片制造巨头英特尔公司决定在其面向家庭无线网络市场的 AnyPoint 产品系列中增加对 802.11b 标准的支持后，HomeRF 的失败几乎已成定局。

（3）HiperLAN2

除了 IEEE，欧洲电信标准协会（ETSI）也在针对欧洲市场，制订名为 "HiperLAN" 的无线接入标准。所制订的标准有 4 个：HiperLAN1、HiperLAN2、HiperLink 和 Hiper Access。其中，HiperLink 用于室内无线主干系统，HiperAccess 用于室外对有线通信设施提供固定接入，HiperLAN1 和 HiperLAN2 则用于无线局域网接入。

HiperLAN 主要是为集团消费者，公共和家庭环境提供无线接入到因特网和实时视频服务。HiperLAN1 采用了已在 GSM 蜂窝网和蜂窝数字分组数据（CDPD）中广泛使用的高斯滤波最小频移键控（GMSK）调制技术，支持最大 23.5Mbit/s 的速率。HiperLAN2 则与 802.11a 相似，同样工作在 5GHz 频带，同样在物理层采用正交频分复用（OFDM）调制方法，同样支持高达 54Mbit/s 的传输速率。不过，它还具备其他方面的一些优点。在

HiperLAN2 中，数据通过移动终端和接入点之间事先建立的信令链接来进行传输，面向链接的特点使得 HiperLAN2 可以很容易地实现 QoS 支持；HiperLAN2 自动进行频率分配，接入点监听周围的 HiperLAN2 无线信道并自动选择空闲信道，这消除了对频率规划的需求，使系统部署变得相对简便；为了加强无线接入的安全性，HiperLAN2 网络支持鉴权和加密，只允许合法用户接入网络；HiperLAN2 的协议栈具有很大的灵活性，可以适应多种固定网络类型——它既可以作为交换式以太网的无线接入子网，也可以作为第三代蜂窝网络的接入网，并且这种接入对于网络层以上的用户部分来说是完全透明的，当前在固定网络上的任何应用都可以在 HiperLAN2 网上运行。相比之下，IEEE 802.11 的一系列协议都只能由以太网作为支撑，不如 HiperLAN2 灵活。

（4）蓝牙

"蓝牙"（Bluetooth）是一种开放性短距离无线通信技术标准。它是面向移动设备间的小范围连接，其本质可以说它是一种代替线缆的技术。从应用的角度来讲，它与日前广泛应用于微波通信中的一点多址技术十分相似；因此，它很容易穿透障碍物，实现全方位的语音与数据传输。蓝牙技术与无线局域网 WLAN、无线城域网 WMAN、无线广域网 WWAN 一道，以蓝牙规范 1.1 版为基础已纳入 IEEE 802.X.Y 系列中，成为 WPAN 系列标准 IEEE 802.15x 之一，即 802.15.1 标准。802.15x 系列标准将以蓝牙速率为基础，向低速率、高速率、更高速率全面迈进。IEEE 802.15.1 即相当蓝牙技术标准。

蓝牙同 IEEE 802.11b 一样，使用 2.4GHz 频段，采用跳频扩频（FHSS）技术。跳频是蓝牙使用的关键技术。对应于单时隙分组，蓝牙的跳频速率为 1 600 跳/秒；对应于时隙包，跳频速率有所降低；但在建链时则提高为 3 200 跳/秒。蓝牙的室内覆盖范围是 9m，以 2.45GHz 为中心频率，来得到 79 个 1MHz 带宽的信道。由于使用比较高的跳频速率，使蓝牙系统具有较高的抗干扰能力。在发射带宽为 1MHz 时，其有效数据速率为 721kbit/s。

蓝牙的移动性和开放性使得安全问题备受关注。虽然蓝牙系统所采用的跳频技术已提供了一定的安全保障，但是蓝牙系统仍需要链路层和应用层进行安全管理。在链路层中，蓝牙系统提供了认证、加密和密钥管理等功能，每个用户都有一个个人标识码（PIN），它会被译成 128 比特的链路密钥（Link Key）来进行单双向认证。链路层安全机制提供了大量的认证方案和一个灵活的加密方案。

在连网上，蓝牙支持点对点和点到多点的连接，使用无线方式将多个蓝牙设备连成一个微微网，多个微微网又可互连成特殊分散网，形成灵活的多重微微网的拓扑结构，从而实现各类设备之间的快速通信。

在技术规范方面，蓝牙包括协议（Protocol）和应用规范（Profile）两个部分。协议定义了各功能元素（如串口仿真协议、逻辑链路控制和适配协议等）各自的工作方式，而应用规范则阐述了为了实现一个特定的应用模型，各层协议间的运转协同机制。整个蓝牙协议体系结构可分为 4 层，即核心协议层、线缆替代协议层、电话控制协议层和采纳的其他协议层。

综上所述，经过市场的洗刷，各个无线技术都显示出了各自优点，同时也暴露出了一些不足。在市场定位方面，IEEE 802.11 定位于企业无线网络，802.11b、802.11a 和 802.11g 在 WLAN 标准中三足鼎立，其中 802.11b 仍然是当前普及最广和应用最多的 WLAN 标准，后起之秀 802.11g 也越来越引起业界的关注，它在容量和兼容性上都优于前两个标准，在价格上也开始低于 802.11a 产品，而 802.11a 又与 HiperLAN2 相仿。在家庭无线应用上，

HomeRF 无可非议，其专为家庭用户设计，对流媒体提供了真正意义上的支持，因此在传送声音以及影像数据方面占有优势，不存在牺牲质量的问题，而 IEEE 802.11b 所提供的高带宽，是以将数据分割为 TCP/IP 包为代价，这样会对"流媒体"的播放产生影响。而蓝牙则应用于以无线方式替代线缆的场合。以目前来看，在一段时间内，这些技术还将处于并存阶段，其引发的主要问题为干扰，主要由于 IEEE 802.11b、HomeRF 和蓝牙这 3 种技术都使用 2.4GHz 频带，当同时收发这几种规格的数据时，就有可能引起数据包冲突、电波干扰等问题。从长远来看，随着产品与市场的不断发展，各种无线技术将互相竞争，取长补短，最终走向融合。

3.4.3 无线局域网物理层

本小节重点介绍 IEEE 802.11 无线局域网的物理层的几种关键技术。随着无线局域网技术的应用日渐广泛，用户对数据传输速率的要求越来越高。但是在室内，这个较为复杂的电磁环境中，多径效应、频率选择性衰落和其他干扰源的存在使得实现无线信道中的高速数据传输比有线信道中困难，WLAN 需要采用合适的调制技术。

IEEE 802.11 无线局域网络是一种能支持较高数据传输速率（1～54Mbit/s），采用微蜂窝，微微蜂窝结构的自主管理的计算机局域网络。其关键技术大致有四种：DSSS、CCK、PBCC 和 OFDM（见 3.4.2 节无线局域网的技术标准）。每种技术皆有其特点，目前，扩频调制技术正成为主流，而 OFDM 技术由于其优越的传输性能成为人们关注的新焦点。

（1）DSSS 调制技术

基于 DSSS 的调制技术有三种。最初 IEEE 802.11 标准制订在 1Mbit/s 数据速率下采用 DBPSK。如需提供 2Mbit/s 的数据速率，要采用 DQPSK，这种方法每次处理两个比特码元，成为双比特。第三种是基于 CCK 的 QPSK，是 IEEE 802.11b 标准采用的基本数据调制方式。它采用了补码序列与直序列扩频技术，是一种单载波调制技术，通过 PSK 方式传输数据，传输速率分为 1Mbit/s、2Mbit/s、5.5Mbit/s 和 11Mbit/s。CCK 通过与接收端的 Rake 接收机配合使用，能够在高效率的传输数据的同时有效地克服多径效应。IEEE 802.11b 使用了 CCK 调制技术来提高数据传输速率，最高可达 11Mbit/s。但是传输速率超过 11Mbit/s，CCK 为了对抗多径干扰，需要更复杂的均衡及调制，实现起来非常困难。因此，802.11 工作组，为了推动无线局域网的发展，又引入新的调制技术。

（2）PBCC 调制技术

PBCC 调制技术是由 TI 公司提出的，已作为 802.11g 的可选项被采纳。PBCC 也是单载波调制，但它与 CCK 不同，它使用了更多复杂的信号星座图。PBCC 采用 8PSK，而 CCK 使用 BPSK/QPSK；另外，PBCC 使用了卷积码，而 CCK 使用区块码。因此，它们的解调过程是十分不同的。PBCC 可以完成更高速率的数据传输，其传输速率为 11Mbit/s、22Mbit/s 和 33Mbit/s。

（3）OFDM 技术

OFDM 技术是一种无线环境下的高速多载波传输技术。无线信道的频率响应曲线大多是非平坦的，而 OFDM 技术的主要思想：就是在频域内将给定信道分成许多正交子信道，在每个子信道上使用一个子载波进行调制，并且各子载波并行传输，从而有效的抑制无线信道的时间弥散所带来的 ISI（Inter-syrnbol Interference，符号间干扰）。这样就减少了接收机内均衡的复杂度，有时甚至可以不采用均衡器，仅通过插入循环前缀的方式消除 ISI 的不利影响。

由于在 OFDM 系统中各个子信道的载波相互正交，于是它们的频谱是相互重叠的，这样不但减小了子载波间的相互干扰，同时又提高了频谱利用率。如图 3-16 所示，在各个子信道中的这种正交调制和解调可以采用 IFFT 和 FFT 方法来实现，随着大规模集成电路技术与 DSP 技术的发展，IFFT 和 FFT 都是非常容易实现的。

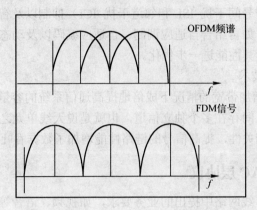

图 3-16 FDM 信号与 OFDM 信号频谱比较

FFT 的引入，大大降低了 OFDM 的实现复杂性，提升了系统的性能，OFDM 发送接收机系统结构，如图 3-17 所示。

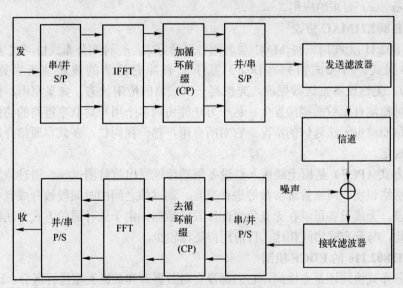

图 3-17 OFDM 系统结构框图

无线数据业务一般都存在非对称性，即下行链路中传输的数据量要远远大于上行链路中的数据传输量。因此，无论从用户高速数据传输业务的需求，还是从无线通信自身来考虑，都希望物理层支持非对称高速数据传输，而 OFDM 容易通过使用不同数量的子信道来实现上行和下行链路中不同的传输速率。由于无线信道存在频率选择性，所有的子信道不会同时处于比较深的衰落情况中，因此，可以通过动态比特分配以及动态子信道分配的方法，充分利用信噪比高的子信道，从而提升系统性能。由于窄带干扰只能影响一小部分子载波，因此OFDM 系统在某种程度上抵抗这种干扰。另外，同单载波系统相比，OFDM 还存在一些缺点，易受频率偏差的影响，存在较高的 PAR。

OFDM 技术有非常广阔的发展前景，已成为第 4 代移动通信的核心技术。IEEE 802.11a g 标准为了支持高速数据传输采用了 OFDM 调制技术。目前，OFDM 结合时空编码、分集、干扰（包括符号间干扰 ISI 和邻道干扰 ICI）抑制以及智能天线技术，最大程度的提高物理层的可靠性。如再结合自适应调制、自适应编码以及动态子载波分配、动态比特分配算法等技术，可以使其性能进一步优化。

（4）MIMO OFDM 技术

MIMO 技术能在不增加带宽的情况下成倍地提高通信系统的容量和频谱利用率。它可以定义为发送端和接收端之间存在多个独立信道，也就是说天线单元之间存在充分的间隔，因此消除了天线间信号的相关性，提高信号的链路性能增加了数据吞吐量。

3.4.4 无线局域网 MAC 层协议

随着用户的增多，有线网络中提出的业务要求，如视频、语音等实时业务在 WLAN 中也将得到满足。这些实时业务要求 WLAN 的 MAC 层能够提供可靠的分组传输，传输时延低且抖动小。为此，IEEE 802.11 工作组的媒体访问控制（Medium Access Control，MAC）改进任务组（即 E 任务组）着手对目前 802.11 MAC 协议进行改进，使其可以支持具有 QoS（Quality of Service）要求的应用。

1．IEEE 802.11MAC 协议

普通的 802.11 无线局域网 MAC 层有两种通信方式，一种叫分布式协同式（DCF）；另一种叫点协同式。分布式协同（DCF）基于具有冲突检测的载波侦听多路访问方法（CSMA/CA），无线设备发送数据前，先探测一下线路的忙闲状态，如果空闲，则立即发送数据，并同时检测有无数据碰撞发生。这一方法能协调多个用户对共享链路的访问，避免出现因争抢线路而谁也无法通信的情况。它对所有用户都一视同仁，在共享通信介质时没有任何优先级的规定。

点协同方式（PCF）是指无线接入点设备周期性地发出信号测试帧，通过该测试帧与各无线设备就网络识别、网络管理参数等进行交互。测试帧之间的时间段被分成竞争时间段和无竞争时间段，无线设备可以在无竞争时间段发送数据。由于这种通信方式无法预先估计传输时间，因此，与分布式协同相比，目前用得还比较少。

2．IEEE 802.11e 的 EDCF 机制

无论是分布式协同还是点协同，它们都没有对数据源和数据类型进行区分。因此，IEEE 对分布式协同和点协同在 QoS 的支持功能方面进行增补，通过设置优先级，既保证大带宽应用的通信质量，又能够向下兼容普通 802.11 设备。

对分布式协同（DCF）的修订标准称为增强型分布式协同（EDCF）。增强型分布式协同（EDCF）把流量按设备的不同分成 8 类，也就是 8 个优先级。当线路空闲时，无线设备在发送数据前必须等待一个约定的时间，这个时间称为"给定帧间时隙"（AIFS），其长短由其流量的优先级决定：优先级越高，这个时间就越短。不难看出，优先级高的流量的传输延迟比优先级低的流量小得多。为了避免冲突，在 8 个优先级之外还有一个额外的控制参数，称为

竞争窗口，实际上也是一个时间段，其长短由一个不断递减的随机数决定。哪个设备的竞争窗口第一个减到零，哪个设备就可以发送数据，其他设备只好等待下一个线路空闲时段，但决定竞争窗口大小的随机数接着从上次的剩余值减起。

对点协同的改良称为混合协同（HCF），混合查询控制器在竞争时段探测线路情况，确定发送数据的起始时刻，并争取最大的数据传输时间。

3.5 虚拟局域网

虚拟局域网（Virtual Local Area Network，VLAN）是一种将局域网设备从逻辑上划分成一个个网段，从而实现虚拟工作组的新兴数据交换技术。这一新兴技术主要应用于交换机和路由器中。

3.5.1 虚拟局域网功能特点

随着网络的不断扩展，接入设备逐渐增多，网络结构也日趋复杂，必须使用更多的路由器才能将不同的用户划分到各自的广播域中，在不同的局域网之间提供网络互联。但这样做存在两个缺陷：

1）随着网络中路由器数量的增多，网络时延逐渐加长，从而导致网络数据传输速度的下降。这主要是因为数据在从一个局域网传递到另一个局域网时，必须经过路由器的路由操作：路由器根据数据包中的相应信息确定数据包的目标地址，然后再选择合适的路径转发出去。

2）用户是按照它们的物理连接被自然地划分到不同的用户组（广播域）中。这种分割方式并不是根据工作组中所有用户的共同需要和带宽的需求来进行的。因此，尽管不同的工作组或部门对带宽的需求有很大的差异，但它们却被机械地划分到同一个广播域中争用相同的带宽。

VLAN 的提出很好地解决了上述问题。

VLAN 技术允许网络管理者将一个物理的 LAN 逻辑地划分成不同的广播域，每一个 VLAN 都包含一组有着相同需求的计算机工作站，与物理上形成的 LAN 有着相同的属性。但由于它是逻辑地而不是物理地划分，所以同一个 VLAN 内的各个工作站无须被放置在同一个物理空间里，即这些工作站不一定属于同一个物理 LAN 网段。一个 VLAN 内部的广播和单播流量都不会转发到其他 VLAN 中，即使是两台计算机有着同样的网段，但是它们却没有相同的 VLAN 号，它们各自的广播流也不会相互转发，从而有助于控制流量、减少设备投资、简化网络管理、提高网络的安全性。

VLAN 是为解决以太网的广播问题和安全性而提出的，它在以太网帧的基础上增加了 VLAN 头，用 VLAN ID 把用户划分为更小的工作组，限制不同工作组间的用户二层互访，每个工作组就是一个虚拟局域网。虚拟局域网的好处是可以限制广播范围，并能够形成虚拟工作组，动态管理网络。

既然 VLAN 隔离了广播风暴，同时也隔离了各个不同的 VLAN 之间的通信，所以不同的 VLAN 之间的通信仍需要由路由来完成。

虚拟局域网在使用带宽、灵活性、性能等方面，显示出很大优势。虚拟局域网的使用能够方便地进行用户的增加、删除、移动等工作，提高网络管理的效率。它具有以下特点：

1）灵活的、软定义的、边界独立于物理媒质的设备群。VLAN 概念的引入，使交换机承担了网络的分段工作，而不再使用路由器来完成。通过使用 VLAN，能够把原来一个物理的局域网划分成很多个逻辑意义上的子网，而不必考虑具体的物理位置，每一个 VLAN 都可以对应于一个逻辑单位，如部门、车间和项目组等。

2）广播流量被限制在软定义的边界内、提高了网络的安全性。由于在相同 VLAN 内的主机间传送的数据不会影响到其他 VLAN 上的主机，因此减少了数据窃听的可能性，极大地增强了网络的安全性。

3）在同一个虚拟局域网成员之间提供低延迟、线速的通信。能够在网络内划分网段或者微网段，提高网络分组的灵活性。VLAN 技术通过把网络分成逻辑上的不同广播域，使网络上传送的包只在与位于同一个 VLAN 的端口之间交换。这样就限制了某个局域网只与同一个 VLAN 的其他局域网互连，避免浪费带宽，从而消除了传统的桥接／交换网络的固有缺陷——包经常被传送到并不需要它的局域网中。这也改善了网络配置规模的灵活性，尤其是在支持广播／多播协议和应用程序的局域网环境中，会遭遇到如潮水般涌来的包。而在 VLAN 结构中，可以轻松地拒绝其他 VLAN 的包，从而大大减少网络流量。

3.5.2　虚拟局域网的划分

VLAN 主要有四种划分方式，分别为：基于端口划分的 VLAN；基于 MAC 地址划分 VLAN；基于网络层划分 VLAN；基于 IP 组播划分 VLAN。各个企业公司可根据自己的需要选择合适的方式进行管理配置。

1．根据端口来划分 VLAN

许多 VLAN 厂商都利用交换机的端口来划分 VLAN 成员。被设定的端口都在同一个广播域中。例如，一个交换机的 1，2，3，4，5 端口被定义为虚拟网 AAA，同一交换机的 6，7，8 端口组成虚拟网 BBB。这样做允许各端口之间的通信，并允许共享型网络的升级。但是，这种划分模式将虚拟网限制在了一台交换机上。

端口分组目前是定义虚拟局域网成员最常用的方法，而且配置也相当直截了当。纯粹用端口分组来定义虚拟局域网不会容许多个虚拟局域网包含同一个实际网段（或交换机端口）。其特点是一个虚拟局域网的各个端口上的所有终端都在一个广播域中，它们相互可以通信，不同的虚拟局域网之间进行通信需经过路由来进行。这种虚拟局域网划分方式的优点在于简单，容易实现。从一个端口发出的广播，直接发送到虚拟局域网内的其他端口，也便于直接监控。但是，用端口定义虚拟局域网的主要局限性是：使用不够灵活，当用户从一个端口移动到另一个端口的时候网络管理员必须重新配置虚拟局域网成员。不过这一点可以通过灵活的网络管理软件来弥补。

第二代端口 VLAN 技术允许跨越多个交换机的多个不同端口划分 VLAN，不同交换机上的若干个端口可以组成同一个虚拟网。以交换机端口来划分网络成员，其配置过程简单明了。因此，从目前来看，这种根据端口来划分 VLAN 的方式仍然是最常用的一种方式。

2．基于 MAC 地址划分 VLAN

基于硬件 MAC 地址层地址的虚拟局域网具有不同的优点和缺点。由于硬件地址层的地址是硬连接到工作站的网络界面卡（NIC）上的，所以基于硬件地址层地址的虚拟局域网使网络管理者能够把网络上的工作站移动到不同的实际位置，而且可以让这台工作站自动地保持它原有的虚拟局域网成员资格。按照这种方式，由硬件地址层地址定义的虚拟局域网可以被视为基于用户的虚拟局域网。

这种方式的虚拟局域网，交换机对终端的 MAC 地址和交换机端口进行跟踪，在新终端入网时根据已经定义的虚拟局域网——MAC 对应表将其划归至某一个虚拟局域网，而无论该终端在网络中怎样移动，由于其 MAC 地址保持不变，故不需进行虚拟局域网的重新配置。这种划分方式减少了网络管理员的日常维护工作量，不足之处在于所有的终端必须被明确的分配在一个具体的虚拟局域网，任何时候增加终端或者更换网卡，都要对虚拟局域网数据库调整，以实现对该终端的动态跟踪。

基于硬件地址层地址的虚拟局域网解决方案的缺点之一是要求所有的用户必须初始配置在至少一个虚拟局域网中。在这次初始手工配置之后，用户的自动跟踪才有可能实现，而且取决于特定的供应商解决方案。然而，这种不得不在一开始先用人工配置虚拟局域网的方法，其缺点在一个非常大的网络中变得非常明显：几千个用户必须逐个地分配到各自特定的虚拟局域网中。某些供应商已经减少了初始手工配置基于硬件地址的虚拟局域网的繁重任务，它们采用根据网络的当前状态生成虚拟局域网的工具，也就是说为每一个子网生成一个基于硬件地址的虚拟局域网。

3．根据网络层划分 VLAN

这种划分 VLAN 的方法是根据每个主机的网络层地址或协议类型（如果支持多协议）划分的，虽然这种划分方法是根据网络地址，比如 IP 地址，但它不是路由，与网络层的路由毫无关系。这种方法的优点是，用户的物理位置改变了，不需要重新配置所属的 VLAN，而是可以根据协议类型来划分 VLAN，这对网络管理者来说很重要。还有，这种方法不需要附加的帧标签来识别 VLAN，这样可以减少网络的通信量。 这种方法的缺点是效率低，因为检查每一个数据包的网络层地址是需要消耗处理时间的（相对于前面两种方法），一般的交换机芯片都可以自动检查网络上数据包的以太网帧头，但要让芯片能检查 IP 帧头，需要更高的技术，同时也更费时。当然，这与各个厂商的实现方法有关。

4．基于 IP 地址划分 VLAN

在基于 IP 地址的虚拟局域网中，新站点在入网时无需进行太多配置，交换机则根据各站点网络地址自动将其划分成不同的虚拟局域网。虚拟局域网的实现技术中，基于 IP 地址的虚拟局域网智能化程度最高，实现起来也最复杂。

3.6　其他局域网

除前面介绍的高速以太网、无线局域网等局域网在实际应用中使用广泛，还有一些其他类型的局域网会在一些特定的环境和特定的应用中使用，下面对其中较为重要的几个局域网进行介绍。

3.6.1　令牌环网

令牌环网（Token-Ring）是由 IBM 于 20 世纪 70 年代开发出来的，是 IBM 重要的局域网技术，在普通局域网中流行性仅次于以太网和 IEEE 802.3。IEEE 802.5 相关标准与 IBM 令牌环网完全兼容。实际上，IEEE 802.5 是在 IBM 令牌环技术基础上发展起来的，并一直受 IBM 令牌环发展的影响。令牌环这一术语常指 IBM 令牌环网和 IEEE 802.5 网。

令牌环和 IEEE 802.5 网络基本兼容，但也存在一些差异。例如，IBM 令牌环定义了一个星形网络，所有的端点工作站连接到一个被称为多工作站访问单元（MSAU）的设备上，而 IEEE 802.5 没有规定网络拓扑，尽管实际上所有的 IEEE 802.5 网络都按星形拓扑类型，而 IBM 令牌环网要求使用双绞线和路由选择信息域大小等。两者的体系结构如图 3-18 所示。

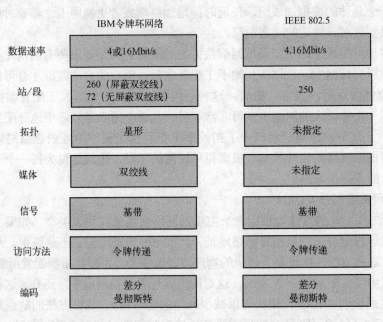

图 3-18　IBM 令牌环网与 IEEE 802.5 标准结构体系

1．令牌环的工作原理

在令牌环控制方式中，采用轮循的介质访问控制方式，使用一个称为令牌的特殊帧来协议各站对介质的访问权。令牌在介质上绕行，获得令牌的工作才有发送信息的权利。当一个站点接到令牌而没有信息要发送时，就把令牌传递给下一个站点，每个站点可以在一定时间持有令牌。如图中 3-19b，A 站获得令牌，便可以给 C 站发送数据帧。C 站就是接收站，收到数据帧后，只是复制该帧，并不清除，而是继续转发，数据帧回到源站后，由源站清除，并由源站将令牌传至下一个站。如此反复。令牌环控制方式的工作原理如图 3-19 所示。

令牌环网络采用多种方法监测网络，进行循环初始化，故障恢复的维护工作，以保证环路的正常运行。IEEE 802.5 协议规范了 6 个用于令牌环管理的控制帧。其简单的功能如下。

1）重复地址测试（DAT）：在初始化时，是一个站的地址与环上其他站不同。

2）备用监控站存在（SMP）：在初始化时，是一个站确定其上游相邻站的地址。

3）工作的监控站存在（AMP）：由当前工作的监控站定期发送，其他各站监视此帧。

4）申请令牌（CT）：由当前工作的监控站发生故障时，用此帧确定新的监控站。

5）清除（PRG）：新的监控站用此帧将环上其他站初始化为空闲状态。

6）报警（BCN）：应用在报警过程。

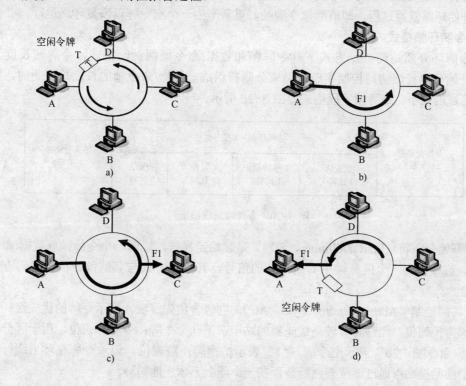

图 3-19 令牌环控制方式的工作原理

a）空闲令牌沿环绕行   b）A站抓令牌并发送 F1 帧给 C 站   c）目的站复制 F1，并转发数据   d）A 站吸收 F1，并释放令牌

当一个站欲成为令牌环中的一个站时，必须进行初始化。初始化时重复做两件事，首先是保证其地址与环路上其他所有站的地址均不同；其次要知道它上游相邻站的地址，并将本地址通知下游相邻站。

令牌环网络采用复杂的优先级控制系统，它允许某些用户指定的，高优先级的站点更多地使用网络。令牌环网络帧中的优先级域和保留域可以控制优先级。只有等于或高于令牌中指定的优先级的工作站才能捕获到令牌，而当令牌被捕获并被改变为信息帧后，只有优先级比发送站点高的站点才能保留令牌，以便在网络中进行下一轮传递。当一个新令牌产生后，它包含的优先权值高于持有该令牌的工作站。如果工作站提高了令牌的优先级，发送完数据后，它必须将令牌的优先级恢复到原来的级别。

正常运行，环上必须有一个主监控器，监视环路的运行情况，而环上各站又作为辅监控器，以监视主监控器的工作。在 IEEE 802.5 中并不固定某一站为主监控器，而是通过监控器竞争过程来获得主监控器资格，在主监控器产生故障的情况下，也是通过竞争，产生新的主监控器。

一般令牌环故障有 3 种情形，即令牌丢失、多个令牌和忙令牌多次运行。对于令牌丢失，一般由主监控器以 10ms 时钟检测出来，从而执行环路复原过程，再产生新的空令牌。对于多个令牌是很快能被检测出来的。如始发站收到的忙令牌帧与本站地址不符，此时，任一站都不能释放新令牌，环路进入丢失令牌状态，然后按丢失令牌处理即可。而对于忙令牌的多次绕行，是由监控站对忙令牌帧的监控位进行监控而检测到的。一旦发现忙令牌多次绕行，便开始环路复原过程，即清除该令牌帧，重新产生一个空令牌以恢复环路运行。

2. 令牌环帧格式

在令牌环介质访问控制方式下有令牌帧和数据/命令帧两种帧格式，令牌帧长度为 3 位，由开始分隔符、访问控制字节和结束分隔符组成。数据/命令帧的长度是可变的，它取决于信息域的大小。令牌帧字段格式如图 3-20 所示。

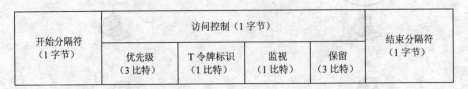

图 3-20　令牌帧地段地址

1）开始分隔符（Start Ddlimiter，SD）。是起始定界符，说明一个令牌帧或数据/命令帧的到来。该域包含一个区分帧中其他部分的信号，其编码方式与其他部分信息编码方式不同。

2）访问控制（Access-Control Byte，AC）。它包含优先级域，指示令牌的优先级；保留域，又称为预约位，允许具有较高优先级的站申请下一个令牌；令牌标识位，用于区分令牌帧和数据/命令帧，"0"表示空令牌，"1"表示忙令牌；监视位，记录令牌在环上绕行的情况，活动的监视站点通过该位来判断是否在一个环上无休止地循环。

3）结束分隔符（End Delimiter，ED）。它标识令牌帧或数据/命令帧的结束，并指示被损坏的比特以及确定帧是否是逻辑顺序上的最后一帧。

数据/命令帧除了包含令牌帧的 3 个域外，还包含其他几个域，如图 3-21 所示。

开始分隔符（1 字节）	访问控制（1 字节）	帧控制（1 字节）	源地址（6 字节）	目的地址（6 字节）	数据（≥0 字节）	帧检测序列（4 字节）	结束分隔符（1 字节）	帧状态（1 字节）

图 3-21　数据/命令帧的格式

1）帧控制（Frame-Control Byte，FCB）。指示该帧包含有数据或控制信息。在控制帧中，该字节说明控制信息的类型。

2）源地址（Source Address，SA）。6 字节的地址字段，指定源站点地址。

3）目标地址（Destination Address，DA）。6 字节的地址字段，指定目的站点地址。

4）数据（Data）。该字段的长度取决于环上站点可以持有令牌的最长时间。

5）帧检测序列（Frame-Check Sequence，FCS）。4 字节，帧校验位序列。IEEE 802.5 采用 32 位的 CRC 校验，起校验域从 FC 到 FCS。FCS 字段的值由源站点通过帧内容的计算得出，目的站点通过对它的重新计算来检测帧在传输中是否遭到破坏。如果被破坏，就丢弃该帧。

6）帧状态（Frame Status，FS）。1 字节，表示数据/命令帧的结束。它包含地址识别标识符和帧拷贝（接收）标识符。

3.6.2 100VG-AnyLAN 局域网

标准的 802.12 的 100VG-AnyLAN 也是一种使用集线器的 100Mbit/s 高速局域网，它常简称为 100VG，VG 代表 Voice Grade，而 Any 则表示能使用多种传输媒体，并可支持 IEEE 802.3 和 802.5 的数据帧。100VG 的产品在 1994 年推出，其标准是 802.12。

100VG 是一种无碰撞局域网，能更好地支持多媒体传输。在网络上可获得高达 95%的吞吐量。在媒体接入控制 MAC 子层运行一种新的协议，叫做需求优先级（demand priority）协议。各工作站有数据要发送时，要向集线器发出请求。每个请求都有优先级别。一般的数据为低优先级，而对时间敏感的多媒体应用的数据（如语音、活动图像）则可定为高优先级。集线器使用一种循环仲裁过程来管理网络的结点，因而可保证对时间敏感的一些应用提供所需的时服务。

100VG 是 HP 公司推出的，但事实证明 100VG 的生命力并不强，这主要是因为：

1）100VG 不是以太网，它和广大用户使用的以太网并不兼容。

2）100VG 要求使用 4 对芯线，但有的安装场地只有 2 对芯线可供使用。

3）100VG 不支持全双工方式，因此其速率只能是 100Mbit/s。

4）100VG 基本上是 HP 公司的专业技术，而所有主要的集线器和网卡制造厂商都是支持 100BASE-T。这些因素使 100VG 在市场的激烈竞争中失败了。

3.6.3 光纤分布式数据接口（FDDI）

光纤分布式数据接口（Fibber Distributed Data Interface，FDDI）是一个使用光纤作为传输媒体的令牌环形网。FDDI 也常被划分在城域网 MAN 的范围。

FDDI 的主要特性如下：

1）使用基于 IEEE 802、5 令牌环标准的 MAC 协议。

2）利用多模光纤进行传输，并使用有容错能力的双环拓扑。

3）数据率为 100Mbit/s，光信号码元传输速率为 125Mbaud。

4）1 000 个物理连接（若都是双连接站，则为 500 个站）。

5）最大站间距为 2km（多模光纤），环路长度为 100km，即光纤总长度为 200km。

6）具有动态分配带宽的能力，故能同时提供同步和异步数据服务。

7）分组长度最大为 4500 字节。

FDDI 主要用作校园环境的主干网。这种环境的特点是分布多个建筑物中，其中可能遇到点对点链路长达 2km 的情形。FDDI 就作为一些低速网络之间的主干网。

FDDI 采取了自恢复的措施，可以大大地提高网络的可靠性。这种措施是使用两个数据的传输方向相反的环路。在正常情况下，只有一个方向的环路在工作。这个工作的环路叫做主环，而另一个不工作的环路叫做次环，如图 3-22a 所示。当环路出现故障时，例如，A 和 B 之间的链路了如图 3-22b 所示，那么 FDDI 可自动重新配置，同时启动次环工作，并在 A 站和 B 站将主环和次环接通，使整个网络的 4 个站点仍然保持连通。当站点出现故障时，例如站点 A 不能工作了，如图 3-22c 所示，那么 FDDI 同样可启动次环工作，并在 B 站和 D

站网络又恢复到原来的主环工作状态。

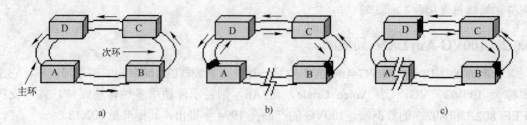

图 3-22 具有双环的 FDDI

a) 正常情况 b) 链路出故障 c) 站点出故障

不难看出，当主环和次环都工作时，FDDI 环路的总长度大约增加一倍。当出现多次故障时，FDDI 将变为多个分离的小环形网继续工作。

由于市场对高速、远距离网络的需求日益增长，因此，拥有速率为 100Mbit/s 的 FDDI 在 20 世纪 90 年代初期曾获得了较快的发展，也曾被预测为"下一代的局域网"。然而 FDDI 从未拥有过很大的市场。这是因为 FDDI 的芯片过于复杂而价格昂贵。自从快速以太网大量进入市场后，在 100Mbit/s 局域网的领域中，FDDI 已很少有人愿意使用了。

3.6.4 异步传输模式 ATM 网

异步传输模式（Asynchronous Transfer Mode，ATM）开发始于 70 年代后期，是一种较新型的单元交换技术，同以太网、令牌环网、FDDI 网络等使用可变长度包技术不同，ATM 使用 53 字节固定长度的单元进行交换。它是一种交换技术，它没有共享介质或包传递带来的延时，非常适合音频和视频数据的传输。

1. ATM 的主要优点

1）ATM 使用相同的数据单元，可实现广域网和局域网的无缝连接。

2）ATM 支持 VLAN 功能，可以对网络进行灵活的管理和配置。

3）ATM 具有不同的速率，分别为 25Mbit/s、51Mbit/s、155Mbit/s、622Mbit/s，从而为不同的应用提供不同的速率。

ATM 是采用"信元交换"来替代"包交换"进行实验，发现信元交换的速度是非常快的。信元交换将一个简短的指示器称为虚拟通道标识符，并将其放在 TDM 时间片的开始。这使得设备能够将它的比特流异步地放在一个 ATM 通信通道上，使得通信变得能够预知且持续，这样就为时间敏感的通信提供了一个预 QoS，这种方式主要用在视频和音频上。通信可以预知的另一个原因是 ATM 采用的是固定的信元尺寸。ATM 通道是虚拟的电路，并且 MAN 传输速度能够达到 10Gbit/s。

ATM 是一项数据传输技术。它适用于局域网和广域网，它具有高速数据传输率和支持许多种类型如声音、数据、传真、实时视频、CD 质量音频和图像的通信。

ATM 是在 LAN 或 WAN 上传送声音、视频图像和数据的宽带技术。它是一项信元中继技术，数据分组大小固定。你可将信元想象成一种运输设备，能够把数据块从一个设备经过 ATM 交换设备传送到另一个设备。所有信元具有同样的大小，不像帧中继及局域网系统数据分组大小不定。使用相同大小的信元可以提供一种方法，预计和保证应用所需要的带宽。

如同轿车在繁忙交叉路口必须等待长卡车转弯一样，可变长度的数据分组容易在交换设备处引起通信延迟。

2．ATM 具有电路交换和分组交换的双重性

ATM 面向连接，它需要在通信双方向建立连接，通信结束后再由信令拆除连接。但它摒弃了电路交换中采用的同步时分复用，而改用异步时分复用，收发双方的时钟可以不同，可以更有效地利用带宽。

ATM 的传送单元是固定长度 53Byte 的 CELL（信元），信头部分包含了选择路由用的 VPI/VCI 信息，因而它具有交换的特点。它是一种高速分组交换，在协议上它将 OSI 第三层的纠错、流控功能转移到智能终端上完成，降低了网络时延，提高了交换速度。

交换设备是 ATM 的重要组成部分，它能用作组织内的 Hub，快速将数据分组从一个结点传送到另一个结点；或者用作广域通信设备，在远程 LAN 之间快速传送 ATM 信元。以太网、光纤分布式数据接口（FDD1）、令牌环网等传统 LAN 采用共享介质，任一时刻只有一个结点能够进行传送，而 ATM 提供任意结点间的连接，结点能够同时进行传送。来自不同结点的信息经多路复用成为一条信元流。在该系统中，ATM 交换器可以由公共服务的提供者所拥有或者是组织内部网的一部分。

ATM 用作公司主干网时，能够简化网络的管理，消除了许多由于不同的编址方案和路由选择机制的网络互连所引起的复杂问题。ATM 集线器能够提供集线器上任意两端口的连接，而与所连接的设备类型无关。这些设备的地址都被预变换，例如，很容易从一个结点到另一个结点发送一个报文，而不必考虑结点所连的网络类型。ATM 管理软件使用户和他们的物理工作站移动非常方便。

通过 ATM 技术可完成企业总部与各办事处及公司分部的局域网互联，从而实现公司内部数据传送、企业邮件服务、话音服务等等，并通过上联 Internet 实现电子商务等应用。同时由于 ATM 采用统计复用技术，且接入带宽突破原有的 2Mbit/s，达到 2~155Mbit/s，因此适合高带宽、低延时或高数据突发等应用。

习题

一、选择

1．令牌环网络的介质访问控制方法是由（　　）定义的。

    A．IEEE 802.2

    B．IEEE 802.3

    C．IEEE 802.4

    D．IEEE 802.5

2．IEEE 802.3 标准定义了（　　）。

    A．CSMA/CD 访问方法和物理层规范

    B．局域网逻辑链路控制规程

    C．令牌总线访问方法和物理层规范

    D．令牌环访问方法和物理层规范

3．关于千兆以太网的描述错误的是（　　）。

A．数据速率为 1 000Mbit/s

B．支持全双工传输方式

C．帧格式与以太网相同

D．仅能基于光纤实现

4．以太网的机制是（　　　）。

A．预约带宽

B．监听带宽

C．争用带宽

D．按优先级分配带宽

5．FDDI 中副环的作用是（　　　）。

A．副环和主环交替使用

B．主环发生故障时，副环代替主环工作

C．主环发生故障时，副环与主环构成新环工作

D．主环繁忙时，副环帮助传输数据

6．关于 VLAN 的描述错误的是（　　　）。

A．一个 VLAN 内部的单播流量不会转发到其他 VLAN 中，只能通过广播

B．不同的 VLAN 之间的通信需要通过路由来完成

C．不同 VLAN 内的计算机不能相互发送广播数据

D．VLAN 通过在以太网帧的基础上增加 VLAN 头来把用户划分为更小的工作组

7．无线网局域网使用的标准是：（　　　）。

A．802.11 　　　　　　　　　　　　B．802.15

C．802.16 　　　　　　　　　　　　D．802.20

8．无线局域网的优点不包括：（　　　）。

A．移动性 　　　　　　　　　　　　B．灵活性

C．可伸缩性 　　　　　　　　　　　D．实用性

二、简答

1．局域网拓扑结构有哪几种？

2．简述 CSMA/CD 的工作原理。

3．以太网的常用介质有哪些？

4．简述令牌环的工作原理。

5．简述 FDDI 的特点和工作原理。

第4章 广域网技术和 Internet

广域网（Wide Area Network，WAN）也称远程网，它将分布在不同地区的局域网或计算机系统互连起来，达到资源共享的目的。全球最大的资源网因特网（Internet）就是广域网的一个实例。本章主要介绍常用的广域网技术，重点介绍 TCP/TP 和路由选择协议，最后讲解近年来非常普及的 VPN 和 NAT 技术以及常见的 Internet 接入方式。

4.1 广域网技术

广域网的地理范围从几十公里到几千公里，可能覆盖一个国家或横跨几个洲，形成跨地区的远程网络。所以广域网通常利用公用网作为信息传输平台进行数据传输，即广域网的通信子网一般由公用网充当。

公用网是指由特定部门组建和管理，并向用户提供网络通信服务的计算机网络，如公用电话交换网（PSTN）、综合业务数字网（ISDN）、公共分组交换数据网（X.25）、帧中继、数字数据网（DDN）等。

4.1.1 公用电话交换网

公共电话交换网（Public Switched Telephone Network，PSTN）是普及程度最高、成本最低的公用网络。PSTN 是一种传输模拟语音的网络，它采用模拟专用通道，通道之间通过电话交换机连接而成，当有数字通信设备要通过 PSTN 连接时，在发送方和接收方需要进行模拟信号和数字信号的相互转换。PSTN 是一种电路交换网络，当一条连接建立后，这条通路无论是否传输数据都是被独占的，因此资源利用率比较低。用户通过它接入广域网，其连接过程与普通电话的拨叫过程非常相似，为每一次会话过程建立、维持和终止一条专用的物理电路。目前，PSTN 既可传输模拟信号，也可传输数字信号。

4.1.2 综合业务数字网

综合业务数字网（Integrated Service Digital Network，ISDN）是利用现有电话线路进行高速率数据通信的一门技术，能够为用户提供端到端的数字连接。综合业务数字网分为窄带 ISDN（Narrowband ISDN，N-ISDN）和宽带 ISDN（Broadband ISDN，B-ISDN）。B-ISDN 的传输速率可以达到几百兆位每秒，所以需要光纤来传输。

ISDN 的基本特征如下：

1）ISDN 是以综合数字电话网（IDN）为基础发展而成的通信网。它实现了数字交换与数字传输的结合，即从一个用户终端到另一个用户终端之间的传输全部数字化。

2）ISDN 支持话音及非话音等各种通信业务，实现了业务的综合。ISDN 用一个网络为用户提供各种通信业务，如语音、数据、传真、可视图文、电子信箱、可视电话、会议电视、语音信箱等。

3）提供标准的用户网络接口。其不同业务可以经同一个接口入网，并为多个终端提供多种通信的综合服务，这是综合业务的关键，这一特点是 ISDN 成功的关键所在。

ISDN 提供两种用户接口：基本速率 2B＋D 和基群速率 30B＋D。B 信道是 64kbit/s 的语音和数据信道，D 信道是 16kbit/s 的信令信道，如图 4-1 所示。

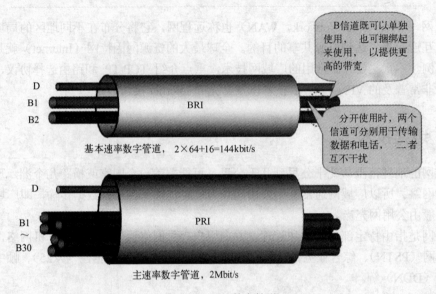

图 4-1 ISDN 数字管道

4.1.3 公共分组交换数据网

国际电报电话咨询委员会（CCITT）制定在公用数据网上以分组方式工作的数据终端设备 DTE 和数据电路设备 DCE 之间的接口为 X.25。

分组交换也称为包交换，是广域网上经常使用的一种交换技术，它将用户传送的数据划分成一定的长度，每部分叫做一个分组。每个分组的前面加上一个分组头，用于指明该分组发往何地址，如图 4-2 所示。

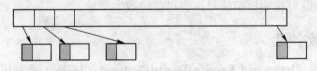

图 4-2 分组交换

分组交换通过虚电路实现。在用户传送数据前，先通过发送呼叫请求分组建立端到端之间的虚电路，一旦虚电路建立后，属于同一呼叫的分组均沿这一虚电路传送，最后通过呼叫清除分组来拆除虚电路。虚电路不同于电路交换中的物理连接，而是逻辑连接。虚电路并不独占线路，在一条物理线路上可以同时建立多个虚电路，以达到资源共享。虚电路有两种：交换虚电路（Switched Virtual Circuit，SVC）和永久虚电路（Permanent Virtual Circuit，PVC）。

X.25 为了保障数据传输的可靠性，在每一段链路上都要执行差错校验和出错重传。这种复杂的差错校验机制虽然使它的传输效率受到了限制，但确实为用户数据的安全传输提供了很好的保障。所以，X.25 是一个基于分组的、面向连接的传输协议。

4.1.4　帧中继

X.25 以网络延迟为代价获取高可靠性的方法已不能满足目前环境下对新业务的需求。于是出现了帧中继这种新的公用网技术。帧中继是对 X.25 的一种简化和修改，它和 X.25 一样都采用虚电路交换技术，但帧中继对分组不进行差错处理，简化了通信协议，而注重于分组的快速传输以提高网络的吞吐量。

帧中继的组网主要有两种方式：

1）在原有的公共分组数据网上对分组交换结点进行版本升级，利用原有设备及传输系统，增加帧中继功能软件或硬件配置的能力来提供帧中继业务。采用这种方式虽然具有便于实施且节省费用的优点，但当网络规模扩大时会在保证网络性能及网络管理等方面难以取得令人满意的结果。

2）独立组建帧中继网络，建立专用于帧中继业务的帧中继结点。

用户接入帧中继时，通常采用 LAN 接入和终端接入两种形式，如图 4-3 所示。

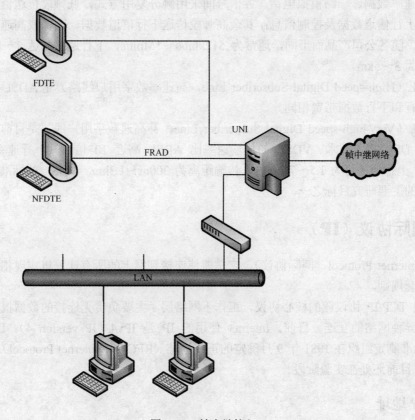

图 4-3　帧中继接入

1）LAN 接入形式。LAN 用户一般通过具有标准 UNI 接口的路由器接入帧中继网。

2）终端接入形式。对于具有标准 UNI 接口的帧中继终端（FDTE）可直接接入帧中继网；对于非帧中继终端（NFDTE），要通过帧中继接入设备（FRAD）接入帧中继网。

4.1.5　数字数据网（DDN）

数字数据网（Digital Data Network，DDN）是随着数据通信业务的发展而迅速发展起来的一种新型网络，是一种利用光纤、数字微波或卫星等数字传输通道和数字交叉复用设备组成的数字数据传输网。

点对点专用线路是 DDN 最典型、最主要的应用。DDN 专线是根据用户的需要临时建立一个固定的点对点的专线。该专线质量高，带宽宽，采用热冗余技术，具有路由故障自动连回的功能。只要用户申请专线后，连接就已完成。

4.1.6　xDSL 技术

xDSL 是各种类型 DSL（Digital Subscribe Line，数字用户线路）的总称，是以铜电话线为传输介质的点对点传输技术。"x"表示任意字符，根据采取不同的调制方式，传输速率和距离不同以及上行信道和下行信道的对称性而不同，例如 ADSL、HDSL、VDSL 等。

ADSL 目前在中国应用最为广泛。ADSL 在一对电话线上同时传送一路高速下行数据、一路较低速率数据、一路模拟电话。各信号间采用频分复用方式，低频段传送话音；中间窄频段传送上行信道数据及控制信息；其余高频段传送下行信道数据、图像或高速数据。其上行速率低，随各公司产品而不同，通常为 512kbit/s～1Mbit/s，下行速率高达 1～8Mbit/s，传输距离可为 3～5km。

HDSL（High-speed Digital Subscriber Line，高速率数字用户线路）是 ADSL 的对称式产品，其上行和下行数据带宽相同。

VDSL（Very-high-speed Digital Subscriber Line，甚高速数字用户线）是目前传输带宽最高的一种 DSL 接入技术。VDSL 的传输速率比 ADSL 高近 10 倍，其下行速率可为 13～52Mbit/s，上行速率可为 1.5～7Mbit/s，传输距离为 300m～1.3km。VDSL 的标准化是 ITU-T 下一阶段的主要研究目标之一。

4.2　网际协议（IP）

IP（Internet Protocol，网际协议），它是能使连接到网上的所有计算机实现相互通信不可缺少的一套规则。

IP 是 TCP/IP 协议簇的核心协议，工作于网络层，主要负责无连接的数据报传输，从而实现广域异种网络的互连。目前，Internet 使用的 IP 是 IPv4（IP version 4）。IPv4 协议是 Internet 标准制定组织在 1981 年 9 月确定的正式标准（RFC 791 Internet Protocol）。IP 的最新版本 IPv6 目前还处在实验阶段。

4.2.1　IP 地址

1．IP 地址结构

在 IPv4 中，Internet 上的每个接口都拥有一个唯一的 IP 地址。

IP 地址采用分层结构，与电话号码类似。例如，某网络实验室的电话为 87654321，实验室所在的地区号为 027，而我国的电话区号为 086，那么完整的表述该网络实验室的电话号码应该是 086-027-87654321。这个电话号码在全世界都是唯一的。

同样，IP 地址的寻址过程是这样的：先按 IP 地址中的网络号 net-id 把网络找到，再按主机号 host-id 把该网络中的一台主机找到。所以 IP 地址由网络号与主机号两部分组成，其结构如图 4-4 所示。一台 Internet 主机至少有一个 IP 地址，而且这个 IP 地址是全网唯一的。如果一台 Internet 主机有两个或多个 IP 地址，则该主机属于两个或多个网络。

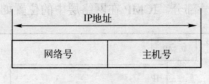

图 4-4 IP 地址结构

2. IP 地址的分类

IP 地址是一个 32 位的二进制数，为了方便理解与记忆，通常将 IP 地址划分为 4 字节，每字节用十进制数表示，字节之间用圆点分隔，格式为 x.x.x.x（每个 x 的值表示为 0～255），这种表示方法称为点分十进制。

IP 地址分为五类，分别属于不同规模的网络。五类 IP 地址的区别如图 4-5 所示。A 类地址的第一位为 "0"；B 类地址的前两位为 "10"；C 类地址的前三位为 "110"；D 类地址的前四位为 "1110"；E 类地址的前五位为 "11110"。其中，A 类、B 类与 C 类地址为基本的 IP 址。

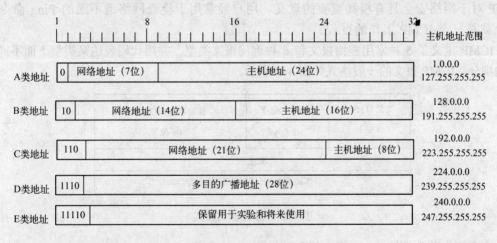

图 4-5 IP 地址的分类

对于 A 类 IP 地址，网络地址空间的长度为 7 位，因此允许有 126 个不同的 A 类网络（网络地址的 0 和 127 保留用于特殊目的）。同时，主机地址空间长度为 24 位，因此每个 A 类网络的主机地址数多达 2^{24}（即 16 000 000）个。A 类 IP 地址结构适用于有大量主机的大型网络。

对于 B 类 IP 地址，其网络地址空间长度为 14 位，因此允许有 2^{14}（即 16 384）个不同的 B 类网络。同时，主机地址空间的长度为 16 位，因此每个 B 类网络的主机地址数多达 2^{16}（即 65 536）个。B 类 IP 地址适用于一些国际性大公司与政府机构等。

对于 C 类 IP 地址，其网络地址空间的长度为 21 位，因此允许有 2^{21}（即 2 000 000）个不同的 C 类网络。同时，由于主机地址空间的长度为 8 位，因此每个 C 类网络的主机地址数最多为 256 个。C 类 IP 地址特别适用于一些小公司与普通的研究机构。

4.2.2 网际控制报文协议（ICMP）

网际控制报文协议（Internet Control Message Protocol，ICMP）运行于 IP 之上，与 IP 配套使用，通常被认为是 IP 的一部分。ICMP 在网络层中的位置如图 4-6 所示。

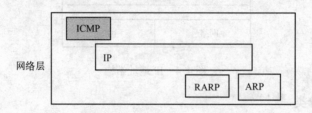

图 4-6　ICMP 在网络层中的位置

ICMP 提供了一种机制，用于反映 IP 数据包处理时产生的错误信息，例如网络不通、主机不可达、路由器没有足够的缓存空间等。当遇到 IP 数据无法访问目标、IP 路由器无法按当前的传输速率转发数据包等情况时，会自动发送 ICMP 报文。该报文返回到发送原数据的设备，然后发送设备根据 ICMP 报文确定发生错误的类型，采取措施来纠正问题。所以 ICMP 对于网络安全具有极其重要的意义。用户经常用于检查网络通不通的 Ping 命令实际上就是一个 ICMP 工作的过程。

ICMP 定义了 5 种常用差错报文和 6 种询问报文类型，并用代码表达某类型下面不同情况的细分。ICMP 报文的一般格式如图 4-7 所示。

类型 (Type) (8 位)	代码(Code) (8 位)	校验和 (Checksum) (16 位)
未使用		
不同类型和代码有不同的内容(Data)		

图 4-7　ICMP 报文格式

下面列出几种常见 ICMP 报文的含义。

1）不可到达（Tpye＝3）：在路由器或主机不能传递数据包时，则向源主机返回这种报文。常见的不可到达情况有网络不可到达（Code=0）、主机不可到达（Code=1）、协议不可到达（Code=2）等。

2）超时（Tpye=11）：路由器发现 IP 数据包的生存期已超时（Code=0），或者拥塞导致目的主机在规定时间内无法重组数据报分段（Code=1），则向源主机返回这种报文。

3）源抑制（Code=4）：当路由器处理 IP 数据的速率不够高时，发送此类报文。源抑制充当了一个控制流量的角色，让发送方降低发送数据的速率。

4）重定向（Type=5）：路由器直接向相连的主机发出这种报文，告诉主机一个最短的路径。例如，路由器 R1 收到本地主机发来的数据报，R1 发现要把数据发往网络 X，必须首先发给路由器 R2，而 R2 又与源主机在同一个网络，于是 R1 向源主机发出路由重定向报文，把 R2 的地址告诉它。

4.3 路由选择

IP 路由选择，是指如何从源端到目的端寻找一条最佳传输路径的过程。而传输路径往往由一系列路由器组成，因此，IP 路由选择的实质是在不同的路由器之间做出选择，选择数据报传输过程中的下一个路由器。

4.3.1 路由器

路由器（Router，转发者）是互联网的主要结点设备。路由器通过路由表决定数据的转发。转发策略称为路由选择（Routing），这也是路由器名称的由来。

路由器由以下几部分构成：输入端口、输出端口、交换开关和路由处理器。输入端口进行数据链路层解封装得到 IP 数据包，然后在路由表中查找数据包目的地址，从而决定输出端口。一旦路由查找完成，必须用交换开关把数据包送到其输出端口。

一个数据包在网络中传送的过程如下：

1）当一个主机试图与另一个主机通信时，路由器首先判断目的 IP 地址是在本地网还是远程网。

2）如果目的主机属于远程网，将查询路由表来选择一个路由；若在路由表中未找到明确的路由，则用默认的网关地址将数据传送给另一个路由器。

3）在该路由器中，重复 2）的过程，进行路由表的查询。

4）这样一级一级地传送，IP 数据包最终将送到目的主机，送不到的 IP 数据包则被网络丢弃了。

下面通过图 4-8 所示的具体例子来说明路由器的工作原理。

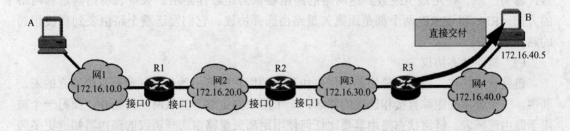

图 4-8　路由器工作原理

1）工作站 A 将工作站 B 的地址 172.16.40.5 连同数据信息以数据包的形式发送给路由器 R1。

2）路由器 R1 收到数据包后，先从包头中取出目的地址 172.16.40.5，根据该地址所属网络地址查找路由表，决定转发到下一个目的地址，数据包发往路由器 R2。

3）路由器 R2 重复路由器 R1 的工作，并将数据包转发给路由器 R3。

4）路由器 R3 同样取出目的地址，发现 172.16.40.5 就在该路由器所连接的网段上，于是将该数据包直接交给工作站 B。

5）工作站 B 收到工作站 A 的数据包，一次通信过程宣告结束。

4.3.2 路由选择协议与算法

路由器实现将一个网络的数据包发送到另一个网络。路由器设计中最关键的是使用怎样的路由算法来为数据选择最佳路径。路由选择协议就是指导 IP 数据包发送过程中事先约定好的规定和标准。典型的路由选择协议有两种：静态路由协议和动态路由协议。

静态路由是在路由器中设置的固定的路由表。除非网络管理员干预，否则静态路由不会发生变化。由于静态路由不能对网络的改变做出反映，一般用于网络规模不大、拓扑结构固定的网络中。静态路由的优点是简单、高效、可靠。在所有的路由中，静态路由优先级最高。当动态路由与静态路由发生冲突时，以静态路由为准。

动态路由是网络中的路由器之间相互通信，传递路由信息，利用收到的路由信息更新路由表的过程，它能实时地适应网络结构的变化。当网络发生了变化，路由选择软件就会重新计算路由，并发出新的路由更新信息。动态路由适用于网络规模大、网络拓扑复杂的网络。

常见的动态路由协议有三类。

（1）距离矢量协议

距离矢量协议通过判断距离查找到达远程网络的最佳路径。数据包每通过一个路由器，称为一跳。使用最少跳数到达网络的路由被认为是最佳路由。矢量表明指向远程网络的方向。RIP 和 IERP 两个都是距离矢量路由选择协议。它们发送整个路由表到直接相邻的路由器。

（2）链路状态协议

链路状态协议，也称为最短路径优先协议，使用它的路由器分别创建有三个独立的表。其中，一个表用来跟踪直接相连接的邻居，一个用来判定整个互联网络的拓扑；而另一个被用于路由选择表。链路状态路由器要比任何使用距离矢量路由选择协议的路由器知道更多关于互联网络的情况。OSPF 是一个链路状态的路由选择协议。链路状态协议发送包含它们自己连接状态的更新到网络上的所有其他路由器上。

（3）混合型协议

混合型协议是将距离矢量和链路状态两种协议结合起来的产物，如 EIGRP。

没有一个固定的配置路由选择协议的方式可以适用于每一种应用。如果理解了不同的路由选择协议是如何工作的，就可以给出更好、更可靠的选择，以真正满足任何应用中的不同需要。

4.4 TCP 与 UDP

TCP（Transmission Control Protocol，传输控制协议）和 UDP（User Datagram Protocol，用户数据报协议）是 TCP/IP 协议族中的两个传输层协议，它们使用 IP 路由功能把数据包发送到目的地，从而为应用程序及应用层协议（包括 HTTP、SMTP、SNMP、FTP 和 Telnet）提供网络服务。

4.4.1 TCP 与 UDP 概述

在传输层上，TCP 向应用层提供可靠的、面向连接的服务，而 UDP 提供的是不可靠的、无连接的服务。所谓可靠是指传输系统本身具有通过差错控制与重传机制来实现数据的正确传输的功能；而不可靠服务的传输系统不提供上述功能，这些功能要靠应用层来实现。

由于 TCP 要提供可靠的传输服务，因此 TCP 增加了许多的开销，如应答、流量控制、定时器以及连接管理等。当强调数据传输的完整性、可控制性和可靠性时，TCP 是当然的选择；当强调传输性能时，如音频和多媒体应用，UDP 是最好的选择。

4.4.2 UDP

UDP 报文格式如图 4-9 所示，报头由 4 个域组成——源端口，目标端口，数据报长度，校验和，每个域各占用 2 字节。

源端口	目的端口
数据报长度	校验和
数据	

图 4-9　UDP 报文格式

UDP 使用端口号为不同的应用保留其各自的数据传输通道。数据发送方将 UDP 数据报通过源端口发送出去，而数据接收方则通过目标端口接收数据。

因为 UDP 提供的是不可靠的、无连接的服务，所以它只负责将数据发出去，但是不保证数据一定传到，而且，如果传输中出现故障，UDP 不负责重传数据；其次，当数据正确到达后，接收方的 UDP 不负责确认，即无法得知数据是否安全完整到达。

UDP 具有资源消耗小、处理速度快的优点。比如聊天用的 ICQ 和 QQ 使用的就是 UDP。

4.4.3 TCP

TCP 报文的格式如图 4-10 所示。

1）源端口：发送方 TCP 端口号。

2）目的端口：接收方 TCP 端口号。

说明：在绝大多数操作系统中，采用 32 位 IP 地址和 16 位端口地址的组合来确认一个接口。源接口和目的接口的组合就定义了一个连接。最低的 1024 个端口是常用的，它们是

73

系统为特定的应用层协议所保留的默认设置。例如默认状态下，HTTP 使用端口 80，而 POP3 使用端口 110。

源端口							目的端口	
顺序号								
确认号								
头长度	URG	ACK	PSH	RST	SYN	FIN	窗口大小	
校验和							紧急指针	
头部可选项								
数据（可选）								

图 4-10　TCP 报文格式

3）顺序号：本次发送的数据的首字节的编号。

4）确认号：希望接收的下一字节的编号。

5）头长度：TCP 头部以 32 字节为一个表示单位。头长度用于表示头部包含的 32 字节组的个数。

6）URG、ACK、PSH、RST、SYN、FIN　用 1 位表示的标志位。

● URG：紧急标志，说明发送的数据是特殊数据，这种数据充当中断报文的作用。

● ACK：置位表明确认号有效，否则确认号无意义。

● PSH：表示接收方收到数据后立即送往应用程序，而不必等待缓冲区装满后再传送。

● RST：置位表示复位 TCP 连接。

● SYN：用于建立 TCP 连接时同步序号。

● FIN：用于释放 TCP 连接时，表明发送方再无数据发送。

7）窗口大小：表示在确认的字节之后可发送的字节数，当窗口大小为 0 时，表示请求发送方暂缓发送数据，以此实现流量控制。

8）校验和：对头部、数据进行计算的校验和。

9）头部可选项：用于提供增加额外设置的方法，例如设置 TCP 数据段长度。

10）紧急指针：当 URG 有效时，指明紧急数据的位置，即从当前顺序号算起的偏移量。

在建立连接时，TCP 采用的是三次握手方法。其过程为：发送方发送连接请求，以 SYN（SEQ=x）表示；接收方收到请求后，发送一个应答报文 SYN（SEQ=y，ACK=x + 1）表示接收序号为 x 的连接请求，允许从序号 x + 1 开始发送数据，本方的序号为 y；发送方收到应答后，向接收方发送一个应答报文 SYN（SEQ=x + 1，ACK=y + 1）表示同意从 x + 1 开始发送数据，并从 y + 1 开始接收数据，连接建立。

TCP 释放连接是双向的。每方都可以发送一个 FIN=1 的报文以指明本方数据发送完毕，当该报文被确认后，相应连接即关闭，然而此时可以继续接收数据。通常，释放连接需要 4 个报文，即每个连接方向上 1 个 FIN 报文和相应的应答报文。

TCP 通过下列方式保证数据传输的可靠性：

1）TCP 将应用层数据分割成长度合适的报文段（Segment）传递给 IP 层。

2）TCP 采用定时确认重传机制。当发出一个报文段后，TCP 会启动一个定时器，等待接收方发回"收到该报文段"的确认报文。如果不能及时收到确认报文，发送方将重发这个报文段。

3）TCP 使用校验和检测数据在传输过程中的变化。如果收到的检验和有差错，TCP 将丢弃这个报文段，并不确认收到此报文段，这样将引发定时器超时并重发该报文段。

4）TCP 还能提供流量控制。TCP 连接的每一方都有固定大小的缓冲空间。接收方只允许发送方传送接收方缓冲区所能接纳的数据。这将防止速度较快的发送方致使接收方的缓冲区溢出。

4.5 VPN 与 NAT 技术

4.5.1 VPN 技术

可以把 VPN（Virtual Private Network，虚拟专用网络）理解成企业网在 Internet 等公共网络上的延伸，即 VPN 可以通过特殊的、加密的通信协议在连接在 Internet 上的位于不同地方的两个或多个企业内部网之间建立一条专有的通信线路，就好比架设了一条专线一样，对企业来讲公共网络起到了"虚拟专用"的作用，如图 4-11 所示。

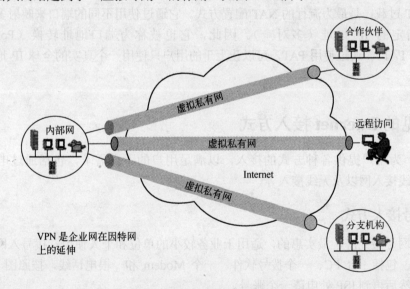

图 4-11 VPN 的典型应用

VPN 使用开隧道技术和加密技术，确保数据安全可靠的传输。

1）开隧道技术是 VPN 设备屏蔽了源 IP 地址和目的 IP 地址。它将数据包的有效负载及 IP 地址信息封装在一个新的数据包内，即加上了新的封装信息。新的封装信息主要包括安全关联 SA 和身份认证信息。其中，SA 是收发方之间的一个单向逻辑连接，如源和目的 VPN 网关。

2）VPN 加密机制对数据负载及 IP 地址信息在打包前进行了加密变换，使其内容不可阅读。有效的完整性方法保证了数据无法篡改。

VPN 的主要优点如下：

1）这种专用网是在公共网络上组建的，而不用另外组建一个物理网，可以大大降低通信的成本。

2）由于公共网络覆盖范围大，可以支持地理上分布很广的用户组建其专用网。

3）这种模式是安全的，它在连接的每一处端点都安装鉴别加密硬件及软件。

4.5.2　NAT 技术

在实际应用中，NAT（Network Address Translation，网络地址转换）主要用于实现私有网络访问公共网络的功能。NAT 可以把私有 IP 地址（内部网络或主机的 IP 地址）转换成公有 IP 地址（在因特网上全球唯一的 IP 地址），通过使用少量的公有 IP 地址代表较多的私有 IP 地址。这种方式不仅有助于缓解 IP 地址不足的问题，而且能够有效地避免来自网络外部的攻击，隐藏并保护网络内部的计算机。

NAT 实现的方法主要有静态 NAT、动态 NAT、NAT 过载三种。

1）静态 NAT：用于实现私有地址到公有地址的一对一映射。它需要为网络中的每一台主机申请一个真正的 IP 地址。

2）动态 NAT：用于从一个指定的 IP 地址池中为私有地址映射一个指定的 IP 地址。也就是说，只要指定哪些内部地址可以进行转换，以及用哪些合法地址作为外部地址时，就可以进行动态转换。

3）NAT 过载：是最为流行的 NAT 配置方式。它通过使用不同的端口来映射多个私有地址到一个指定的 IP 地址（多对一）。因此，它也被称为端口地址转换（Port Address Translation，PAT）。通过使用 PAT，可以让上千的用户只使用一个真实的全球 IP 地址来连接到因特网上。

4.6　常见的 Internet 接入方式

Internet 为用户提供各种方式的接入，以满足用户的不同需求，包括通过电话拨号入网、通过专线接入网以及无线接入等。

4.6.1　拨号接入方式

拨号入网是最经济、最实惠的，适用于业务较小的单位和个人使用。拨号入网的用户所需设备简单，包括一台 PC、一个拨号软件、一个 Modem 和一根电话线，按照图 4-12 所示进行连接，然后再到 ISP 处申请一个账号。

用户运行拨号软件，通过 Modem 与 ISP 的远程拨号服务器连接，远程拨号服务器监听到用户的请求后，提示输入个人账号和口令，然后检查输入的账号和口令的合法性。如果用户通过检查，远程服务器将允许其登录。若用户使用的是动态 IP 地址，服务器还要从没有分配的 IP 地址中挑选一个分配给该用户，这样该用户就可以访问因特网了。

4.6.2　ISDN 接入方式

计算机通过 ISDN 接入 Internet，需要 TCP/IP 和 Internet 浏览器软件及普通电话线，用户将计算机连接到 ISDN 接入设备，并向 ISP 申请一个 ISDN 账户，如图 4-13 所示。

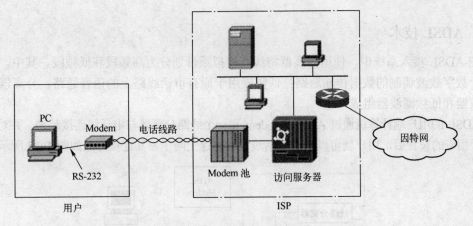

图 4-12 拨号接入方式

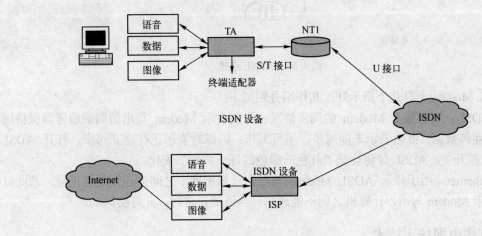

图 4-13 ISDN 接入 Internet

普通家庭用户安装一个第一类网络终端设备 NT1，用户可以在连接 NT1 的总线上连接多个设备，最多可以连接 8 个设备，多个设备共享 2B + D 的信道，即 144kbit/s 的信道。NT1 一般通过双绞线连接到 ISDN 交换机。

大型的商业用户通过第二类网络连接设备 NT2 连接 ISDN。这种连接方式可以共享 30B + D 的信道，即速率为 2.048Mbit/s 的信道。

图 4-14 给出了 ISDN 的网络接口。

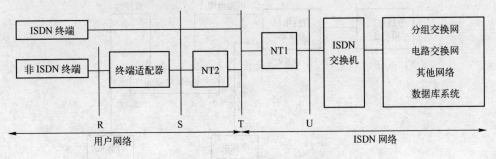

图 4-14 ISDN 的网络接口

4.6.3 ADSL 技术

在 ADSL 接入系统中，使用分离器将线路模拟频带划分为高频段和低频段。其中，高频段用于数字载波调制的数据传输通路；低频段用于原有市话线路上的语音通路。分离器由高频滤波器和低频滤波器组成。

ADSL 的用户端计算机通过 ADSL Modem 和一个线路分离器与电话线连接起来，并对计算机进行相应的设置后，用户就可以通过电话线实现高速上网了。其连接方式如图 4-15 所示。

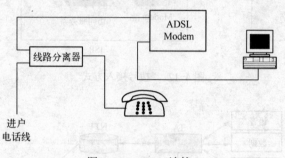

图 4-15 ADSL 连接

ADSL Modem 上有几个指示灯，其作用分别如下。

1）ADSL：用于显示 Modem 的同步情况，绿色表示 Modem 与电信局的服务器保持同步，可以互传数据；红色表示未能同步，不可工作；闪烁时表示正在建立同步。打开 ADSL Modem 电源开关，ADSL 灯将会呈"红色—绿色闪烁—常绿"变化。

2）Ethernet：用于显示 ADSL Modem 与用户计算机网卡之间的连接是否正常，若此灯不亮，表示 Modem 与用户计算机之间不能通信，当通信正常时，此灯会闪动。

4.6.4 有线电视接入技术

由于有线电视接入具有以下优点：基础设施已经广泛存在，并且拥有光纤主干；具有比传统电话线和无线连接更大的带宽；无需拨号，无需复杂的信令协议。因此，利用现有电视网络设施的宽带接入技术越来越引起人们的重视。

用户使用有线电视接入上网，必须具备的硬件设备为：一台带网卡的计算机；一台 Cable Modem（线缆调制解调器），可以由有线电视上网提供商提供；一个有线电视分支器（Splitter）。按照如图 4-16 所示的方式连接，并进行拨号连接设置即可上网。

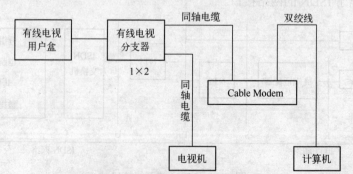

图 4-16 Cable Modem 用户连接示意图

4.6.5　无线局域网接入

无线局域网是一种能支持较高数据速率（2～11Mbit/s），采用微蜂窝、微微蜂窝结构、自主管理的计算机局部网络。它可采用无线电或红外线作为传输媒质，采用扩展频谱技术，移动的终端可通过无线接入点 AP 来实现对 Internet 的访问。

无线客户端的配置最重要的是 SSID 标识，必须保证客户端无线网卡与 AP 或无线路由器的 SSID 值完全相同（包含字母大小写）。服务区别号（Service Set Identifier，SSID）也可以写为 ESSID，就是局域网的名称，用来区分不同的网络，最多可以有 32 个字符。SSID 将被放置在每个 AP 中，通常由 AP 或无线路由器广播出来，通过 XP 自带的扫描功能可以查看当前区域内的 SSID。无线客户端必须设置与 AP 相同的 SSID 才能与其连接。设置不同的 SSID 就可以进入不同网络。

其他配置非常地简单。在控制面板的网络属性中打开无线网卡的 TCP/IP 属性，将无线网络网卡的 IP 地址设置为自动获取，或者与无线网络结点保持在同一网段内。如果无线网络网卡能与 AP 正常连接，就可以上网了。

4.7　Internet 应用

Internet 的基本应用有 WWW 服务、文件传输服务（File Transfer Protocol，FTP）、电子邮件服务（E-mail）、远程登录服务（Telnet）。

实际上，Internet 提供的服务远远不止这些，还有诸如 Archie、WAIS、Gopher 等，而且随着 Internet 的飞速发展，每天都在诞生新的服务。如今，像网络电话（Internet Phone）、网络会议（Netmeeting）、网络传呼机（ICQ）等，都已得到了广泛的应用。

4.8　下一代互联网

互联网近几年的发展速度非常快，以 IPv4 为基础的 Internet 所固有的缺陷和局限性日益凸现，其中最为突出的是 IP 地址资源匮乏。所以互联网的更新换代是一个必然的、渐进的过程。虽然对于下一代互联网还没有统一定义，但应具有如下主要特征。

1）更大：采用 IPv6 协议，使下一代互联网具有非常巨大的地址空间，网络规模将更大，接入网络的终端种类和数量更多，网络应用更广泛。

2）更快：100MB/s 以上的端到端高性能通信。

3）更安全：可进行网络对象识别、身份认证和访问授权，具有数据加密和完整性，实现一个可信任的网络。

4）更及时：提供组播服务，进行服务质量控制，可开发大规模实时交互应用。

5）更方便：无处不在的移动和无线通信应用。

6）更可管理：有序的管理，有效的运营，及时的维护。

7）更有效：有盈利模式，可创造重大的社会效益和经济效益。

习题

一、选择

1. 广域网一般不使用的拓扑结构是（　　）。
   - A. 树状结构
   - B. 集中式结构
   - C. 总线型结构
   - D. 环形结构

2. ISDN 的 B 信道提供的带宽以（　　）为单位。
   - A. 16kbit/s
   - B. 64kbit/s
   - C. 56kbit/s
   - D. 128kbit/s

3. ISDN 的基本速率接口 BRI 又称（　　）。
   - A. 2B + D
   - B. 23B + D
   - C. 30B + D
   - D. 43B + D

4. 帧中继网是一种（　　）。
   - A. 广域网
   - B. 局域网
   - C. ATM 网
   - D. 以太网

5. 现有的公用数据网大多采用（　　）。
   - A. 分组交换方式
   - B. 报文交换方式
   - C. 电路交换方式
   - D. 空分交换方式

二、简答

1. Internet 和广域网的概念有何联系和区别？
2. 说明 IP 地址的结构和分类。
3. 简述路由器的工作原理。
4. TCP 和 UDP 的区别是什么？
5. 常用的 Internet 接入方式有哪些？

第 5 章　网络互连技术

网络互连包括两个方面的内容：一是采用网络互连设备把多个独立、小范围的网络连接起来组成覆盖范围更大、功能更强的网络；二是把一个结点多并且负载重的大网络分解成若干个小网络，再利用互连技术将这些小网络进行连接。下面主要从网络的不同层次介绍了连接的特点和常见互连设备及其配置。

5.1　网络互连基础

网络互连的层次可以分为下面几种。

（1）数据链路层互连

数据链路层互连的设备是网桥。网桥在数据链路层互连的主要功能是数据接收、地址过滤等，以实现多个网络系统之间的数据交换。网桥在实现数据链路层互连时，互连网络的数据链路层与物理层协议可以相同，也可以不同。

（2）网络层互连

网络层互连的设备是路由器。网络层的主要功能是解决路由选择、差错处理、拥塞控制等。互连网络的网络层与以下各层协议既可以是相同的，也可以是不相同的。

（3）高层互连

高层互连的设备是网关，实现高层互连的网关大多数是应用层网关，即应用网关。

网络互连的主要方式分为三种：LAN-LAN、LAN-WAN、WAN-WAN。LAN-LAN 网络互连是最常用的一种连接方式，互连设备是中继器、网桥或交换机；LAN-WAN 的互连发生在 OSI 的网络层，互连设备是路由器；WAN-WAN 互连发生在 OSI 的传输层及其上层，互连设备是网关。

5.2　网络传输介质的装配

网络传输介质是指在网络中传输信息的载体，常用的传输介质分为有线传输介质和无线传输介质两大类。各种传输介质在网络互连中所起的作用都是为网络设备之间提供物理连接，不同的是装配方式和它的传输特性。

5.2.1　有线网络传输介质

1．同轴电缆

同轴电缆分 50Ω同轴电缆和 75Ω同轴电缆两种。50Ω同轴电缆又称基带同轴电缆（或称细缆）。它主要用于数字传输的系统中，在 1km 距离以内数字信号的传输速度上限可达

50Mbit/s，一般情况下 50Ω同轴电缆传输数据的速率越高，传输距离就越短。

50Ω同轴电缆一般用于总线型局域网中，T 形连接器与 BNC 接头都是细同轴电缆的连接器，如图 5-1 所示。

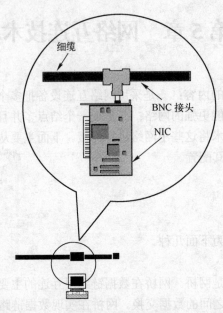

图 5-1　同轴电缆连接

终端匹配器安装在同轴电缆的两个端点上，它的作用是防止电缆无匹配电阻或阻抗不正确。无匹配电阻或阻抗不正确，则会引起信号波形反射，造成信号传输错误。

75Ω同轴电缆又称为宽带同轴电缆。它主要用于模拟传输系统，是公用天线电视系统的标准传输电缆。

2．双绞线

常用的双绞线为五类双绞线，带宽为 100MHz，适用于语音及 100Mbit/s 的高速数据传输，甚至可以支持 155Mbit/s 的 ATM 数据传输。

双绞线的连接器 RJ-45 插式连接器如图 5-2 所示。前端有 8 个凹槽，凹槽内有 8 个卡接簧片。剥除双绞线的外包皮会看到 8 根芯线，每根芯线的颜色各不相同，如图 5-3 所示。按照一定顺序一字排开，插入连接器内。

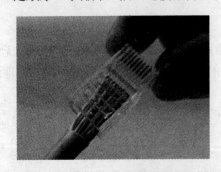

图 5-2　RJ-45 插式连接器

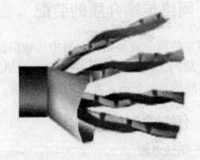

图 5-3　双绞线

芯线排列的标准有两类。

1）标准 568A：白绿、绿、白橙、兰、白兰、橙、白褐、褐。

2）标准 568B：白橙、橙、白绿、兰、白兰、绿、白褐、褐。

如果双绞线的两端都采用同一种标准排列，称为直连线；如果双绞线的一端采用 A 类标准排列，另一端采用 B 类标准排列，称为交叉线。一般而言，PC 和 Hub 连接用直连线；PC 之间或 Hub 之间连接用交叉线。

3．光纤

光纤是网络传输介质中性能最好，应用前途最广泛的一种。

典型的光纤传输系统的结构如图 5-4 所示。在光纤发送端，主要采用两种光源：发光二极管与注入型激光二极管。在接收端将光信号转换成电信号时，要使用光电二极管 PIN 检波器或 APD 检波器。光载波调制方法采用振幅键控 ASK 调制方法，即亮度调制。因此，光纤传输速率可以达到几千 Mbit/s。

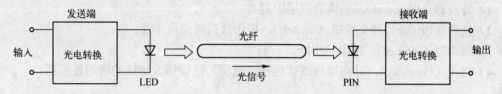

图 5-4　光纤传输系统结构示意图

5.2.2　无线网络传输介质

1．无线电

无线通信所使用的频段覆盖从低频到特高频。其中，调频无线电通信使用中波 MF，调频无线电广播使用甚高频，电视广播使用甚高频到特高频。国际通信组织对各个频段都规定了特定的服务。以高频 HF 为例，它在频率上从 3MHz 到 30MHz，被划分成多个特定的频段，分别分配给移动通信（空中、海洋与陆地）、广播、无线电导航、业余电台、宇宙通信及射电天文等方面。

高频无线电信号由天线发出后，沿两条路径在空间传播。其中，地波沿地表面传播，天波则在地球与地球电离层之间来回反射，如图 5-5 所示。高频与甚高频通信方式很类似，缺

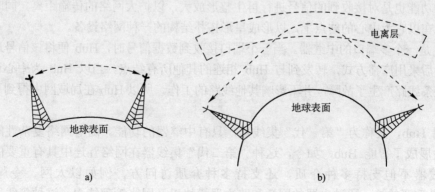

图 5-5　高频无线电波传播路径

点是：易受天气等因素的影响，信号幅度变化较大，容易被干扰；优点是：技术成熟，应用广泛，能用比较小的发射功率传输到比较远的地方。

2．微波

在电磁波谱中，频率在 100MHz～10GHz 的信号叫做微波信号，它们对应的信号波长为 3cm～3m。因为微波信号没有绕射功能，只能进行视距传播。大气对微波信号的吸收与散射影响较大。由于微波频率很高，因此可以获得较大的通信带宽，特别适用于卫星通信与城市建筑物之间的通信。

5.3　常见的网络互连设备

用于网络之间互连的中继设备称为网络互连设备，按照网络互连设备是对哪一层（可能包括下层）进行协议和功能的转换，可以把它们分成以下四类：

1）转发器（Repeater），实现物理层中继。

2）网桥（Bridge）和交换机（Switch），提供数据链路层中继。

3）路由器（Router），网络层中继。

4）网关（Gateway），对高层协议（包括运输层）进行协议转换的网间连接器。

5.3.1　中继器

中继器在物理层工作，是最简单的网络互连设备，其主要功能是扩展网段的作用距离。

由于信号在网络传输介质中有衰减和噪音，使信号变得越来越弱，因此为了保证信号的完整性，并在一定范围内传送，要用中继器把所接收到的弱信号再生放大以保持与原信号相同。

所以中继器只是一种信号放大设备，只负责复制和增强通过物理介质传输的比特流。而且中继器不关心数据的格式和含义，它不能连接两种不同的介质访问类型，比如令牌环网和以太网。

5.3.2　集线器

集线器的英文称为"Hub"，"Hub"是"中心"的意思。与中继器一样，工作在物理层，主要功能也是对接收到的信号进行再生整形放大，以扩大网络的传输距离。同时把所有结点集中在以它为中心的结点上，以形成星形拓扑结构的一种网络设备。

Hub 是一个多端口的中继器。当一个端口接收到数据信号时，Hub 便将该信号进行整形放大，然后采用广播方式，转发到与 Hub 相连的其他所有结点。当以 Hub 为中心设备时，网络中某条线路产生了故障，并不影响其他线路的工作。所以 Hub 在局域网中得到了广泛的应用。

早期 Hub，又称为"第一代"集线器，只有中继器的功能。随着网络复杂性的增加，集线器发展成了智能 Hub，如今，这种"第二代"集线器在网络互连中具有重要的地位。智能集线器不但支持多种介质，还支持多种介质访问方，例如以太网、令牌环网和 FDDI。最重要的是，通过内置的网桥和路由器模块以及网络管理能力，这种集线器还能提供网络互连功能。

5.3.3　网桥

　　网桥工作在数据链路层,根据数据帧的目的 MAC 地址(网卡地址)转发数据。当网桥刚安装时,它对网络中的各工作站一无所知。在工作站开始传送数据时,网桥会自动记下其地址,直到建立起一张完整的网络地址表为止,这是一个"自学习"的过程。一旦地址表建完,信息数据在通过网桥时,网桥就根据信息包来比较其目的地址的网络号与源地址的网络号是否相同。

　　网桥内有一个通过每个端口所能够达到的硬件地址的数据库(网桥表),如图 5-6 所示。

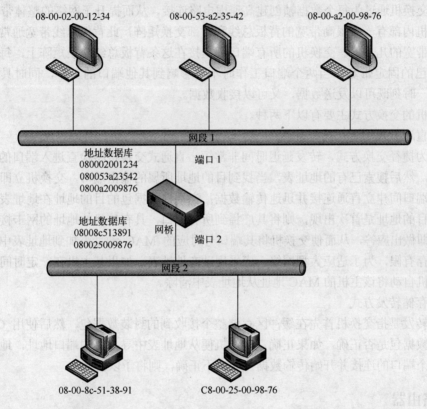

图 5-6　网桥学习

　　当网桥接收到一个数据帧,将该帧的目的地址和网桥表进行比较。如果目的地址和源地址在相同的网段,就丢弃该帧。如果目的地址和源地址在不同的网段,网桥就会查出哪个端口和目的地址相关,并将该帧转发到相应的端口。如果目的地址不在网桥表中,网桥将该帧发往除接收端口以外的所有端口。

　　网桥把两个或多个网路互连,能扩展网络,提供透明通信。网络上的设备看不到网桥的存在,设备间的通信就如同在一个网上一样。由于网桥是在数据层上进行转发,因此只能连接具有相同或相似结构数据帧的网络,如以太网之间、以太网与令牌环之间互连,对于不同类型的网络,如以太网与 X.25 之间就不行。

　　网桥互连存在广播风暴(Broadcasting Storm)的问题。由于网桥不阻挡网络中广播消息,当网络的规模较大时(几个网桥,多个以太网段),有可能引起广播风暴,导致整个网络全被广播信息充满，直至完全瘫痪。现在，网桥已经不像以前那样广泛的使用了，其功能常常被捆绑在路由器中。

5.3.4　交换机

根据 OSI 层次，交换机可以分为二层交换机和三层交换机。一般所说的交换机是二层交换机，又叫局域网交换机。本小节介绍的是二层交换机，三层交换机的知识将在 5.3.6 节中介绍。

二层交换机与网桥一样，工作在数据链路层，根据数据帧的目的 MAC 地址转发数据。不同的是交换机通过为每个数据帧创建高速虚电路连接，从而提升了网络的整体带宽。

交换机内部有一条很高带宽的背板总线和背部交换矩阵，此背板总线带宽通常是交换机每个端口带宽的几十倍。交换机的所有端口都挂接在这条背板总线交换矩阵上，每个端口都有一条自己的固定带宽，当两个端口工作时不会影响到其他端口的工作，同时具有两个信道，在同一时刻既可以发送数据，又可以接收数据。

交换机的交换方式主要有以下两种。

（1）直通方式

又称为捷径交换方式，转发延迟时间非常短。直通式交换机将检查进入端口的数据包的目的地址，然后搜索已有的地址表，当找到目的地址所属的输出端口，交换机立即在输出和输入两个端口间建立直通连接并迅速传输数据；当端口数据包的目的地址在地址表中没有找到，即该目的地址是首次出现，则将其广播到所有端口，具有该目的地址的网卡接收到广播包后，立即做出应答，从而使交换机将其端口号对应的 MAC 地址添加到地址表中。由于交换机的内存有限，为了适应大型网络，应采用动态地址表，如果某主机在一定时间内没有活动，交换机自动将该主机的 MAC 地址从地址表中清除。

（2）存储转发方式

存储转发是指交换机首先在缓冲区存储整个接收到的封装数据包，然后使用 CRC 检测法检查该数据包是否正确。如果正确，交换机便从地址表中寻找目的端口地址，地址得到后即建立两个端口的连接并开始传输数据；如果不正确，则将予以丢弃。

5.3.5　路由器

路由器是工作在网络层的互连设备，用于连接多个逻辑上分开的网络。逻辑网络是指一个单独的网络或一个子网。根据 4.3.1 节中介绍的路由器工作原理，路由器具有判断网络地址和选择路径的功能，通过它可以使数据链路层和物理层协议不同的网络互连，在多网络互连环境中建立灵活的连接。

路由器的功能主要包括以下几个方面。

（1）存储、转换和选择最佳路径的功能

路由器是面向路由协议的，当数据报到达路由器后，先存入队列，按照"先进先出"的顺序逐一处理。路由器将数据链路层附加的报头去掉，提取数据报的目的地址，查看路由表，如果到达目的地址的路由不止一个，依据路由算法，选择最佳路径，执行路由协议，进行安全、优先权等处理，重新加上数据链路层的报头，封装成数据报，最后通过最佳路径发送数据报。如果源子网的数据报太长，目的子网不能接受，路由器就把它分成更小的包，这个过程叫"分段"。目的子网逐次将接受的各包数据复制到相应的重组缓冲区，直至收到最后一包数据，重组成原来的数据报。

（2）网络管理功能

网络管理包括配置管理、容错管理和性能管理。

1）配置管理：设置路由器的地址、名字等，设置时间和日期，设置口令和对口令的加密，设置对用户名的鉴别等。

2）容错管理：要能够显示包括内存、堆栈的使用情况的系统统计数据及错误信息，能对连接状况、内存和接口进行测试。

3）性能管理：配置交换、排队和优先数并能修改缓冲区的大小。

（3）优化网络性能

路由器随时检测与之相连的网络或子网，监听故障网络段或故障结点的信息并利用这些信息沿无故障的路径传递数据，能够检测到与之相连的网络或网络段上的堵塞，将这种信息与重新选择路由的功能相接合，实现无阻塞传输和均衡负载。

（4）可支持多种通信协议

例如：高级数据链路控制（HDLC）、点到点协议（PPP）、异步传输模式（ATM）、IP 协议组、IPX 协议组等。

（5）提供了与多种网络介质连接的物理接口

5.3.6 三层交换机

三层交换机工作在网络层，又称路由交换器，其最重要目的是实现数据包的高速转发。其工作方式与第二层交换机的工作方式类似，不同之处是它不但使用了第二层 MAC 地址进行交换，还使用第三层网络地址。

例如，A 要给 B 发送数据，当三层交换机接收到第一个数据包，则三层路由模块根据目的 IP 地址，查询路由表以确定到达 B 的路由，同时路由系统将会产生一个 MAC 地址与 IP 地址的映射表，并将该表存储起来，以后 A 发送给 B 的数据，交换机将根据第一次产生并保存的地址映射表，直接由二层交换模块完成，不再经过第三路由模块处理，从而消除了路由选择时造成的网络延迟，提高了数据包的转发效率。这就是通常说的，一次路由，多次转发。

三层交换技术就是二层交换技术加上三层转发技术。它能够根据网络层信息对数据包进行更好的转发和选择优先权；交换 MAC 地址，可提高用户的工作效率，通过广播控制可增强网络的安全。

目前的三层交换机已经不仅仅是二层交换加路由功能的简单组合，而是成为了在转发性能、安全特性、QoS 等方面都具有较好支持性的，具有多接口类型、多业务支持能力的综合业务承载平台，许多高端的三层交换机还提供了电源、主控板以及交换板的冗余配置。

5.3.7 网关

网关是工作在传输层及应用层上的互连设备。网关最基本的功能是实现不同网络协议之间的转换。为了实现类型不同、协议差别较大的网络互连，网关要对不同的传输层、表示层、会话层和应用层协议进行协议的转换和翻译。由于协议转换是一件复杂的事，一般来说，网关只能进行一对一转换，或是少数几种特定应用协议的转换，网关很难实现通用的协议转换。用于网关转换的应用协议有电子邮件、文件传输和远程工作站登录等。网关互连网络时效率比较低，且透明性也不好，一般应用于某种特殊用途专线连接网络。

网关可以是一台主机中实现网关功能的一个软件，也可以做成单独的机箱设备，或者做成电路板并配合网关软件增强已有的设备，使得其具有协议转换的功能。箱级设备性能好但价格昂贵，板级设备既可以是专用的，也可以是非专用的。

5.4 交换机的典型配置与应用

典型的交换机其实可以看成是一个多端口的网桥，其外观和功能都和网桥相似。交换机与网桥一样，也属于第二层或数据链路层设备。简单的交换机与透明网桥一样，使用时可以不需要进行任何的配置。但有的交换机可以实现更多的功能，如 VLAN 等，那么在首次使用时就需要进行一些适当的配置。

5.4.1 交换机的配置基础

1．Console 口

Console 口是用来对交换机进行初始化设置的接口，不同类型交换机的 Console 口的位置并不相同，有的位于前面板，有的位于后面板。一般情况下，Console 口的旁边会有显著的标识。Console 口的类型也有所不同，绝大多数都采用 RJ-45 端口，也有少数采用 DB-9 或 DB-25 串口端口。用户通过专门的 Console 线连接到交换机的 Console 端口来对其进行配置，通常情况下，在交换机的包装箱内会赠送一条 Console 线和相应的适配器。

2．超级终端

超级终端是一个通用的串行交互软件，很多嵌入式应用系统有与之交换的相应程序，利用这些程序，可以通过超级终端与嵌入式系统交互，使超级终端成为嵌入式系统的"显示器"。其原理并不复杂，它是将用户输入随时发向串口（采用 TCP 协议时是发往网口，这里只说串口的情况），但并不显示输入。它显示的是从串口接收到的字符。所以，嵌入式系统的相应程序应该完成的任务便是：将自己的启动信息、过程信息主动发到运行有超级终端的主机；将接收到的字符返回到主机，同时发送需要显示的字符（如命令的响应等）到主机。这样在主机端看来，就是既有输入命令，又有命令运行状态信息。超级终端成了嵌入式系统的显示器。

3．用户模式和特权模式

用户模式只允许网络管理员使用一些数量有限的基本监控命令；而特权模式允许网络管理员使用所有的命令对设备进行配置与管理。通常情况下特权模式需要使用口令进行保护，只有通过认证的用户才允许进入特权模式。

（1）用户模式

交换机将显示如下提示：

```
Switch>
```

提示符 ">" 表明用户当前为用户模式。可以使用提示符 "?" 来列出可以在用户模式下使用的命令。

（2）特权模式

用户模式进入特权模式需要使用 enable 命令，如果特权模式配置了口令，交换机将提示用户输入口令。认证通过后，提示符由 ">" 变为 "#"，表明用户处于特权模式下。然后输入 configure terminal 进入全局配置模式，用户可以使用命令对交换机进行配置。使用 exit 命令退出全局配置模式返回特权模式，使用 disable 命令退出特权模式返回到用户模式下。

```
Switch> enable
Enter password:                    输入特权模式密码，用户看不到输入的内容
Switch # configure terminal
Switch （config） # exit          退出全局配置模式
Switch # disable                   退出特权模式返回用户模式
Switch>
```

5.4.2 交换机的基本配置

1．设置使能密码

先用 enable 换到特权模式下，然后进入全局配置模式，使用 enable secret 命令设置密码。用户可以使用 show running-config 命令查看交换机当前配置。

```
Switch #    configure terminal
Enter configuration commands, one per line. End with CNTL/Z
Switch (config) #   enable secret    todd2
Switch (config) # exit
Switch # show running-config
Building configuration…
Current configuration:
enable   secret   5    $1$FMQS$wFVYVLYn2aXscfB3J95.w.
```

2．设置交换机名称

先用 enable 换到特权模式下，然后进入全局配置模式，使用 hostname 命令设置名称。

```
Switch #    configure terminal
Enter configuration commands, one per line. End with CNTL/Z
Switch (config) #    hostname   Todd2950
Todd2950 (config) #
```

5.4.3 交换机 VLAN 的配置

VLAN 是虚拟局域网的英文简称，其主要作用就是防止局域网内产生的广播效应。广播在网络中起着非常重要的作用，但是，随着网络内计算机数量的增多，广播包的数量也会急剧增加，当广播包的数量占到通信总量的 30%时，网络的传输速率将会明显下降。通常采用划分 VLAN 的方式将网络分隔开来，将一个大的广播域划分为若干个小的广播域，从而减小广播效应造成的损害。

1. 创建静态 VLAN，查看 VLAN 信息

下面命令显示如何创建名字为 sales 的 VLAN2

```
Switch # vlan database
Switch ( vlan ) # vlan 2 name sales
Switch (vlan)) #   exit                              //更新 VLAN 数据库，返回特权模式
Switch #
```

查看 VLAN2 信息的命令：   Switch # show   vlan   id   2

查看交换机中已有 VLAN 信息的命令：Switch # show   vlan

2. 将交换机的端口 7 划分到 VLAN2

1）进入全局配置模式   Switch # configure terminal

2）指定要配置的端口   Switch (config) # interface fastethernet 0/7

3）关闭端口   Switch (config-if) # shutdown

4）将端口配置为第二层访问端口   Switch (config-if) # switchport mode access

5）将端口划分到指定的 VLAN   Switch (config-if) # switchport access vlan 2

6）激活端口   Switch (config-if) # no shutdown

7）退出端口配置模式   Switch (config-if) # end

说明：若需要将多个端口划分到同一 VLAN，只需在上述第 2）步中修改命令即可。

例如把 6～10 端口划分到 VLAN2 中，只需把第 2）步中的命令改为：

```
Switch (config) # interface range f0/6  -  10
```

3. 将交换机的端口 7 恢复为默认值，并删除 VLAN2

1）进入全局配置模式   Switch # configure terminal

2）清除端口的所有配置   Switch (config)# default interface fastethernet 0/7

3）选择需要删除的 VLAN   Switch (config) # vlan 2

4）删除指定 VLAN   Switch (config-vlan) # no vlan 2

5）更新 VLAN 数据库   Switch (config) # end

5.4.4   不同 VLAN 间的路由配置

为了方便说明如何进行不同 VLAN 间的路由配置，引入一个实例具体说明。例如，如图 5-7 所示的网络拓扑，在交换机上划分了 2 个 VLAN。名称为 default 的 VLAN1，子网地址为 172.16.10.0/24，交换机的 1～5 号端口属于 VLAN1；名称为 sales 的 VLAN2，子网地址为 172.16.20.0/24，交换机的 6～10 号端口属于 VLAN2。PC1 连接在交换机的端口 1 上，属于 VLAN1。PC2 连接在交换机的端口 6 上，属于 VLAN2。

要实现属于不同 VLAN 的 PC1 和 PC2 之间的通信，需要分 3 步来配置。

第 1 步：把交换机与路由器相连的那个端口设置成 trunk 模式。

因为只有 trunk 线路才能使 VLAN 通过。根据图 5-7 所示的网络实例，需要把交换机的 24 号端口设置成 trunk 模式，命令如下所示：

```
Switch #    configure terminal
```

```
Enter configuration commands, one per line. End with CNTL/Z.
Switch (config) #  interface  f0/24
Switch (config-if) #  switchport mode trunk
Switch (config-if) #  no shutdown
Switch (config-if) #  end
```

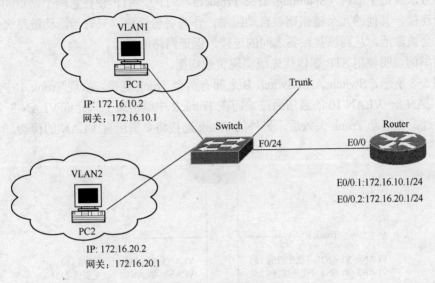

图 5-7 VLAN 网络实例

第 2 步：在路由器与交换机相连的端口上配置子接口。

每个子接口的 IP 地址是每个 VLAN 的网关地址（也可以理解为下一跳地址）。在本例中，是对路由器的 E0/0 端口配置子接口，命令如下所示：

```
Router >  enable
Router #  configure terminal
Router (config) # interface  e0/0.1          //进入路由器 0 端口的 1 子端口
Router (config-subif) #  encapsulation  isl  1     //在 vlan 1 上封装 ISL 协议
Router (config-subif) #  ip address  172.16.10.1  255.255.255.0
Router (config-if) #  interface  e0/0.2          //进入路由器 0 端口的 2 子端口
Router (config-subif) #  encapsulation  isl  2     //在 vlan 2 上封装 ISL 协议
Router (config-subif) #  ip address  172.16.20.1  255.255.255.0
Router (config-subif) #  exit
Router (config) #  interface  e0/0
Router (config-if) #  no shutdown
```

第 3 步：对不同 VLAN 中的机器设置属于本 VLAN 子网的 IP 地址和对应的网关。

在本例中，将 PC1 连接到交换机的 f0/1 上（属于 VLAN1），PC2 连接到交换机的 f0/6 上（属于 VLAN2），然后配置 PC1 的 IP 地址为 172.16.10.2/24，网关为 172.16.10.1，PC6 的 IP 地址为 172.16.20.2/24，网关为 172.16.20.1。

完成上述 3 步设置后，可实现属于不同 VLAN 的 PC1 和 PC2 之间的通信。

5.4.5 生成树及实现负载均衡配置

在大型网络中，主干网和服务器的连接是非常重要的，为了提高网络的可靠性，常常进行冗余链接。冗余的链接虽然增加了系统的安全性，但同时也带来了拓扑环的问题。解决循环链接的方法就是生成树（Spanning Tree Protocol，STP）。STP 使任意两个结点间有且只有一台路径连接，其他的冗余链路则被自动阻塞，作为备份链路。只有当活动链路失效时，备份链路才会被激活，从而恢复设备之间的连接，保证网络的畅通。

下面举例说明使用 STP 端口优先级实现负载均衡。

如图 5-8 所示，Switch A 和 Switch B 之间有两个 Trunk 连接，实现 Trunk 1 中继链路上只允许 VLAN 8～VLAN 10 的通信通过，而在 Trunk 2 中继链路上只允许 VLAN 3～VLAN 6 的通信通过。当活动 Trunk 失效后，另外的 Trunk 连接将负责所有 VLAN 的传输。

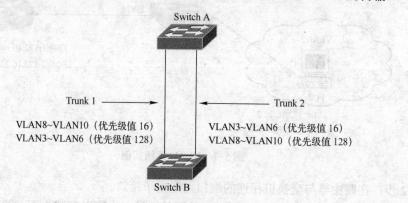

图 5-8　生成树实例

配置过程如下。

第 1 步：在 Switch A 上进入全局配置模式，配置 VTP 域名为 classroom1。域名可以是 1～32 个字符。

```
Switch A #　configure terminal
Enter configuration commands，one　per　line.　End　with　CNTL/Z.
Switch A (config) #　vtp　domain　classroom1
```

第 2 步：将 Switch A 配置成 VTP 服务器，返回特权模式。

```
Switch A (config) #　vtp　mode　server
Switch A (config) #　end
```

第 3 步：在 Switch A 和 Switch B 上校验 VTP 配置，主要在输出信息中检查 VTP Operating Mode（VTP 操作模式）和 VTP Domain Name（VTP 域名）字段。

```
Switch A #　show　vtp　status        Switch A 为 VTP Server，域名为 classroom1
Switch B #　show　vtp　status        Switch B 为 VTP Client，域名为 classroom1
```

第 4 步：在 Switch A 上查看现有的 VLAN。

```
Switch A #   show   vlan
```

第 5 步：进入全局配置模式，指定要配置为 Trunk 的接口，进入接口模式，将端口配置为支持 ISL 或 IEEE 802.1Q 封装或者与相邻端口协商。必须在每一个链路的两端配置相同的封装类型。

```
Switch A  #   configure   terminal
Switch A (config) #   interface   gigabitethernet   0/1
Switch A (config-if) # switchport   trunk   encapsulation{isl | dot1q | negotiate}
```

第 6 步：将端口配置为 Trunk 端口，返回特权模式，查看所配置接口的状态。

```
Switch A (config-if) # switchport      mode      trunk
Switch A (config-if) # end
Switch A  #  show   interface   gigabitethernet   0/1
```

第 7 步：在 Switch A 的第 2 个端口上重复以上第 5～6 步骤。

第 8 步：在 Switch B 上为与 Switch A 连接的 2 个端口上重复第 5～6 步骤。

第 9 步：当 Trunk 连接启用后，VTP 传递 VTP 和 VLAN 信息到 Switch B，此时通过这个命令可以校验 Switch B 已经学习到这些 VLAN 配置。

```
Switch B # show      vlan
```

第 10 步：在 Switch A 上进入全局配置模式，指定要设置 STP 端口优先级的接口，进入接口配置模式，为 VLAN8～10 指定优先级为 16。

```
Switch A  # configure   terminal
Switch A (config) #   interface   gigabitethernet   0/1
Switch A (config-if) # spanning-tree   vlan   8-10   port-priority   16
```

第 11 步：在 Switch A 上返回全局配置模式，指定第 2 个要设置 STP 端口优先级的接口，进入接口配置模式，为 VLAN3～6 指定优先级为 16。

```
Switch A (config-if) #   exit
Switch A (config) #   interface   gigabitethernet   0/2
Switch A (config-if) # spanning-tree   vlan   3-6   port-priority 16
```

第 12 步：在 Switch A 上返回特权模式，校验以上配置，可在对应的交换机的启动配置文集中保存以上配置。

```
Switch A (config-if) #   end
Switch A (config) #   show   running-config
Switch A (config) #   copy   running-config   startup-config
```

5.4.6 链路聚合配置

```
Switch > enable
```

```
Switch # configure    terminal
Switch (config) # interface    range    gigabitethernet        0/1-4
Switch (Config-if-range) # channel-group 1 mode active
Switch (Config-if-range) # end
```

5.5 路由器的典型配置与应用

路由器相比交换机多了路由的功能，如果网络需要进行路由，则需要在首次使用路由器时进行一些配置。市场上有一种称为三层交换机的产品，实际上也实现了路由器的功能。

5.5.1 路由器的基本配置

1．路由器的配置模式
路由器有多种配置模式，可根据命令行提示符来判别处于哪种模式。

1）用户模式：router >   该模式下，用户只能查看一些路由器信息，不能更改。

2）特权模式：router #   该模式下支持调试和测试命令，对路由器的详细检查。

3）全局模式：router (config) #   该模式下完成简单路由器配置命令。

4）子模式：router (config-if) #   该模式下完成路由器的接口配置；

　　　　　　router (config-line) #   该模式下完成路由器的线路配置；

　　　　　　router (config-router) #   该模式下完成路由器的接口配置。

图 5-9 给出了路由器各种配置模式的转换。

```
Router>
Router>enable
Router#
Router# configure terminal
Router(config)#
Router(config)# interface fa0/0
Router(config-if)#exit
Router(config)#router rip
Router(config-router)#end
Router# disable
Router>
```

图 5-9　路由器配置模式转换

2．路由器基本配置
（1）设置路由器名称

先进入全局配置模式，使用 hostname 命令设置名称。

```
Router (config) #    hostname    LAB-A
LAB-A (config) #
```

（2）配置 enable 密码

先进入全局配置模式，使用 enable password 命令设置密码。用户可以使用 show run 命令查看路由器当前配置。

```
Router (config) # enable   password   cisco
Router # show run
Current configuration：
enable   password   cisco（明文，未加密）
```

（3）配置控制台密码

```
Router (config) #   line   console   0
Router (config-line) # password   cisco
Router (config-line) # login
```

（4）配置 VTY 密码

```
Router (config) #   line   vty   0   4              //0   4：允许 5 个终端同事远程登录
Router (config-line) # password   cisco
Router (config-line) # login
Router (config-line) # priv   level   15           //设置登录优先级
```

5.5.2 静态及默认路由配置

当一个路由器既配置了静态路由，又配置了动态路由，在路由转发时，静态路由优先于动态路由。

静态路由配置步骤如下：为路由器每个接口配置 IP 地址；确定哪些网段与本路由器直接相连，哪些网段与本路由器非直连；添加所有本路由器到达非直连网段的静态路由信息。

下面以图 5-10 所示的网络实例来具体说明配置方法。

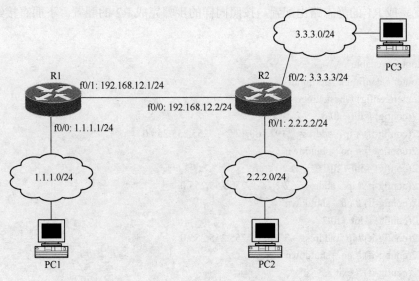

图 5-10 静态路由配置实例

1. 为 R1 的每个接口配置 IP 地址

```
Router > enable
Router # configure    terminal
Router (config) # hostname    R1                          //配置路由器名称
R1(config) # int    f0/0
R1(config-if) # ip    address    1.1.1.1    255.255.255.0    //配置 IP 地址
R1(config-if) # no    shutdown                              //激活接口
R1(config) # int    f0/1
R1(config-if)# ip    address    192.168.12.1    255.255.255.0
R1(config-if) # no    shutdown
R1(config-if) # end
R1# show    interfaces                                     //查看接口配置
R1# show    ip    route                                    //查看路由表
R1# wr                                                     //保存配置
```

2. R1 上配置静态路由

网段 2.2.2.0 和 3.3.3.0 与 R1 是非直连，所以在 R1 上添加到这两个网段的静态路由。

```
R1(config)# ip    route    2.2.2.0    255.255.255.0    f0/1           //f0/1 是 R1 上的端口
R1(config)# ip    route    3.3.3.0    255.255.255.0    192.168.12.2
```

3. R1 上的默认路由配置

默认路由是静态路由的一种特殊形式。当路由器在所有已知路由信息中查不到如何转发时，则使用默认路由转发。

```
R1(config)# ip    route    0.0.0.0    0.0.0.0    192.168.12.2
```

这样就完成 R1 的静态路由配置。按照同样的步骤完成 R2 的配置。下面直接给出 R2 的配置清单。

```
Router > enable
Router # configure    terminal
Router(config) # hostname    R2
R2(config) # int    f0/0
R2(config-if) # ip    address    192.168.12.2    255.255.255.0
R2(config-if) # no    shutdown
R2(config) # int    f0/1
R2(config-if)# ip    address    2.2.2.2    255.255.255.0
R2(config-if) # no    shutdown
R2(config) # int    f0/2
R2(config-if)# ip    address    3.3.3.3    255.255.255.0
R2(config-if) # no    shutdown
R2(config-if) # exit
R2(config)# ip    route    1.1.1.0    255.255.255.0    192.168.12.1
R2(config)# ip    route    0.0.0.0    0.0.0.0    192.168.12.1
R2(config) # end
```

```
R2# show   running-config
```

配置好后，可以验证 PC1、PC2 和 PC3 之间的连通性。

5.5.3　动态路由协议配置

用如图 5-11 所示的网络实例说明动态路由协议的配置。

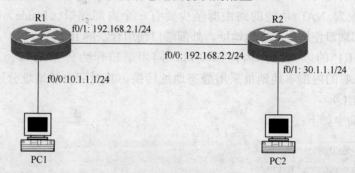

图 5-11　动态路由配置实例

1．RIP 协议配置

（1）开启 RIP 路由协议

```
R1(config) # router rip
```

（2）申请本路由器参与 RIP 协议的所有直连网段信息

```
R1(config-router) # network   192.168.2.0
R1(config-router) # network   10.1.1.0
```

（3）指定 RIP 协议的版本 2（默认是 version1）

```
R1(config-router) # version 2
```

（4）在 RIPv2 版本中关闭自动汇总

```
R1(config-router) # no auto-summary
```

R2 的配置方法与 R1 类似。

2．OSPF 协议配置

（1）开启 OSPF 进程，10 代表进程编号，只具有本地意义

```
R1(config) # router ospf 10
```

（2）公告所有直连网段，注意反掩码和区域号

```
R1(config-router) # network   10.1.1.0     0.0.0.255    area   0
```

R2 的配置如下：

```
R2(config) # router ospf 10
```

R2（config-router）# network   30.1.1.0   0.0.0.255   area   0

5.5.4 NAT 配置

1. 静态 NAT 配置

静态地址转换将内部本地地址与合法地址进行一对一的转换，且需要指定和哪个合法地址进行转换。设置 NAT 功能的路由器至少要有一个内部端口（Inside），一个外部端口（Outside）。内部端口使用内部本地地址，外部端口使用合法的 IP 地址。

例如：将 R1 的以太口作为内部端口，同步端口作为外部端口。其中 10.1.1.2，10.1.1.3，10.1.1.4 的内部本地地址采用静态地址转换。其对应合法地址分别为 192.1.1.2，192.1.1.3，192.1.1.4。

R1 的配置命令如下：

```
Router > enable
Router # configure   terminal
Router（config）# hostname   R1
R1(config) # ip   nat   inside   source   static   10.1.1.2   192.1.1.2
R1(config) # ip   nat   inside   source   static   10.1.1.3   192.1.1.3
R1(config) # ip   nat   inside   source   static   10.1.1.4   192.1.1.4
R1(config) # interface   Ethernet0
R1(config-if) # ip   address   10.1.1.1   255.255.255.0
R1(config-if) # ip   nat   inside
R1(config-if) # exit
R1(config) # interface   Serial0
R1(config-if) # ip   address   192.1.1.1   255.255.255.0
R1(config-if) # ip   nat   outside
R1(config-if) # exit

R1(config)# ip   route   0.0.0.0   0.0.0.0   Serial0
R1(config)# line console 0
R1(config)# line vty 0 4
R1(config)# end
```

2. 动态 NAT 配置

动态地址转换也是将内部本地地址与合法地址进行一对一的转换，但是动态地址转换是从合法地址池中动态地选择一个未使用的合法地址对内部本地地址进行转换。

例如：将 R1 的以太口作为内部端口，同步端口作为外部端口。其中 10.1.1.0 网段的内部地址采用动态地址转换，对应合法地址为 192.1.1.2～192.1.1.10。

R1 的配置如下：

```
Router > enable
Router # configure   terminal
Router(config) # hostname   R1
R1(config) # ip nat pool aaa 192.1.1.2   192.1.1.10   netmask 255.255.255.0
```

```
（上行命令定义了一个地址池，名称为 aaa）
R1(config) # ip  nat  inside  source  list 1   pool aaa
R1(config) # interface   Ethernet0
R1(config-if) # ip  address   10.1.1.1    255.255.255.0
R1(config-if) # ip  nat   inside
R1(config-if) # exit
R1(config) # interface   Serial0
R1(config-if) # ip  address   192.1.1.1    255.255.255.0
R1(config-if) # ip  nat   outside
R1(config-if) # exit
R1(config)# ip  route  0.0.0.0   0.0.0.0    Serial0
R1(config)# access-list   1    permit   10.1.1.0  0.0.0.255
R1(config)# line console 0
R1(config)# line vty 0 4
R1(config)# end
```

5.5.5 访问控制列表配置

本小节访问控制列表的配置通过如图 5-12 所示的例子来说明。

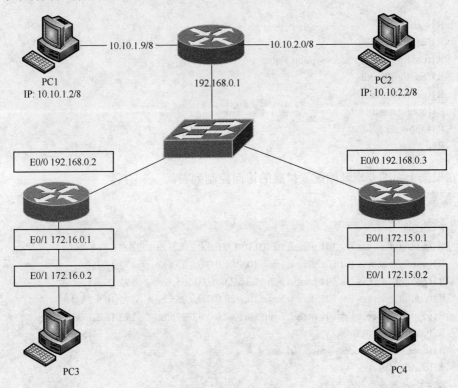

图 5-12　访问控制列表配置实例

图中最上边的是 R1，左边的是 R2，右边的是 R3。

1．标准控制类表配置

要求：只允许网段 1（10.10.1.0/24）和网段 2（10.10.2.0/24）之间互相访问。

R1 配置:

```
R1# conf  t
R1(config)# access-list 1 deny 10.10.1.0 0.0.0.255
R1(config)# access-list 1 deny 10.10.2.0 0.0.0.255
R1(config)# access-list 1 permit any
R1(config)# int f0/0
R1(config-if)# ip access-group 1 out
```

2. 扩展访问控制列表:

要求:只允许网段 1(10.10.1.0/24)访问 R2 路由器内部的 WWW 服务(172.16.1.1)和 PING 服务,拒绝访问该服务器上的其他服务; 只允许网段 2(10.10.2.0/24)访问 R3 路由器内部的 TFTP 服务(172.16.5.1)和 PING 服务,拒绝访问该服务器上的其他服务。

因为先前已经配置了一个标准访问控制列表,为了不影响下一步的实验,先将其删除。

```
R1# show access-lists
Standard IP access list 1
    10 deny      10.10.1.0, wildcard bits 0.0.0.255 (8 matches)
    20 deny      10.10.2.0, wildcard bits 0.0.0.255 (16 matches)
    30 permit any
R1# conf t
R1(config)#int f0/0
R1(config-if)#no ip access-group 1 out
R1(config-if)#exit
R1(config)#no access-list 1
R1(config)#end
R1#show access-lists
R1#
```

现在根据上面的要求开始配置扩展的访问控制列表。
R1 配置:

```
R1# conf  t
R1(config)# access-list 101 permit tcp 10.10.1.0 0.0.0.255 host 172.16.1.1 eq 80
R1(config)# access-list 101 permit icmp 10.10.1.0 0.0.0.255 host   172.16.1.1
R1(config)# access-list 101 permit udp 10.10.2.0 0.0.0.255 host    172.16.5.1 eq 69
R1(config)# access-list 101 permit icmp 10.10.2.0 0.0.0.255 host   172.16.5.1 echo
R1(config)# access-list 101 permit icmp 10.10.2.0 0.0.0.255 host   172.16.5.1 echo-reply
R1(config)# int f0/0
R1(config-if)# ip access-group 101 out
R1(config-if)# end
R1# show access-lists
Extended IP access list 101
    10 permit tcp 10.10.1.0 0.0.0.255 host 172.16.1.1 eq www
    20 permit icmp 10.10.1.0 0.0.0.255 host 172.16.1.1
    30 permit udp 10.10.2.0 0.0.0.255 host 172.16.5.1 eq tftp
```

习题

一、选择

1. 下面哪组设备工作在第二层（　　）。

　　A. 中继器和集线器

　　B. 交换机和路由器

　　C. 网卡和网桥

　　D. 网关和路由器

2. 下面哪种网络设备可用于连接异种网络？（　　）。

　　A. 集中器

　　B. 网桥

　　C. 路由器

　　D. 交换机

3. 关于终端匹配器的描述错误的是（　　）。

　　A. 安装在同轴电缆的两个端点上

　　B. 它的作用是防止信号泄漏

　　C. 电缆无匹配电阻会引起信号波形反射

　　D. 终端匹配器就是终端电阻

4. 路由器终端提示符为 router（config）# 时，表明该路由器处于（　　）。

　　A. 用户模式

　　B. 特权模式

　　C. 全局模式

　　D. 子模式

5. 以下哪个不是路由器的典型配置（　　）。

　　A. RIP　　　　　　　　B. NAT　　　　　　　　C. OSPF　　　　　　　　D. STP

二、简答

1. 常用的网络互连设备有哪些？它们的特点是什么？

2. 常用于网络互连的传输介质有哪些？各适用于哪些场合？

3. 举例说明交换机 VLAN 的划分方法和 VLAN 间路由的配置方法。

4. 路由器的配置模式有哪些？它们之间如何转换？

5. 举例说明路由器访问控制列表的配置方法。

第 6 章   服务器技术

服务器是一种高性能计算机，作为网络的结点，存储、处理网络上 80%的数据、信息。由于服务器在网络中承担传输和处理大量数据的任务，所以需要具备高可扩展性、高可靠性、高可用性和高可管理性。相关的服务器技术可以提高服务器性能。

6.1   服务器的基本概念

服务器（Server）是 20 世纪 90 年代迅速发展的主流计算产品，作为网络的结点，存储、处理网络上 80%的数据、信息，因此也被称为网络的灵魂。服务器就像是邮局，而微机、笔记本、PDA、手机等固定或移动的网络终端，就如一个个邮箱。日常生活、工作中我们与外界交流的各种邮件，必须经过邮局，才能到达邮箱。同样如此，网络终端设备如家庭、企业中的微机上网，获取资讯，与外界沟通、娱乐等，也必须经过服务器，因此也可以说是服务器在"组织"和"领导"这些设备。

服务器是计算机的一种。从广义上讲，服务器是指网络中能对其他机器提供某些服务的计算机系统（如果一个 PC 对外提供 FTP 服务，也可以叫服务器）。从狭义上讲，服务器是专指某些高性能计算机，能通过网络，对外提供服务。相对于普通 PC 来说，服务器稳定性、安全性、性能等方面都要求更高，因此在 CPU、芯片组、内存、磁盘系统、网络等硬件和普通 PC 有所不同。

服务器在网络操作系统的控制下，将与其相连的硬盘、磁带、打印机、Modem 及各种专用通信设备提供给网络上的客户站点共享，也能为网络用户提供集中计算、信息发表及数据管理等服务。

6.1.1   服务器的分类

服务器发展到今天，适应各种不同功能、不同环境的服务器不断地出现，分类标准也多种多样。

1. 按服务器的处理器架构（CPU 所采用的指令系统）划分

1）CISC（Complex Instruction Set Computer）架构服务器：也叫 IA（Intel Architecture）架构服务器，即通常所讲的 PC 服务器，它是基于 PC 体系结构，使用 Intel 或其他兼容 x86 指令集的处理器芯片和 Windows 操作系统的服务器，如 IBM 的 System x 系列服务器、HP 的 Proliant 系列服务器等。价格便宜、兼容性好、稳定性差、不安全，主要用在中小企业和非关键业务中。

2）RISC（Reduced Instruction Set Computing）架构服务器：包括大型机、小型机和 UNIX 服务器，它们是使用 RISC（精简指令集）处理器，并且主要采用 UNIX 和其他专用操作系统的服务器，精简指令集处理器主要有 IBM 公司的 POWER 和 PowerPC 处理器，SUN 与富士通公司合作研发的 SPARC 处理器等。这种服务器价格昂贵，体系封闭，但是稳定性好，性能强，主要用在金融、电信等大型企业的核心系统中。

3）VLIW（Very Long Instruction Word）架构服务器：VLIW 架构采用了先进的 EPIC 设计，把这种构架叫做"IA-64 架构"。每时钟周期例如 IA-64 可运行 20 条指令，而 CISC 通常只能运行 1～3 条指令，RISC 能运行 4 条指令，可见 VLIW 要比 CISC 和 RISC 强大的多。VLIW 的最大优点是简化了处理器的结构，删除了处理器内部许多复杂的控制电路，这些电路通常是超标量芯片（CISC 和 RISC）协调并行工作时必须使用的，VLIW 的结构简单，也能够使其芯片制造成本降低，价格低廉，能耗少，而且性能也要比超标量芯片高得多。目前基于这种指令架构的微处理器主要有 Intel 的 IA-64 和 AMD 的 x86-64 两种。

2．按应用层次划分

1）入门级服务器：入门级服务器通常只使用一块 CPU，并根据需要配置相应的内存和大容量 IDE 硬盘，必要时也会采用 IDE RAID（一种磁盘阵列技术，主要目的是保证数据的可靠性和可恢复性）进行数据保护。入门级服务器可以满足办公室型的中小型网络用户的文件共享、打印服务、数据处理、Internet 接入及简单数据库应用的需求，也可以在小范围内完成诸如 E-mail、Proxy 、DNS 等服务。

2）工作组级服务器：工作组级服务器一般支持 1～2 个处理器，可支持大容量的 ECC 内存，功能全面。可管理性强、且易于维护，具备了小型服务器所必备的各种特性，如采用 SCSI 总线的 I/O（输入/输出）系统，SMP 对称多处理器结构、可选装 RAID、热插拔硬盘、热插拔电源等，具有高可用性特性。适用于为中小企业提供 Web、Mail 等服务，也能够用于学校等教育部门的数字校园网、多媒体教室的建设等。

3）部门级服务器：部门级服务器通常可以支持 2～4 个处理器，具有较高的可靠性、可用性、可扩展性和可管理性。首先，集成了大量的监测及管理电路，具有全面的服务器管理能力，可监测如温度、电压、风扇、机箱等状态参数；此外，结合服务器管理软件，可以使管理人员及时了解服务器的工作状况；同时，大多数部门级服务器具有优良的系统扩展性，当用户在业务量迅速增大时能够及时在线升级系统，可保护用户的投资。目前，部门级服务器是企业网络中分散的各基层数据采集单位与最高层数据中心保持顺利连通的必要环节。适合中型企业（如金融、邮电等行业）作为数据中心、Web 站点等应用。

4）企业级服务器：企业级服务器属于高档服务器，普遍可支持 4～8 个处理器，拥有独立的双 PCI 通道和内存扩展板设计，具有高内存带宽，大容量热插拔硬盘和热插拔电源，具有超强的数据处理能力。这类产品具有高度的容错能力、优异的扩展性能和系统性能、极长的系统连续运行时间，能在很大程度上保护用户的投资。可作为大型企业级网络的数据库服务器。目前，企业级服务器主要适用于需要处理大量数据、高处理速度和对可靠性要求极高的大型企业和重要行业（如金融、证券、交通、邮电、通信等行业），可用于提供 ERP、电子商务、OA 等服务。图 6-1 给出了服务器的应用层次。

3．按服务器用途划分

1）通用型服务器：通用型服务器是没有为某种特殊服务专门设计的、可以提供各种服务功能的服务器，当前大多数服务器是通用型服务器。这类服务器因为不是专为某一功能而设计，所以在设计时就要兼顾多方面的应用需要，服务器的结构就相对较为复杂，而且要求性能较高，当然在价格上也就更贵些。

入门级服务器	工作组级服务器
• 采用单路双核 CPU 结构 • 部分硬件冗余，如硬盘、电源、风扇等，但不必需 • 满足小型网络用户的文件打印、简单数据库服务器等需求	• 两路双核 CPU 结构 • 较多硬件冗余 • 功能较全面、可管理性强，且易于维护 • 满足中小型网络中多个业务应用、大型网络中的局部应用的需求
部门级服务器	企业级服务器
• 两路双核 CPU 结构 • 较多硬件冗余 • 硬件配置相对较高 • 满足用户在业务量迅速增大时能够及时在线升级系统，企业信息化的基础架构	• 采用四颗及以上双核 CPU 结构 • 拥有独立的双 PCI 通道和内存扩展板设计，具有高内存带宽 • 大容量热插拔硬盘，高功率电源 • 大量监测及管理电路，具有全面的服务器管理能力 • 具有高度的容错能力及优良的扩展性能

图 6-1　服务器的应用层次

2）专用型服务器：专用型服务器是专门为某一种或某几种功能专门设计的服务器，在服务器性能上也就需要具有相应的功能与之相适应。如光盘镜像服务器就需要配备大容量、高速的硬盘以及光盘镜像软件。这些功能型的服务器的性能要求比较低，因为它只需要满足某些需要的功能应用即可，所以结构比较简单，采用单 CPU 结构即可；在稳定性、扩展性等方面要求不高，价格也便宜许多。

4．按服务器的机箱结构来划分

1）台式服务器：台式服务器也称为"塔式服务器"。有的台式服务器采用大小与普通立式计算机大致相当的机箱，有的采用大容量的机箱，像个硕大的柜子，如图 6-2 所示。低档服务器由于功能较弱，整个服务器的内部结构比较简单，所以机箱不大，都采用台式机箱结构。这里所介绍的台式不是平时普通计算机中的台式，立式机箱也属于台式机范围，目前这类服务器在整个服务器市场中占有相当大的份额。

图 6-2　台式服务器

2）机架式服务器：机架式服务器的外形看来不像计算机，而像交换机，有 1U
（1U=1.75 英寸）、2U、4U 等规格，如图 6-3 所示。机架式服务器安装在标准的 19 英寸机柜
里面。这种结构多为功能型服务器。大型专用机房的造价相当昂贵，如何在有限的空间内部
署更多的服务器直接关系到企业的服务成本，通常选用机械尺寸符合 19 英寸工业标准的机
架式服务器。

图 6-3　机架式服务器

3）机柜式服务器：一些高档企业服务器中由于内部结构复杂，内部设备较多，有的还
具有许多不同的设备单元或几个服务器都放在一个机柜中，这种服务器就是机柜式服务器，
如图 6-4 所示。对于证券、银行、邮电等重要企业，则应采用具有完备的故障自修复能力的
系统，关键部件应采用冗余措施，对于关键业务使用的服务器也可以采用双机热备份或者是
高性能计算机，这样的系统其可用性就可以得到很好的保证。

图 6-4　机柜式服务器

4）刀片式服务器：刀片服务器是一种高可用高密度的低成本服务器平台，是专门为特殊应用行业和高密度计算机环境设计的，目前最适合群集计算提供互联网服务。其中每一块"刀片"实际上就是一块系统主板，如图 6-5 所示，它们可以通过本地硬盘启动自己的操作系统，如 Windows NT/2000、Linux、Solaris 等，类似于一个个独立的服务器。在这种模式下，每一个主板运行自己的系统，服务于指定的不同用户群，相互之间没有关联。不过可以用系统软件将这些主板集合成一个服务器集群。当前市场上的刀片式服务器有两大类：一类主要为电信行业设计，接口标准和尺寸规格符合 PICMG 1.x 或 2.x，未来还将推出符合 PICMG 3.x 的产品，采用相同标准的不同厂商的刀片和机柜在理论上可以互相兼容；另一类为通用计算设计，接口上可能采用了上述标准或厂商标准，但尺寸规格是厂商自定，注重性能价格比，目前属于这一类的产品居多。

图 6-5　刀片式服务器

此外，服务器按应用功能还可分为：域控制服务器（Domain Server）、文件服务器（File Server）、打印服务器（Print Server）、数据库服务器（Database Server）、邮件服务器（E-mail Server）、Web 服务器（Web Server）、多媒体服务器（Multimedia Server）、通讯服务器（Communication Server）、终端服务器（Terminal Server）、基础架构服务器（Infrastructure Server）和虚拟化服务器（Virtualization Server）等。

6.1.2　服务器的性能指标

其实说起来服务器系统的硬件构成与我们平常所接触的电脑有众多的相似之处，主要的硬件构成仍然包含如下几个主要部分：中央处理器、内存、芯片组、I/O 总线、I/O 设备、电源、机箱和相关软件。这也成了我们选购一台服务器时主要关注的指标。

整个服务器系统就像一个人，处理器就是服务器的大脑，而各种总线就像是分布于全身肌肉中的神经，芯片组就像是脊髓，而 I/O 设备就像是通过神经系统支配的人的手、眼睛、耳朵和嘴；而电源系统就像是血液循环系统，它将能量输送到身体的所有地方。

对于一台服务器来讲，服务器的性能设计目标是如何平衡各部分的性能，使整个系统的性能达到最优。如果一台服务器有每秒处理 1 000 个服务请求的能力，但网卡只能接受 200 个请求，硬盘只能负担 150 个，而各种总线的负载能力仅能承担 100 个请求的话，那这台服务器的处理能力只能是 100 个请求/秒，有超过 80%的处理器计算能力浪费了。

所以设计一个好服务器的最终目的就是通过平衡各方面的性能，使得各部分配合得当，并能够充分发挥能力。我们可以从这几个方面来衡量服务器是否达到了其设计目的即 R：Reliability——可靠性；A：Availability——可用性；S：Scalability——可扩展性；U：Usability——易用性；M：Manageability——可管理性，即服务器的 RASUM 衡量标准。

1．可靠性（Reliability）

可提供的持续非故障时间，通常用 MTPF（连续无故障时间）计量，单位小时，提高可靠性的一个普遍做法是部件的冗余配置和内存查、纠错技术，减少单一故障点，一个结点出问题，不会引起整个系统瘫痪。

2．可用性（Availability）

单位时间内（通常一年），服务器可以正常工作的时间比例，计量单位是百分比，常用99%，99.9%，99.99%来表示。可用性为 99%的系统全年停机时间为 3.5 天；99.9%的系统全年停机时间为 8.5 小时；99.99%的系统全年停机时间为 53 分钟；99.999%的系统全年停机时间仅仅约为 5 分钟。

3．易用性（Usability）

主要表现在易于管理，维护方便，简单化，傻瓜化。一般应具有智能管理，智能报警，远程监控，模块化、人性化设计等特点。

4．可扩展性（Scalability）

主要表现在两个方面：一个是留有富余的机箱可用空间，插槽；二是足够的 I/O 带宽。

5．可管理性（Manageability）

可远程监控服务器中机箱、电源、风扇、内存、处理器、系统信息、温度、电压或第三方硬件的错误信息，并直接通过网络对服务器进行启动、关闭或重新置位，方便管理和维护工作。一般通过软件来实现管理，但要求硬件支持。

当然，用户总希望有一种简单、高效的度量标准，来量化评价服务器系统，以便作为选型的依据。但实际上，服务器的系统性能很难用一两种指标来衡量。目前，包括 TPC、SPEC、SAP SD、Linpack 和 HPCC 在内的众多服务器评测体系，从处理器性能、服务器系统性能、商业应用性能直到高性能计算机的性能，都给出了一个量化的评价指标。

6.1.3　服务器操作系统

服务器操作系统（Server Operating System），有时我们也把它称之为网络操作系统（NOS），一般指的是安装在大型计算机上的操作系统，比如 Web 服务器、应用服务器和数据库服务器等，是企业 IT 系统的基础架构平台，也是按应用领域划分的 3 类操作系统之一（另外 2 种分别是桌面操作系统和嵌入式操作系统）。同时，服务器操作系统也可以安装在个人电脑上。相比个人版操作系统，在一个具体的网络中，服务器操作系统要承担额外的管理、配置、稳定、安全等功能，处于每个网络中的心脏部位。

网络操作系统与运行在工作站上的单用户操作系统（如 Windows 98 等）或多用户操作

系统由于提供的服务类型不同而有差别。一般情况下，网络操作系统是以使网络相关特性最佳为目的的。如共享数据文件、软件应用以及共享硬盘、打印机、调制解调器、扫描仪和传真机等。一般计算机的操作系统，如 DOS 和 OS/2 等，其目的是让用户与系统及在此操作系统上运行的各种应用之间的交互作用最佳。

目前网络中主要存在以下几类网络操作系统：

1．Windows 类

对于这类操作系统相信用过电脑的人都不会陌生，这是全球最大的软件开发商——Microsoft（微软）公司开发的。微软公司的 Windows 系统不仅在个人操作系统中占有绝对优势，它在网络操作系统中也是具有非常强劲的力量。这类操作系统配置在整个局域网配置中是最常见的，但由于它对服务器的硬件要求较高，且稳定性能不是很高，所以微软的网络操作系统一般只是用在中低档服务器中，高端服务器通常采用 UNIX、Linux 或 Solaris 等非 Windows 操作系统。在局域网中，微软的网络操作系统主要有：Windows NT 4.0 Serve、Windows Server 2000/Advance Server，Windows Server 2003/Advance Server，Windows Server 2008，以及最新的 Windows Server 2008 等，工作站系统可以采用任一 Windows 或非 Windows 操作系统，包括个人操作系统，如 Windows 9x/ME/XP/7/8 等。

在整个 Windows 网络操作系统中最为成功的还是要算了 Windows NT4.0 这一套系统，它几乎成为中、小型企业局域网的标准操作系统，一则是它继承了 Windows 家族统一的界面，使用户学习、使用起来更加容易。再则它的功能的确比较强大，基本上能满足所有中、小型企业的各项网络需求。虽然相比 Windows Server 2000/2003 系统来说在功能上要逊色许多，但它对服务器的硬件配置要求要低许多，可以更大程度上满足许多中、小企业的 PC 服务器配置需求。

2．NetWare 类

NetWare 操作系统虽然远不如早几年那么风光，在局域网中早已失去了当年雄霸一方的气势，但是 NetWare 操作系统仍以对网络硬件的要求较低（工作站只要是 286 机就可以了）而受到一些设备比较落后的中、小型企业，特别是学校的青睐。人们一时还忘不了它在无盘工作站组建方面的优势，还忘不了它那毫无过分需求的大度。且因为它兼容 DOS 命令，其应用环境与 DOS 相似，经过长时间的发展，具有相当丰富的应用软件支持，技术完善、可靠。目前常用的版本有 3.11、3.12 和 4.10 、V4.11，V5.0 等中英文版本，NetWare 服务器对无盘站和游戏的支持较好，常用于教学网和游戏厅。目前这种操作系统市场占有率呈下降趋势，这部分的市场主要被 Windows NT/2000 和 Linux 系统瓜分了。

3．Unix 系统

目前常用的 UNIX 系统版本主要有：IBM AIX、UNIX SUR4.0、HP-UX 11.0，SUN 的 Solaris11 等。这种网络操作系统稳定和安全性能非常好，但由于它多数是以命令方式来进行操作的，不容易掌握，特别是初级用户。正因如此，小型局域网基本不使用 UNIX 作为网络操作系统，UNIX 一般用于大型的网站或大型的企、事业局域网中。UNIX 网络操作系统历史悠久，其良好的网络管理功能已为广大网络用户所接受，拥有丰富的应用软件的支持。UNIX 本是针对小型机主机环境开发的操作系统，是一种集中式分时多用户体系结构。因其体系结构不够合理，UNIX 的市场占有率呈下降趋势。

4．Linux

这是一种新型的网络操作系统，它的最大的特点就是源代码开放，可以免费得到许多应用程序。目前也有中文版本的 Linux，如 REDHAT（红帽），红旗 Linux 等。在国内得到了用户充分的肯定，主要体现在它的安全性和稳定性方面。Linux 操作系统虽然与 UNIX 操作系统类似，但是它不是 UNIX 操作系统的变种。Torvald 从开始编写内核代码时就仿效 UNIX，几乎所有 UNIX 的工具与外壳都可以运行在 LINUX 上。目前这类操作系统目前使仍主要应用于中、高档服务器中。

总的来说，对特定计算环境的支持使得每一个操作系统都有适合于自己的工作场合，这就是系统对特定计算环境的支持。例如，Windows 2000 Professional 适用于桌面计算机，Linux 目前较适用于小型的网络，而 Windows Server 2000 和 UNIX 则适用于大型服务器应用。因此，对于不同的网络应用，需要我们有目的地选择合适的网络操作系统。

6.2　常见服务器技术

常见的服务器技术包括接口技术、存储技术以及服务器集群技术等，以下做简单说明。

6.2.1　小型计算机系统接口（SCSI）

小型计算机系统接口（Small Computer System Interface，SCSI）是一种 ANSI 标准，一种用于计算机和智能设备之间（硬盘、软驱、光驱、打印机、扫描仪等）系统级接口的独立处理器标准。标准定义了命令、通信协定以及实体的电气特性（换成 OSI 的说法，就是占据了实体层、链接层、通信层、应用层），是 Apple Mac 计算机、PC 以及众多 UNIX 系统用来连接外围设备的一种并行接口标准。其标准物理接口如图 6-6 所示。

图 6-6　SCSI 接口

SCSI 系列包括：SCSI-1、SCSI-2、SCSI-3 以及最近通过的标准串行连接方式的 SCSI（SAS：Standard Serial Attached SCSI），见表 6-1。

SCSI-1 是最原始的版本，异步传输的频率为 3Mbit/S，同步传输的频率为 5Mbit/s。虽然现在几乎被淘汰了，但还会使用在一些扫描仪和内部 ZIP 驱动器中，采用的是 25 针接口。

早期的 SCSI-2，称为 FastSCSI，通过提高同步传输的频率使数据传输速率从原有的 5Mbit/s 提高为 10Mbit/s，支持 8 位并行数据传输，可连 7 个外设。后来出现的 WideSCSI，支持 16 位并行数据传输，数据传输率也提高到了 20Mbit/s，可连 16 个外设。此版本的 SCSI 使用一个 50 针的接口，主要用于扫描仪、CD-ROM 驱动器及老式硬盘中。

表 6-7　SCSI 分类

代		传输频率 /（MHz）	数据频宽 /（bit/s）	传输率 /（Mbit/s）	可连接设备数 （不含接口卡）
SCSI-1		5	8	5	7
SCSI-2	Fast	10	8	10	7
	Wide	10	16	20	15
SCSI-3	Ultra（Fast-20）	20	8	20	7
	Ultra Wide	20	16	40	15
	Ultra（Fast-40）	40	8	40	7
	Ultra 2	40	16	40	15
	Ultra 2	80	16	80	15
	Ultra 160	80	16	160	15
	Ultra 320	80	16	320	15

SCSI-3 是 SCSI 标准的首个平行界面标准，由 Adaptec 及 SCSITA 于 1992 年制定。SCSI-3 在 8-bit 的线路可有 20Mbit/s 的速度，而在 16-bit 的环境可有 40Mbit/s。不过，仪器的距离必须在 3m 以内。SCSI-3 解决了旧 SCSI 版本中存在的终结和延迟问题。此外通过即插即用（plug-and-play）操作，自动分配 SCSI ID 和终结，使 SCSI 安装更为容易。与 SCSI-2 支持 8 台设备相比，SCSI-3 能支持 32 台设备。 SCSI-3 改变了文档结构，它不是指用以处理所有不同层和电气接口（electrical interface）的单个文档，而是涵盖物理层、有关电接口基本协议、基本命令设置层（SPC）以及特殊协议层等的文档集合。

SAS（Serial Attached SCSI，串行 SCSI）是由并行 SCSI 物理存储接口演化而来，是由 ANSI INCITS T10 技术委员会开发的新的存储接口标准。与并行方式相比，串行方式提供更快速的通信传输速度以及更简易的配置。此外 SAS 支持与串行 ATA 设备兼容，且两者可以使用相类似的电缆。SATA 的硬盘可接在 SAS 的控制器使用，但 SAS 硬盘并不能接在 SATA 的控制器使用。SAS 是点对点（point-to-point）连接，并允许多个端口集中于单个控制器上，可以创建在主板（mother board）也可以另外添加。该技术创建在强大的并行 SCSI 通信技术基础上。SAS 是采用 SATA 兼容的电缆线采取点对点连接方式，从而在计算机系统中不需要创建菊花链（daisy-chaining）方式便可简单地实现线缆安装。

SCSI 的优点包括：

1）SCSI 可支持多个设备，SCSI-2（FastSCSI）最多可接 7 个 SCSI 设备，WideSCSI-2 以上可接 16 个 SCSI 设备。也就是说，所有的设备只需占用一个 IRQ，同时 SCSI 还支持相当广的设备，如 CD-ROM、DVD、CDR、硬盘、磁带机、扫描仪等。

2）SCSI 还允许在对一个设备传输数据的同时，另一个设备对其进行数据查找。这就可以在多任务操作系统如 Linux、WindowsNT 中获得更高的性能。

3）SCSI 占用 CPU 极低，确实在多任务系统中占有着明显的优势。由于 SCSI 卡本身带有 CPU，可处理一切 SCSI 设备的事务，在工作时主机 CPU 只要向 SCSI 卡发出工作指令，

SCSI 卡就会自己进行工作，工作结束后返回工作结果给 CPU，在整个过程中，CPU 均可以进行自身工作。

4）SCSI 设备还具有智能化，SCSI 卡自己可对 CPU 指令进行排队，这样就提高了工作效率。在多任务时硬盘会在当前磁头位置，将邻近的任务先完成，再逐一进行处理。

5）最快的 SCSI 总线有 160Mbit/s 的带宽，这要求使用一个 64 位的 66MHz 的 PCI 插槽，因此在 PCI-X 总线标准中所能达到的最大速度为 80Mbit/s，若配合 10000rpm 或 15000rpm 转速的专用硬盘使用将带来明显的性能提升。

SCSI 的缺点主要是在同样条件下，SCSI 硬盘内部传输速度要比 IDE 慢一些。因为 SCSI 硬盘的控制指令比 IDE 硬盘复杂，SCSI 硬盘在标识硬盘扇区时用了线性的概念，即硬盘只有第 1 扇区、第 2 扇区，不像 IDE 硬盘，是柱面、磁头、扇区这种三维格式。目前的操作系统内部也使用线性编号的扇区，但 BIOS 只接受三维格式的磁盘请求，所以操作系统必须把磁盘请求转换为三维格式，这样 IDE 硬盘可直接使用，但 SCSI 为了和 BIOS 兼容还得将三维格式的磁盘请求转换为线性编号，这样硬盘的数据传输率就大大降低了。除此之外，SCSI 性能价格比不高。

6.2.2 RAID 技术

独立磁盘冗余阵列（Redundant Array of Independent Disks，RAID）有时也简称磁盘阵列（Disk Array）。

简单地说，RAID 是一种把多块独立的硬盘（物理硬盘）按不同的方式组合起来形成一个硬盘组（逻辑硬盘），从而提供比单个硬盘更高的存储性能和提供数据备份技术。组成磁盘阵列的不同方式称为 RAID 级别（RAID Levels）。数据备份的功能是在用户数据一旦发生损坏后，利用备份信息可以使损坏数据得以恢复，从而保障了用户数据的安全性。在用户看来，组成的磁盘组就像是一个硬盘，用户可以对它进行分区，格式化等。总之，对磁盘阵列的操作与单个硬盘一模一样。不同的是，磁盘阵列的存储速度要比单个硬盘高很多，而且可以提供自动数据备份。

RAID 技术的两大特点：一是速度、二是安全。由于这两项优点，RAID 技术早期被应用于高级服务器中的 SCSI 接口的硬盘系统中，随着近年计算机技术的发展，PC 的 CPU 的速度已进入 GHz 时代。IDE 接口的硬盘也不甘落后，相继推出了 ATA66 和 ATA100 硬盘。这就使得 RAID 技术被应用于中低档甚至个人 PC 上成为可能。RAID 通常是由在硬盘阵列塔中的 RAID 控制器或电脑中的 RAID 卡来实现的。

RAID 技术经过不断地发展，现在已拥有了从 RAID 0 到 6 七种基本的 RAID 级别。另外，还有一些基本 RAID 级别的组合形式，如 RAID 10（RAID 0 与 RAID 1 的组合），RAID 50（RAID 0 与 RAID 5 的组合）等。不同 RAID 级别代表着不同的存储性能、数据安全性和存储成本。最为常用 RAID 形式包括：RAID 0、RAID 1、RAID 0＋1、RAID 3、RAID 5。表 6-2 列出了几种 RAID 的比较。

1. RAID 0

RAID 0 又称为 Stripe（条带化）或 Striping，它代表了所有 RAID 级别中最高的存储性能。RAID 0 提高存储性能的原理是把连续的数据分散到多个磁盘上存取，这样，系统有数据请求就可以被多个磁盘并行的执行，每个磁盘执行属于它自己的那部分数据请求。这种数据上的并行操作可以充分利用总线的带宽，显著提高磁盘整体存取性能。

表 6-2　常见 RAID 比较

RAID 级别	RAID 0	RAID 1	RAID 3	RAID 5
容错性	无	有	有	有
冗余类型	无	复制	奇偶校验	奇偶校验
热备份选择	无	有	有	有
硬盘要求	一个或多个	偶数个	至少三个	至少三个
有效硬盘容量	全部硬盘容量	硬盘容量的 50%	硬盘容量 n-1/n	硬盘容量 n-1/n
存储方式	数据分块循环存到各硬盘	数据数据分块循环存到各硬盘，主镜盘存储同样	数据以位或字节交叉方式存于 N 个数据硬盘	数据以块交叉方式轮流存入 N 硬盘

　　如图 6-7 所示：系统向三个磁盘组成的逻辑硬盘（RADI 0 磁盘组）发出的 I/O 数据请求被转化为 3 项操作，其中的每一项操作都对应于一块物理硬盘。我们从图中可以清楚地看到，通过建立 RAID 0，原先顺序的数据请求被分散到所有的三块硬盘中同时执行。从理论上讲，三块硬盘的并行操作使同一时间内磁盘读写速度提升了三倍。但由于总线带宽等多种因素的影响，实际的提升速率肯定会低于理论值，但是，大量数据并行传输与串行传输比较，提速效果显著毋庸置疑。

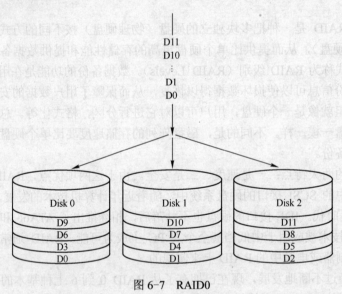

图 6-7　RAID0

　　RAID 0 的缺点是不提供数据冗余，一旦用户数据损坏，损坏的数据将无法得到恢复。
　　RAID 0 具有的特点，使其特别适用于对性能要求较高，而对数据安全不太在乎的领域，如图形工作站等。对于个人用户，RAID 0 也是提高硬盘存储性能的绝佳选择。

2．RAID 1

　　RAID 1 又称为 Mirror 或 Mirroring（镜像），它的宗旨是最大限度地保证用户数据的可用性和可修复性。RAID 1 的操作方式是把用户写入硬盘的数据百分之百地自动复制到另外一个硬盘上。

如图 6-8 所示：当读取数据时，系统先从 RAID 0 的源盘读取数据，如果读取数据成功，则系统不去管备份盘上的数据；如果读取源盘数据失败，则系统自动转而读取备份盘上的数据，不会造成用户工作任务的中断。当然，我们应当及时地更换损坏的硬盘并利用备份数据重新建立 Mirror，避免备份盘在发生损坏时，造成不可挽回的数据损失。

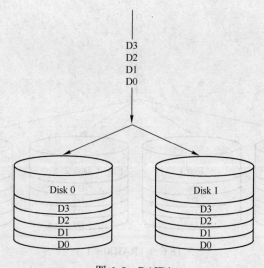

图 6-8　RAID1

由于对存储的数据进行百分之百的备份，在所有 RAID 级别中，RAID 1 提供最高的数据安全保障。同样，由于数据的百分之百备份，备份数据占了总存储空间的一半，因而 Mirror（镜像）的磁盘空间利用率低，存储成本高。

Mirror 虽不能提高存储性能，但由于其具有的高数据安全性，使其尤其适用于存放重要数据，如服务器和数据库存储等领域。

3. RAID 0 + 1

正如其名字一样 RAID 0 + 1 是 RAID 0 和 RAID 1 的组合形式，也称为 RAID 10。

以四个磁盘组成的 RAID 0 + 1 为例，其数据存储方式如图 6-9 所示：RAID 0 + 1 是存储性能和数据安全兼顾的方案。它在提供与 RAID 1 一样的数据安全保障的同时，也提供了与 RAID 0 近似的存储性能。

由于 RAID 0 + 1 也通过数据的 100% 备份功能提供数据安全保障，因此 RAID 0 + 1 的磁盘空间利用率与 RAID 1 相同，存储成本高。

RAID 0 + 1 的特点使其特别适用于既有大量数据需要存取，同时又对数据安全性要求严格的领域，如银行、金融、商业超市、仓储库房、各种档案管理等。

4. RAID 3

RAID 3 是把数据分成多个 "块"，按照一定的容错算法，存放在 N + 1 个硬盘上，实际数据占用的有效空间为 N 个硬盘的空间总和，而第 N + 1 个硬盘上存储的数据是校验容错信息，当这 N + 1 个硬盘中的其中一个硬盘出现故障时，从其他 N 个硬盘中的数据也可以恢复原始数据，这样，仅使用这 N 个硬盘也可以带伤继续工作（如采集和回放素材），当更换一个新硬盘后，系统可以重新恢复完整的校验容错信息。由于在一个硬盘阵列中，多于一个硬盘同时出现故障率的几率很小，所以一般情况下使用 RAID3，安全性是可以得到保障的。与

RAID0 相比，RAID3 在读写速度方面相对较慢。使用的容错算法和分块大小决定 RAID 使用的应用场合，在通常情况下，RAID3 比较适合大文件类型且安全性要求较高的应用，如视频编辑、硬盘播出机、大型数据库等。

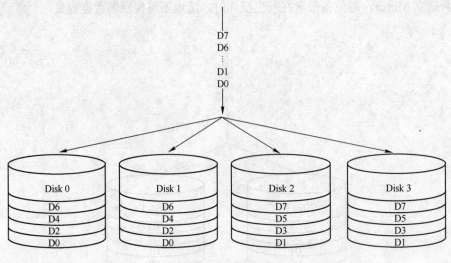

图 6-9　RAID0 + 1

5．RAID 5

RAID 5 是一种存储性能、数据安全和存储成本兼顾的存储解决方案。RAID 5 不对存储的数据进行备份，而是把数据和相对应的奇偶校验信息存储到组成 RAID5 的各个磁盘上，并且奇偶校验信息和相对应的数据分别存储于不同的磁盘上。当 RAID5 的一个磁盘数据发生损坏后，利用剩下的数据和相应的奇偶校验信息去恢复被损坏的数据。

6．RAID 6

与 RAID 5 相比，RAID 6 增加了第二个独立的奇偶校验信息块。两个独立的奇偶系统使用不同的算法，数据的可靠性非常高，即使两块磁盘同时失效也不会影响数据的使用。但 RAID 6 需要分配给奇偶校验信息更大的磁盘空间，相对于 RAID 5 有更大的"写损失"，因此"写性能"非常差。较差的性能和复杂的实施方式使得 RAID 6 很少得到实际应用。

7．RAID 7

这是一种新的 RAID 标准，其自身带有智能化实时操作系统和用于存储管理的软件工具，可完全独立于主机运行，不占用主机 CPU 资源。RAID 7 可以看作是一种存储计算机（Storage Computer），它与其他 RAID 标准有明显区别。除了以上的各种标准，我们可以如 RAID 0 + 1 那样结合多种 RAID 规范来构筑所需的 RAID 阵列，例如 RAID 5 + 3（RAID 53）就是一种应用较为广泛的阵列形式。用户一般可以通过灵活配置磁盘阵列来获得更加符合其要求的磁盘存储系统。

8．RAID 5E（RAID 5 Enhencement）

RAID 5E 是在 RAID 5 级别基础上的改进，与 RAID 5 类似，数据的校验信息均匀分布在各硬盘上，但是，在每个硬盘上都保留了一部分未使用的空间，这部分空间没有进行条带化，最多允许两块物理硬盘出现故障。看起来，RAID 5E 和 RAID 5 加一块热备盘好像差不多，其实由于 RAID 5E 是把数据分布在所有的硬盘上，性能会比 RAID5 加一块热备盘要好。当一块硬盘出现故障时，有故障硬盘上的数据会被压缩到其他硬盘上未使用的空间，逻辑盘保持 RAID 5 级别。

9. RAID 5EE

与 RAID 5E 相比，RAID 5EE 的数据分布更有效率，每个硬盘的一部分空间被用作分布的热备盘，它们是阵列的一部分，当阵列中一个物理硬盘出现故障时，数据重建的速度会更快。

10. RAID 50

RAID50 是 RAID5 与 RAID0 的结合。此配置在 RAID5 的子磁组的每个磁盘上进行包括奇偶信息在内的数据的剥离。每个 RAID5 子磁盘组要求三个硬盘。RAID50 具备更高的容错能力，因为它允许某个组内有一个磁盘出现故障，而不会造成数据丢失。而且因为奇偶位分部于 RAID5 子磁盘组上，所以重建速度有很大提高。优势：更高的容错能力，具备更快数据读取速率的潜力。需要注意的是：磁盘故障会影响吞吐量。故障后重建信息的时间比镜像配置情况下要长。

6.2.3 服务器中的冗余技术

服务器冗余技术是计算机服务器安全策略之一，是指重复配置系统的一些部件，当系统发生故障时，冗余配置的部件介入并承担故障部件的工作，由此减少系统的故障时间。

普通 PC 死机或崩溃了大不了重启或重新安装系统，数据丢失的损失也仅限于单台电脑。而服务器则完全不同，许多重要的数据都保存在服务器上，许多网络应用程序都在服务器上运行，一旦服务器发生故障，将会丢失大量的数据，造成的损失是难以估计的，而且服务器上运行的服务如代理上网、安全验证、电子邮件服务等都将失效，从而造成整个网络的瘫痪，因此，对服务器可靠性的要求非常高，保护服务器的数据安全极为重要。

那么，如何保护服务器的数据安全呢？冗余技术是目前最常用的。什么是冗余呢？听起来好像高深莫测，其实理解起来也没有那么难。通俗地讲，冗余就是"把鸡蛋放在不同的篮子"里，也就是说，如果哪一个篮子破了，鸡蛋受损，其他篮子里的鸡蛋没事儿，还可以继续有鸡蛋吃。用专业语言讲，冗余就是将相同的功能设计在两个或两个以上设备中，如果一个设备有问题，另外一个设备就会自动承担起有问题设备的任务，使网络继续畅通无阻。一般来说，PC 服务器主要是通过磁盘、电源、网卡和风扇的冗余配置来保护数据安全。

磁盘冗余实际上就是指系统采用了 RAID 技术，目前常用的 RAID 类型可分为：RAID0、RAID1、RAID3、RAID5 等。RAID 技术采用多块硬盘按照一定要求组成一个整体，整个磁盘阵列由阵列控制器管理。同一数据在其他硬盘上有备份，如果其中的一块硬盘有故障，数据仍不丢失。例如，采用 4 个硬盘的 RAID5 冗余系统中，由于一个硬盘仅作为校验盘用，实际上用来保存数据的硬盘就只有 3 个了，而当一个硬盘损坏后，其他两个硬盘就会将损坏的数据恢复到更换的新硬盘中。当然，RAID 技术还可提高系统的 I/O 性能，因为用户可以通过配置热插拔硬盘来避免由于硬盘损坏而造成的停机故障。

服务器的电源冗余一般是指配备双份支持热插拔的电源。这种电源在正常工作时，两台电源各支持系统的一半功率，从而使每台电源都处于半负载状态，这样有利于电源稳定工作，若其中一台发生故障，则另一台就会满负荷地承担向服务器供电的工作，并通过灯光或声音告警。此时，系统管理员可以在不关闭系统的前提下更换损坏的电源。所以，采用热插拨冗余电源可以避免系统因电源损坏而产生的停机现象。

网卡冗余是指在服务器的插槽上插了两块网卡，但必须是采用了自动控制技术的冗余网卡。在系统正常工作时，双网卡将自动分摊网络流量，提高系统通信带宽，而当某块网卡出现故障或该网卡通道出现问题时，服务器的全部通信工作将会自动切换到好的网卡或通道上。因此，网卡冗余技术可保证在网络通道故障或网卡故障时不影响正常业务的运转。需要指出的是，许多人在选购了支持双网卡冗余系统的设备后，因为觉得网卡不是功率部件，出现故障的几率很少，且使用双网卡就需要布两根网线，所以实际真正应用的不多。实际上，选择了具有网卡冗余功能的服务器后，最好能够进行相应配置，这不仅是出于充分利用设备的原因，更是因为服务器上的网卡一旦损坏，网络瘫痪将是不可避免的。

风扇冗余是指在服务器的关键发热部件上配置的降温风扇有主用和备用两套，这两套风扇具有自动切换功能。若系统正常，则备用风扇不工作，而当主风扇出现故障或转速低于规定要求时，备用风扇马上启用。

除此之外，系统中主处理器虽然并不会经常出现故障，但对称多处理器（SMP）能让多个 CPU 分担工作以提供某种程度的容错。

6.2.4　服务器集群

长期以来，科学计算、数据中心等领域一直是高端 RISC 服务器的天下，用户只能选择 IBM、SGI、SUN、HP 等公司的产品，不但价格昂贵，而且运行、维护成本高。 随着 Internet 服务和电子商务的迅速发展，计算机系统的重要性日益上升，对服务器可伸缩性和高可用性的要求也变得越来越高。RISC 系统高昂的代价和社会旺盛的需求形成强烈的反差。

集群技术的出现和 IA 架构服务器的快速发展为社会的需求提供了新的选择。它价格低廉，易于使用和维护，而且采用集群技术可以构造超级计算机，其超强的处理能力可以取代价格昂贵的中大型机，为行业的高端应用开辟了新的方向。集群技术是一种相对较新的技术，通过集群技术，可以在付出较低成本的情况下获得在性能、可靠性、灵活性方面的相对较高的收益。目前，在世界各地正在运行的超级计算机中，有许多都是采用集群技术来实现的。

服务器集群系统通俗地讲就是把多台服务器通过快速通信链路连接起来，从外部看来，这些服务器就像一台服务器在工作，而对内来说，外面来的负载通过一定的机制动态地分配到这些结点机中去，从而达到超级服务器才有的高性能、高可用。

集群的优点主要体现在三个方面。

1）高可伸缩性。服务器集群具有很强的可伸缩性。随着需求和负荷的增长，可以向集群系统添加更多的服务器。在这样的配置中，可以有多台服务器执行相同的应用和数据库操作。

2）高可用性。在不需要操作者干预的情况下，防止系统发生故障或从故障中自动恢复的能力较强。通过把故障服务器上的应用程序转移到备份服务器上运行，集群系统能够把正常运行时间提高到大于 99.9%，大大减少服务器和应用程序的停机时间。

3）高可管理性。系统管理员可以从远程管理一个、甚至一组集群，就好像在单机系统中一样。

集群技术本身有很多种分类，市场上的产品很多，也没有很标准的定义，较为常见的主要分为三种类型：高可用性集群（High Availability Cluster）/容错集群（Fail-over Cluster）、负载均衡集群（Load Balancing Cluster）和高性能计算集群（High Performance Computing Cluster）。

1. 高可用性集群

该类型中，当集群中的一个系统发生故障时，集群软件迅速做出反应，将该系统的任务切换到集群中其他正在工作的系统上执行。考虑到计算机硬件和软件的易错性，高可用性集群的目的主要是为了使集群的整体服务尽可能可用。如果高可用性集群中的主结点发生了故障，那么这段时间内将由次结点代替它。次结点通常是主结点的镜像，所以当它代替主结点时，可以完全接管其身份。

高可用性（HA）集群致力于使服务器系统的运行速度和响应速度尽可能快。它们通常利用在多台机器上运行的冗余结点和服务进行相互跟踪。如果某个结点失败，它的替补将在几秒钟或更短时间内接管它的职责。对于用户而言，群集永远不会停机。有些 HA 集群还可以实现结点间冗余应用程序。即使用户使用的结点出了故障，他所打开的应用程序仍将继续运行，该程序会在几秒之内迁移到另一个结点，而用户只会感觉到响应稍微慢了一点。但是，这种应用程序级冗余要求将软件设计成具有集群意识的，并且知道结点失败时应该做什么。

有两种典型的拓扑结构可以实现高可用性：主从服务器和活动第二服务器。

主从服务器结构如图 6-10 所示，通常把一个服务器安排为"主"服务器，一个服务器为"第二"服务器；由主服务器为用户提供服务，第二服务器除了在主服务器出错时接管工作外，没有其他用处。两台服务器通过一种被称为"心跳"（Heartbeat）的机制进行连接，用于监控主服务器的状态，一旦发现主服务器宕机或出现不能正常工作的情况，心跳会通知第二服务器，接替出问题的主服务器。"心跳"可以通过专用线缆、网络链接等方式实现。

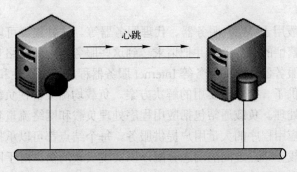

图 6-10　主从服务器架构

另一个功能基本一致但成本低得多的方式是使第二服务器可以处理其他的应用程序，当主服务器发生故障时，第二服务器能够接管主服务器的工作。这种被称为"活动第二服务器"方法的主要优点是在保持使用第二服务器的同时，获得服务器冗余，而不是仅仅把第二服务器作为备份使用。这种方法可以降低集群系统的运行费用。

活动第二服务器有三种实现形式。第一种方式称作"全部复制"，就是指彻底的服务器冗余。每个服务器都有自己的磁盘。数据不断地被拷贝到第二服务器的磁盘上，以保证故障发生时，第二服务器可以使用当前的数据。第二种方式是"0共享"，是指两个服务器物理上连接到同一个磁盘组上，每个服务器都"拥有"自己的磁盘。在正常情况下，各服务器只能存取各自的数据。当一台服务器发生故障时，另一台服务器自动获得对方磁盘的读写权限，并对之进行操作。第三种方式是"共享一切"，也就是说让多个服务器在同一时间共享同一磁盘。在这种方式中，所有与磁盘相连的服务器在正常运行时可在相同时刻共享磁盘存取通道。该方式要求开发一个复杂的锁定管理软件，保证在一个时刻只有一个服务器在读写数据。下面表6-3列出了几种集群方法的比较。

表6-3 几种集群方法的比较

集群方法	描 述	优 点	局 限 性
主从服务器	只是在主服务器发生故障时，第二服务器才能投入运行，接管一切	易于实现	成本高。因为第二服务器不能处理其他任务
活动第二服务器	第二服务器也被用来运行任务处理	成本低。因为第二服务器也能运行	复杂性增加
"全部复制"	每个服务器都有自己的磁盘。主、次服务器之间不停地进行数据拷贝	高可用性和容错。适合于对可用性敏感的环境	拷贝操作使网络及服务器负荷很大。可能会发生不同步。故障发生时，可能会有丢失事件。应用程序需要全面的修改
"0共享"	服务器连到相同的磁盘系上，但每个服务器都拥有属于自己的磁盘，如果某个服务器出错，它的磁盘将由另一服务器接管	因为无需拷贝数据，所以降低了网络及服务器的一般运行开销	通常需要磁盘镜像或RAID技术来补偿磁盘故障给系统带来的灾害
"全部共享"	多服务器可同时共享磁盘存取	低网络及服务器运行开销。由于磁盘故障而引发系统停机的风险被降低	需要锁定管理软件；需要磁盘镜像或RAID技术

2．负载均衡集群

负载均衡集群一般用于 Web 服务器、代理服务器等。这种集群可以在接到请求时，检查接受请求较少、不繁忙的服务器，并把请求转到这些服务器上。网络负载均衡功能增强了Web 服务器、流媒体服务器和终端服务等 Internet 服务器程序的可用性和可伸缩性。

负载均衡集群提供了一个非常实用的解决方案。负载均衡集群使负载可以在计算机集群中尽可能平均地分摊处理。负载通常包括应用程序处理负载和网络流量负载。这样的系统非常适合向使用同一组应用程序的大量用户提供服务。每个结点都可以承担一定的处理负载，并且可以实现处理负载在结点之间的动态分配，以实现负载均衡。对于网络流量负载，当网络服务程序接受了太多入网流量，以致无法迅速处理时，网络流量就会发送给在其他结点上运行的网络服务程序。同时，还可以根据每个结点上不同的可用资源或网络的特殊环境来进行优化。

3．高性能计算集群

高性能计算集群具有响应海量计算的性能，主要应用于科学计算、大任务量的计算等。有并行编译、进程通信、任务分发等多种实现方法。高性能计算集群涉及为解决特定的问题而设计的应用程序，针对性较强。

在集群的这三种基本类型之间，经常会发生混合。高可用性集群可以在其结点之间均衡用户负载。同样，也可以从要编写应用程序的集群中找到一个并行集群，使得它可以在结点之间执行负载均衡。从这个意义上讲，这种集群类别的划分只是一个相对的概念，而不是绝对的。

集群技术是一种通用的技术，其目的是为了解决单机运算能力的不足、IO 能力的不足、提高服务的可靠性、获得规模可扩展能力，降低系统整体的运行、升级、维护成本。只要在其他技术不能达到以上的目的情况下，或者虽然能够达到以上的目的，但是成本过高的情况下，就可以考虑采用集群技术。

构建集群系统必须包含对系统及网络管理的两方面的考虑。服务器集群十分复杂，而复杂的技术又往往会引入许多人为的错误，因此系统应有网络资源管理、系统监测管理，并具有可以简化管理过程的工具。如果仅仅把集群视为单一系统或把它视为分立的服务器，那么这种管理软件是不能胜任集群管理工作的。当我们观察集群上运行的一个应用程序时，需要站在单一系统的角度；当我们试图区分、定位一个出错部件时，又需要站在分立服务器的角度。如果管理系统不能提供必需的监测及管理能力，那么该集群是不能在重要的应用环境中投入使用的。

6.3 Web 服务器

用于提供 Web 服务的服务器硬件及软件都称为 Web 服务器。Web 服务器软件不间断地运行端口扫描程序，监视客户端的请求。因此运行 Web 服务器软件的计算机也被称为 Web 服务器。

6.3.1 Web 服务器简介

Web 服务器也称为 WWW（World Wide Web）服务器，是指专门提供 Web 文件保存空间，并负责传送和管理 Web 文件和支持各种 Web 程序的服务器，其主要功能是提供网上信息浏览服务。

WWW 是 World Wide Web（环球信息网）的缩写，也可以简称为 Web，中文名字为"万维网"。它起源于 1989 年 3 月，由欧洲量子物理实验室 CERN（the European Laboratory for Particle Physics）所发展出来的主从结构分布式超媒体系统。通过万维网，人们只要使用简单的方法，就可以很迅速方便地取得丰富的信息资料。由于用户在通过 Web 浏览器访问信息资源的过程中，无需再关心一些技术性的细节，而且界面非常友好，因而 Web 在 Internet 上一推出就受到了热烈的欢迎，走红全球，并迅速得到了爆炸性的发展。正是因为有了 WWW 工具，才使得近年来 Internet 迅速发展，且用户数量飞速增长。现在，Web 服务器成为 Internet 上最大的计算机群，Web 文档之多、链接的网络之广，令人难以想象。

当前 Web 服务器主要依赖于以下三大支撑技术。

（1）超文本传输协议（HTTP）

HTTP 是在 Web 服务器和客户之间传输信息资源的一种标准协议。为了保证客户机和服务器之间能够彼此理解交互时使用的语法和语义，二者必须遵循一定的交互协议，即 HTTP，其内容包括：客户机发送的请求消息的格式、服务器发送的响应消息的格式等。

（2）超文本编辑语言（HTML）

为了在全球范围内发布消息，需要一种能够为所有计算机所理解的信息资源描述语言，这就是 HTML。HTML 语序开发人员对文本、引用图像以及内嵌的与其他文档的超链接进行排版，以更好地配合浏览者阅读。HTML 文档经浏览器解释后，就成为展现在人们面前的丰富多彩的 Web 页面了。

（3）浏览器统一资源定位器（URL）

URL 是对 Internet 上的信息资源进行命名和定位的一种标准机制。在 Internet 上，信息资源可能分布在任何地方。为了让用户能够知道并访问该资源，必须采用一种统一的方法为每个资源赋予一个标识符。该标识应该包含一些信息以指出如何访问相应的资源。

Web 服务器可以解析 HTTP 协议。当 Web 服务器接收到一个 HTTP 请求，会返回一个 HTTP 响应，例如送回一个 HTML 页面。为了处理一个请求，Web 服务器可以响应一个静态页面或图片，进行页面跳转，或者把动态响应的产生委托给一些其他的程序，例如 CGI 脚本，JSP 脚本，servlets，ASP 脚本，服务器端 JavaScript，或者一些其他的服务器端技术。无论脚本的目的如何，这些服务器端的程序通常产生一个 HTML 的响应来让浏览器可以浏览。

Web 服务器的代理模型非常简单。当一个请求被送到 Web 服务器里来时，它只单纯地把请求传递给可以很好地处理请求的服务器端脚本。Web 服务器仅仅提供一个可以执行服务器端程序和返回程序所产生的响应的环境，而不会超出职能范围，如图 6-11 所示。服务器端程序通常具有事务处理、数据库连接和消息等功能。

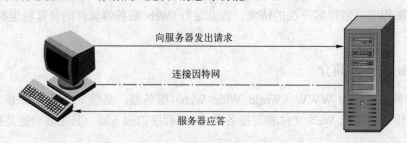

图 6-11　Web 服务器的工作方式

虽然 Web 服务器不支持事务处理或数据库连接池，但它可以配置各种策略来实现容错性和可扩展性，例如负载平衡、缓冲等。另外，现在大多数应用程序服务器也包含了 Web 服务器，这就意味着可以把 Web 服务器当作是应用程序服务器的一个子集。虽然应用程序服务器包含了 Web 服务器的功能，但是开发者很少把应用程序服务器部署成既有应用程序服务器的功能又有 Web 服务器的功能。相反，如果需要，他们通常会把 Web 服务器独立配置，和应用程序服务器一前一后。这种功能的分离有助于提高性能、分开配置，而且给最佳产品的选取留有余地。

目前来看，Web 服务器的发展有三个主要趋势：

（1）从 HTML 到可扩展标记语言（Extensible Markup Language，XML）

HTML 有一个致命的缺点，即只适合于人与计算机的交流，不适合计算机与计算机的交流。HTML 的标记集合是固定的，用户不能根据自己的需要增加标记；而且各种浏览器的规格不尽相同，要使我们用 HTML 做的网页能够被所有浏览器正常显示，我们只能够使用

W3C（万维网协会）规定的标记来创建网页。HTML 通过大量的标记来定义文档内容的表现方式，它仅仅描述了应如何在 Web 浏览器页面上布置文字、图形，并没有对 Internet 的信息含义本身进行描述，而信息又是 Web 应用中最重要的内容。通过 HTML 表现出来的文字、图形内容很容易被人理解，但却不利于计算机程序去理解。

使用 XML 可以解决上述的难题。W3C 对 XML 作了如下描述："XML 描述了一类被称为 XML 文档的数据对象，并部分描述了处理它们的计算机程序的行为"。XML 实际上是一种定义语言的语言，让使用 XML 的用户可以定义无穷的标记来描述文档中的任何数据元素，将文档的内容组织成丰富的完整的信息体系。总体来说，XML 具有四大特点：便于存储的数据格式、可扩展性、高度结构化以及方便的网络传输。这些特点为我们创建开放、高效、可扩展、个性化的 Web 应用提供了一个崭新的起点。

（2）从有线到无线

无线互联网，也叫移动互联网，就是将移动通信和互联网二者结合起来，成为一体。移动通信和互联网成为当今世界发展最快、市场潜力最大、前景最诱人的两大业务，它们的增长速度都是任何预测家未曾预料到的，所以移动互联网可以预见将会创造经济神话。移动互联网的优势决定了其用户数量的庞大，截至 2012 年 9 月底，全球移动互联网用户已达 15 亿。目前，许多企业都在致力于开发能够把应用程序以及互联网内容扩展到无线设备上的产品。

（3）从无声到有声

就人自身的交流习惯来看，人们也更愿意利用听和说的口头的方式进行交流。目前，文本语音转换器（Text to Speech，TTS）的研究工作已经取得了很大的进步，实现了自动的语言分析理解，并允许 TTS 的使用者在讲话中增加更多的韵律、音调，使 TTS 系统的发声更接近人声。在自动语音识别系统（ASR）领域里，自动语音识别系统在从整个词的模仿匹配，向音素层次的识别系统方向发展。Web 语音发展的另一方面是 VoiceXML（Voice Extensible Markup Language，语音可扩展标记语言）的进展。VoiceXML 的主要目标是要将 Web 上已有的大量应用、丰富的内容，让交互式语音界面也能够全部享受。

6.3.2　IIS

IIS 是目前最流行的 Web 服务器产品之一，很多著名的网站都是建立在 IIS 的平台上。

IIS 是 Internet Information Server 的缩写，它是微软公司主推的服务器，其设计目的是建立一套集成的服务器服务，用以支持 HTTP、FTP 和 SMTP，它能够提供快速且集成了现有产品，同时可扩展的 Internet 服务器。最新的版本是 Windows Server 2012 里面包含的 IIS 8。IIS 与 WindowNT Server 完全集成在一起，因而用户能够利用 Windows NT Server 和 NTFS（NT File System，NT 的文件系统）内置的安全特性，建立强大，灵活而安全的 Internet 和 Intranet 站点。IIS 支持 HTTP（Hypertext Transfer Protocol，超文本传输协议），FTP（File Transfer Protocol，文件传输协议）以及 SMTP 协议，通过使用 CGI 和 ISAPI，IIS 可以得到高度的扩展。

IIS 中包括 Web 服务器、FTP 服务器、NNTP 服务器和 SMTP 服务器，分别用于网页浏览、文件传输、新闻服务和邮件发送等方面。IIS 还提供了一个图形界面的管理工具，称为 Internet 服务管理器，可用于监视配置和控制 Internet 服务。它使得在网络（包括互联网和局域网）上发布信息成了一件很容易的事。

IIS 支持与语言无关的脚本编写和组件，支持 ASP。通过 IIS，开发人员就可以开发新一代动态的，富有魅力的 Web 站点。IIS 不需要开发人员学习新的脚本语言或者编译应用程序，IIS 完全支持 Vbscript、JScript 开发软件以及 Java，它也支持 CGI 和 WinCGI，以及 ISAPI 扩展和过滤器。

IIS 支持服务器应用的 Microsoft BackOffice 系列，Microsoft BackOffice 系列包括以下内容：Microsoft Exchange Server 客户/服务器通讯和群组软件、Microsoft Proxy Server 代理服务器、用于连接 IBM 企业网络的 Microsoft SNA Server、用于集中管理分布式系统的 Microsoft Systems Management Server 和 Microsoft Commercial Internet System（MCIS）。

IIS 响应性极高，同时系统资源的消耗也是最少，IIS 的安装，管理和配置都相当简单，这是因为 IIS 与 Windows NT Server 网络操作系统紧密地集成在一起，另外，IIS 还使用与 Windows NT Server 相同的 SAM（Security Accounts Manager，安全性账号管理器），对于管理员来说，IIS 使用诸如 Performance Monitor 和 SNMP（Simple Network Management Protocol，简单网络管理协议）之类的 NT 已有管理工具。

IIS 支持 ISAPI，使用 ISAPI 可以扩展服务器功能，而使用 ISAPI 过滤器可以预先处理和事后处理储存在 IIS 上的数据。用于 32 位 Windows 应用程序的 Internet 扩展可以把 FTP，SMTP 和 HTTP 协议置于容易使用且任务集中的界面中，这些界面将 Internet 应用程序的使用大大简化，IIS 也支持 MIME（Multipurpose Internet Mail Extensions，多用于 Internet 邮件扩展），它可以为 Internet 应用程序的访问提供一个简单的注册项。同时，它还提供一个 Internet 数据库连接器，可以实现对数据库的查询和更新。

6.3.3 Apache 和 Tomcat

Apache HTTP Server（简称 Apache）是 Apache 软件基金会的一个开放源码的网页服务器，可以在大多数计算机操作系统中运行，由于其多平台和安全性被广泛使用。它快速、可靠并且可通过简单的 API 扩展，将 Perl/Python 等解释器编译到服务器中。

Apache 源于 NCSAhttpd 服务器，当 NCSAWWW 服务器项目停顿后，那些使用 NCSA WWW 服务器的人们开始交换他们用于该服务器的补丁程序，他们也很快认识到成立管理这些补丁程序的论坛是必要的，就这样，诞生了 Apache Group。后来这个团体在 NCSA 的基础上创建了 Apache，经过多次修改，成为世界上最流行的 Web 服务器软件之一，市场占有率达 60%左右。Apache 取自 "a patchy server" 的读音，意思是充满补丁的服务器，因为它是自由软件，所以不断有人来为它开发新的功能、新的特性、修改原来的缺陷。Apache 的特点是简单、速度快、性能稳定，并可做代理服务器来使用。

本来它只用于小型或试验 Internet 网络，后来逐步扩充到各种 UNIX 系统中，尤其对 Linux 的支持相当完美。Apache 有多种产品，可以支持 SSL 技术，支持多个虚拟主机。Apache 是以进程为基础的结构，进程要比线程消耗更多的系统开支，不太适合于多处理器环境，因此，在一个 Apache Web 站点扩容时，通常是增加服务器或扩充群集结点而不是增加处理器。到目前为止 Apache 仍然是世界上用得最多的 Web 服务器，市场占有率达 60%。世界上很多著名的网站如 Amazon、Yahoo!、W3 Consortium、Financial Times 等都是 Apache 的产物，它的成功之处主要在于它的源代码开放、有一支开放的开发队伍、支持跨平台的应用（可以运行在几乎所有的 UNIX、Windows、Linux 系统平台上）以及它的可移植性等方面。

Tomcat 服务器是一个免费的开放源代码的 Web 应用服务器。Tomcat 是 Apache 软件基金会（Apache Software Foundation）的 Jakarta 项目中的一个核心项目，由 Apache、Sun 和其他一些公司及个人共同开发而成。由于有了 Sun 的参与和支持，最新的 Servlet 和 JSP 规范总是能在 Tomcat 中得到体现。因为 Tomcat 技术先进、性能稳定，而且免费，因而深受 Java 爱好者的喜爱并得到了部分软件开发商的认可，成为目前比较流行的 Web 应用服务器。

Tomcat 很受广大程序员的喜欢，因为它运行时占用的系统资源小，扩展性好，支持负载平衡与邮件服务等开发应用系统常用的功能；而且它还在不断的改进和完善中，任何一个感兴趣的程序员都可以更改它或在其中加入新的功能。

Tomcat 是一个轻量级应用服务器，在中小型系统和并发访问用户不是很多的场合下被普遍使用，是开发和调试 JSP 程序的首选。对于一个初学者来说，可以这样认为，当在一台机器上配置好 Apache 服务器，可利用它响应对 HTML 页面的访问请求。实际上 Tomcat 部分是 Apache 服务器的扩展，但它是独立运行的，所以当你运行 Tomcat 时，它实际上是作为一个与 Apache 独立的进程单独运行的。当配置正确时，Apache 为 HTML 页面服务，而 Tomcat 实际上运行 JSP 页面和 Servlet。另外，Tomcat 和 IIS、Apache 等 Web 服务器一样，具有处理 HTML 页面的功能，另外它还是一个 Servlet 和 JSP 容器，独立的 Servlet 容器是 Tomcat 的默认模式。不过，Tomcat 处理静态 HTML 的能力不如 Apache 服务器。

6.3.4　Web Sphere

Web Sphere 是 IBM 的软件平台。它包含了编写、运行和监视全天候的工业强度的随需应变 Web 应用程序和跨平台、跨产品解决方案所需要的整个中间件基础设施，如服务器、服务和工具。Web Sphere 提供了可靠、灵活和健壮的软件。

Web Sphere Application Server 是一种功能完善、开放的 Web 应用程序服务器，是 IBM 电子商务计划的核心部分，它是基于 Java 的应用环境，用于建立、部署和管理 Internet 和 Intranet Web 应用程序。这一整套产品进行了扩展，以适应 Web 应用程序服务器的需要，范围从简单到高级直到企业级。

Web Sphere 针对以 Web 为中心的开发人员，他们都是在基本 HTTP 服务器和 CGI 编程技术上成长起来的。IBM 将提供 Web Sphere 产品系列，通过提供综合资源、可重复使用的组件、功能强大并易于使用的工具以及支持 HTTP 和 IIOP 通信的可伸缩运行时环境，来帮助这些用户从简单的 Web 应用程序转移到电子商务世界。

习题

一、选择

1. 服务器技术中 RAID1 使用的技术是（　　　）。

    A．磁盘镜像技术

    B．磁盘分段技术

C. 磁盘校验技术

D. 磁盘延伸技术

2．实现 RAID5 至少需要几块硬盘？（　　　）。

    A．3块   B．4块   C．6块   D．8块

3．Internet 中用于提供文件传输服务的是（　　　）。

    A．DHCP 服务器

    B．DNS 服务器

    C．FTP 服务器

    D．路由器

4．以下关于服务器集群的说法正确的是（　　　）。

    A．服务器集群是通过快速网络连接的一系列服务器

    B．服务器集群就是一个高性能计算机组成的计算机网络

    C．同等性能下，服务器集群价格相对单一服务器稍显昂贵

    D．服务器集群是专为均衡服务器负载而设计的

5．以下关于 Web 服务器的描述错误的是（　　　）。

    A．Web 服务器就 WWW 服务器

    B．Web 服务器是指运行 Web 服务软件的计算机

    C．Web 服务依赖于 HTTP 协议

    D．Web 服务当客户端请求时启动，处理完请求即关闭

二、简答

1．什么叫做服务器？如何分类？

2．常见服务器技术有哪些？

3．什么叫做 SCSI？其用途是什么？

4．什么叫做 RAID？其用途是什么？

5．什么叫做服务器集群？其用途是什么？

6．什么叫做 Web 服务器？常见的 Web 服务器软件有哪些？

第7章 网络安全技术

网络安全是指对网络系统的硬件、软件及其中的数据实施保护，使网络信息不因偶然或恶意攻击而遭到破坏、更改或泄露，并且保证网络系统连续、可靠、正常地运行，保证网络服务不中断。

7.1 网络安全概述

网络安全的主体是保护网络上的数据和通信的安全。数据安全是指利用程序和工具阻止对数据进行非授权的泄露、转移、修改和破坏。通信安全是在通信过程中采用保密安全性及传输安全性的措施，并按照要求对具备通信安全性的信息采取物理安全性的措施。

作为一种战略资源，信息的应用从原来的军事、科技、文化和商业渗透到当今社会的各个领域，在社会生产、生活中的作用日益显著。传播、共享和自增值是信息的固有属性，与此同时，又要求信息的传播是可控的，共享是授权的，增值是确认的。因此在任何情况下，信息的安全和可靠必须是保证的。Internet 作为全球重要的信息传播工具，是一种开放和标准的面向所有用户的技术，其资源通过网络共享。资源共享和信息安全是一对矛盾体。自Internet 问世以来，资源共享和信息安全一直作为一对矛盾体而存在着，计算机网络资源共享的进一步加强随之而来的信息安全问题也日益突出。信息化事业能否顺利发展，一个比较关键的因素便是网络、信息的安全问题，这已成为制约网络发展的首要因素。所以，重视和加快网络安全问题的研究和技术开发具有重要意义。

7.1.1 网络面临的安全威胁

要进行网络安全策略的制定和网络安全措施的建立和实施，必须首先知道哪些因素可能对网络安全造成威胁。常见的对网络安全造成影响的威胁主要有下面几点。

（1）人员管理因素

这包括由于缺乏责任心、工作中粗心大意造成意外事故；由于未经系统专业和业务培训匆匆上岗，使得工作人员缺乏处理突发事件和进行系统维护的经验；在繁忙的工作压力下，使操作失去条理；由于通信不畅，造成各部门间无法沟通；由于管理不当或缺失造成的事故；还有某些人由于其他原因进行蓄意报复甚至内部欺诈等。

（2）灾难因素

这包括火灾、水灾、地震、风暴、工业事故以及外来的蓄意破坏等。

（3）逻辑问题

没有任何软件开发机构有能力测试使用中的每一种可能性，因此可能存在软件错误；物理或网络问题会导致文件损坏，系统控制和逻辑问题也会导致文件损坏。在进行数据格式转换时，很容易发生数据损坏或数据丢失。系统容量达到极限时容易出现许多意外；由于操作系统本身的不完善造成错误；用户不恰当的操作需求也会导致错误。

（4）硬件故障

最常见的是磁盘故障，还有 I/O 控制器故障、电源故障（外部电源故障和内部电源故障）、受射线、腐蚀或磁场影响引起的存储器故障、介质、设备和其他备份故障，以及芯片和主板故障。

（5）网络故障

网卡或驱动程序问题；交换器堵塞；网络设备和线路引起的网络链接问题；辐射引起的工作不稳定问题。

（6）直接威胁

例如偷窃、在废弃的打印纸或磁盘搜寻有用信息、类似观看他人从键盘上敲入口令的间谍行为、通过伪装使系统出现身份鉴别错误等。

（7）线缆链接

通过线路或电磁辐射进行网络接入，借助一些恶意的工具软件进行窃听、登录专用网络、冒名顶替。

（8）身份鉴别

用一个模仿的程序代替真正的程序登录界面，设置口令圈套，以窃取口令。高手使用很多技巧来破解登录口令；以超长字符串使口令加密算法失效。另外许多系统内部也存在用户身份鉴别漏洞，有些口令过于简单或长期不更改，甚至存在许多不设口令的账户，为非法侵入敞开了大门。

（9）恶意编程

通过编写恶意程序进行数据破坏。如代码炸弹，国内外都有程序员将代码炸弹写入机器的案例发生；还有病毒和特洛伊木马等。

（10）系统漏洞

操作系统提供的服务不受安全系统控制，造成不安全服务；在更改配置时，没有同时对安全配置做相应的调整；CPU 与防火墙中可能存在由于系统设备、测试等原因留下的后门；网络操作系统和网络协议本身的安全漏洞等。

图 7-1 给出了常见的网络安全威胁。

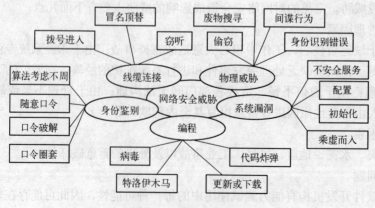

图 7-1　网络安全威胁

7.1.2　计算机网络安全的层次

一般认为，网络安全主要分为三个层次：物理安全、安全控制和安全服务。

1. 物理安全

物理安全是指在物理介质层次上对存储和传输的网络信息的安全保护，即保护计算机网络设备和其他的媒体免遭受到破坏。物理安全是网络信息安全的最基本的保障，是整个安全系统必备的组成部分，它包括了环境安全、设备安全和媒体安全三方面的内容。

在这个层次上可能造成不安全的因素主要是来源于外界的作用，如硬盘的受损、电磁辐射或操作失误等。对应的措施主要是做好辐射屏蔽、状态检测、资料备份（因为有可能硬盘的损坏是不可能修复的，那可能丢失重要数据）和应急恢复。

2. 安全控制

安全控制是指在网络信息系统中对信息存储和传输的操作进程进行控制和管理，重点在网络信息处理层次上对信息进行初步的安全保护。安全控制主要在三个层次上进行了管理。

1）操作系统的安全控制：包括用户身份的核实、对文件读写的控制，主要是保护了存储数据的安全。

2）网络接口模块的安全控制：在网络环境下对来自其他计算机网络通信进程的安全控制，包括客户权限设置与判别、审核日记等。

3）网络互联设备的安全控制：主要是对子网内所有主机的传输信息和运行状态进行安全检测和控制。

3. 安全服务

安全服务是指在应用程序层对网络信息的完整性、保密性和信源的真实性进行保护和鉴别，以满足用户的安全需求，防止和抵御各种安全威胁和攻击手段。它可以在一定程度上弥补和完善现有操作系统和网络信息系统的安全漏洞。

安全服务主要包括：安全机制、安全连接、安全协议和安全策略。

1）安全机制：利用密码算法对重要而敏感的数据进行处理。

2）安全连接：这是在安全处理前与网络通信方之间的连接过程。它为安全处理提供必要的准备工作。主要包括了密钥的生成、分配和身份验证（用于保护信息处理和操作以及双方身份的真实性和合法性）。

3）安全协议：在网络环境下互不信任的通信双方通过一系列预先约定的有序步骤而能够相互配合，并通过安全连接和安全机制的实现保证通信过程的安全性、可靠性和公平性。

4）安全策略：它是安全体制、安全连接和安全协议的有机组合方式，是网络信息系统安全性的完整解决方案。安全策略决定了网络信息安全系统的整体安全性和实用性。

7.1.3　计算机网络安全的策略

网络安全是一个涉及很广的问题，必须从法规政策、技术和管理三个层次上采取有效的措施。高层的安全功能为低层的安全功能提供保护。任何一层上的安全措施都不可能提供真正的全方位的安全与保密。

安全策略主要有三个方面。

（1）威严的法律

在网络上现在的许多行为都无法可依，必须建立与网络安全相关的法律、法规才行。

（2）先进的技术

这是网络安全与保密的根本保证。用户对自身面临的威胁进行风险评估，决定其所需要的安全服务种类；选择相应的安全机制；然后集成先进的安全技术，有效防范。

（3）严格的管理

在各个部门中建立相关的安全管理办法，加强内部管理，建立合适的网络安全管理，建立安全审核与跟踪体系，提高整体员工的网络安全意识。这些都将有效工作。

在网络安全中，除了采取上述技术之外，加强网络的安全管理，制定有关的规章制度，对于确保网络的安全、可靠地运行，将起到十分有效的作用。

网络的安全管理策略包括：确定安全管理等级和安全管理范围；制订有关网络操作使用规程和人员出入机房管理制度；制定网络系统的维护制度和应急措施等。

随着计算机技术和通信技术的发展，计算机网络将日益成为工业、农业和国防等方面的重要信息交换手段，渗透到社会生活的各个领域。因此，认清网络的脆弱性和潜在威胁，采取强有力的安全策略，对于保障网络的安全性将变得十分重要。

7.1.4　计算机网络及信息安全的目标

网络安全具有三方面内容：

1）保密性：指网络能够阻止未经授权的用户读取保密信息。

2）完整性：包括资料的完整性和软件的完整性。资料的完整性指在未经许可的情况下确保资料不被删除或修改。软件的完整性是确保软件程序不会被怀有恶意的用户或病毒修改。

3）可用性：指网络在遭受攻击时可以确保合法用户对系统的授权访问正常进行。

对网络进行安全性保护，就是为了实现以下目标：身份真实性，对通信实体身份的真实性进行识别；信息机密性，保证机密信息不会泄露给非授权的人或实体；信息完整性，保证数据的一致性，防止非授权用户或实体对数据进行任何破坏；服务可用性，防止合法用户对信息和资源的使用被不当地拒绝；不可否认性，建立有效的责任机制，防止实体否认其行为；系统可控性，能够控制使用资源的人或实体的使用方式；系统易用性，在满足安全要求的条件下，系统应该操作简单、维护方便；可审查性，对出现问题的网络安全问题提供调查的依据和手段。

依据处理信息的等级和采取相应对策，安全等级划分为 4 类 7 级，从低到高依次是 D1、C1、C2、B1、B2、B3、A 级，如图 7-2 所示。D-A 分别表示了不同的安全等级。

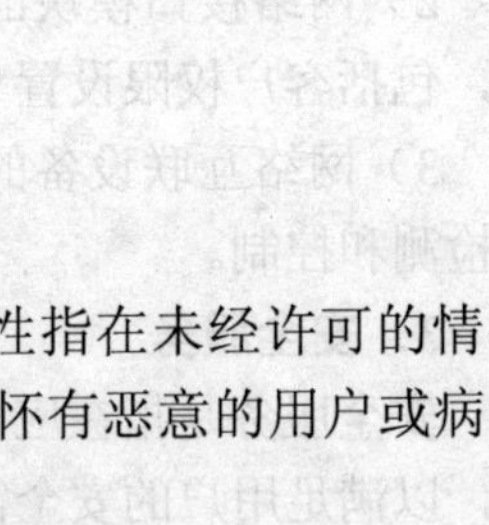

D1：整个计算机系统是不可信任的。硬件和操作系统很容易被侵袭。用户没有验证要求。

C1：对计算机系统硬件有一定的安全机制要求，计算机在被使用前需要进行登录。但是它对登录到计算机的用户没有进行访问级别的限制。

图 7-2　网络安全等级

C2：比 C1 级更进一步，限制了用户执行某些命令或访问某些文件的能力。这也就是说它不仅进行了许可权限的限制，还进行了基于身份级别的验证。

B1：支持多级安全，也就是说安全保护安装在不同级别的系统中，可以对敏感信息提供更高级别的保护。

B2：也称结构保护，计算机系统对所有的对象加了标签，且给设备分配安全级别。

B3：要求终端必须通过可信任途径连接到网络，同时采用硬件来保护安全系统的存储区。

A：最高的级别。它附加了一个安全系统受监控的设计并要求安全的个体必须通过这一设计。

7.2　常见的网络攻击方法

近几年里，网络攻击技术和攻击工具有了新的发展趋势，使借助 Internet 运行业务的机构面临着前所未有的风险。网络攻击表现出如下的发展趋势：

1）自动化程度和攻击速度提高。自动攻击一般分为扫描可能的受害者、损害脆弱的系统、传播攻击、攻击工具的协调管理四个阶段，在每个阶段都出现了新变化。

2）攻击工具越来越复杂。攻击工具开发者正在利用更先进的技术武装攻击工具，攻击工具的特征更难发现，更难利用特征进行检测，具有反侦破、动态行为、日趋成熟等特征。许多常见攻击工具使用 HTTP 等协议，从入侵者那里向受攻击的计算机发送数据或命令，使得人们几乎不能将攻击特性与正常、合法的网络传输流区别开来。

3）发现安全漏洞越来越快。新发现的安全漏洞每年都要增加一倍，管理人员不断用最新的补丁修补这些漏洞，而且每年都会发现安全漏洞的新类型。入侵者经常能够在厂商修补这些漏洞前发现攻击目标。

4）越来越高的防火墙渗透率及越来越不对称的攻击技术对基础设施将形成越来越大的威胁。基础设施攻击是大面积影响 Internet 关键组成部分的攻击。由于用户越来越多地依赖 Internet 完成日常业务，基础设施攻击引起人们越来越大的担心。

网络攻击的方式主要分为四类：第一类是服务拒绝攻击，包括死亡之 ping、SYN 洪水、Smurf 攻击、电子邮件炸弹、畸形消息攻击等；第二类是利用型攻击，包括口令猜测、特洛伊木马、缓冲区溢出；第三类是信息收集型攻击，包括地址扫描、端口扫描、体系结构探测、Finger 服务等；第四类是假消息攻击，主要包括：DNS 高速缓存污染、伪造电子邮件等。

这里就一些常见的网络攻击方式做一下介绍。

1．计算机病毒

病毒是对软件、计算机和网络系统的最大威胁之一。所谓病毒，是指一段可执行的程序代码，通过对其他程序进行修改，可以"感染"这些程序，使它们成为含有该病毒程序的一个拷贝。一种病毒通常含有两种功能：一种是对其他程序产生"感染"；另外一种或者是引发损坏功能，或者是一种植入攻击的能力。

目前全球已发现数万余种病毒，并且还在以每天数十余种的速度增长。有资料显示，病毒威胁所造成的损失，占网络经济损失的 76%，仅"爱虫"发作在全球所造成的损失，就达96 亿美元。

从前的单机病毒就已经让人们谈毒色变了，如今通过网络传播的病毒无论是在传播速度、破坏性和传播范围等方面都是单机病毒所不能比拟的。从 Word 宏病毒到能毁坏硬件的 CIH 病毒，从"欢乐时光"邮件病毒到肆虐全球的红色代码、Nimda 等病毒，计算机病毒在抗病毒技术发展的同时，自己也在不断发展，编制者手段越来越高明，病毒结构也越来越特别，而变形病毒、病毒生产机与黑客技术合二为一将是今后计算机病毒的主要发展方向，抗击这些病毒有待于进一步的研究。

2．拒绝服务攻击

拒绝服务攻击（Denial of Service，DoS）是指一个用户占据了大量的共享资源，使系统没剩余的资源给其他用户再提供服务的一种攻击方式。这种攻击主要是用来攻击域名服务器、路由器以及其他网络操作服务，攻击之后造成被攻击者无法正常运行和工作，严重的可以使网络一度瘫痪。拒绝服务攻击的结果可以降低系统资源的可用性，这些资源可以是 CPU、磁盘空间、Modem、打印机等。

拒绝服务的类型有以下两种：

1）使用 IP 欺骗，迫使服务器把合法用户的链接复位，影响合法用户的链接。

2）过载一些系统服务或者消耗一些资源，但这种情况有时候是攻击者攻击造成的，也有时候是因为系统错误造成的。

拒绝服务攻击的方式有以下几种。

1）SYN FLOOD：利用服务器的链接缓冲区（Backlog Queue），使用特殊的程序设置 TCP 的 Header，向服务器端不断地成倍发送只有 SYN 标志的 TCP 链接请求。当服务器接收的时候，都认为是没有建立起来的链接请求，于是为这些请求建立会话，排到缓冲区队列中。如果 SYN 请求超过了服务器能容纳的限度，缓冲区队列满，那么服务器就不再接收新的请求了，其他合法用户的链接都被拒绝掉。

2）带宽 DoS 攻击：用足够多的人，配合上 SYN 一起实施 DoS，消耗服务器的缓冲区和服务器的带宽，是初级 DoS 攻击。

3）自身消耗的 DoS 攻击：把请求客户端 IP 和端口弄成与主机的 IP 端口相同，发送给主机。使得主机给自己发送 TCP 请求和链接。这种主机的漏洞会很快把资源消耗光。

4）日志 DoS：构造大量的错误信息发送出来，服务器记录这些错误，可能就造成日志文件非常庞大，甚至会塞满硬盘。由于日志文件太大，管理员也难以分析发现入侵者真正的入侵途径。

5）其他攻击方式：例如塞满硬盘、利用服务漏洞、合理利用策略等。

6）分布式拒绝服务攻击：1999 年 7 月，微软公司的视窗操作系统的一个 bug 被人发现和利用，并且进行了多次攻击，这种新的攻击方式被称为分布式拒绝服务（Distributed Denial Of Service，DDoS）攻击，这也是一种特殊形式的拒绝服务攻击。它利用多台已经被攻击者所控制的机器对某一台单机发起攻击，在这样的带宽相比之下被攻击的主机很容易失去反应能力。

3．端口扫描

一个端口就是一个潜在的通信通道，也就是一个入侵通道。对目标计算机进行端口扫描，能得到许多有用的信息，从而发现系统的安全漏洞。

进行扫描的方法很多，可以是手工进行扫描，也可以用端口扫描软件进行。在手工进行扫描时，需要熟悉各种命令；对命令执行后的输出进行分析。用扫描软件进行扫描时，许多扫描器软件都有分析数据的功能。现在网上的黑客工具属于扫描工具的有很多，而且功能越来越强，如 Superscan，IP Scanner，Fluxay（流光）等。很多的扫描工具都是支持多进程、多线程的，可以同时扫描整个的 B 类或 C 类网段。

扫描并不是一个直接的攻击网络漏洞的程序，它仅仅能帮助用户发现目标机的某些内在的弱点。一个好的扫描器能对它得到的数据进行分析，帮助查找目标主机的漏洞。

扫描大致可分为端口扫描、系统信息扫描、漏洞扫描几种。

4．特洛伊木马

特洛伊木马的攻击手段，就是将一些"后门"、"特殊通道"程序隐藏在某个软件里，使使用该软件的人无意识地中圈套，致使计算机成为被攻击、被控制的对象。现在这种木马程序逐渐被并入"病毒"的概念，大部分杀毒软件具有检查和清除"木马"的功能。

由于木马是客户端服务器程序，所以黑客一般是利用别的途径如函件、共享将木马安放到被攻击的计算机中。木马的服务器程序文件一般位置是在 C:\Windows（或 WINNT）和 C:\Windows（或 WINNT）\System 中，因为 Windows 的一些系统文件在这两个位置，误删了文件系统可能崩溃。

典型的木马程序有 BO，NetXray，流光等。

（1）BO

BO 是软件 Back Orifice 的简称，是由 Cult Dead Cow 小组制作的远程管理系统，是一个客户机/服务器应用程序，通过 BO 客户机程序可以监视、管理和使用其他在网络中运行的安装有 BO 服务器程序的网络资源。

BO 是一个典型的黑客软件，它采用"特洛伊木马"技术，通过在电脑系统中隐藏一个会在 Windows 启动时悄悄执行的 BO 服务器程序，并用 BO 客户机程序来操纵你的电脑系统。

一旦 BO 服务器被安装到一台电脑上，它便会在每次计算机系统启动时运行。任务表里却找不到它，系统运行也没有什么两样，好像什么事情都没有发生过。它实际上存在于Windows 的 SYSTEM 目录中，文件名是".EXE"（空格.EXE），属性为隐含。

BO 客户机通过加密了的 UDP 包与 BO 服务器通信。要实现成功通信，BO 客户机必须发送数据到 BO 服务器监听的端口，而且 BO 客户机密码必须匹配 BO 服务器已配置好的密码。如果不预先配置 BO 服务器，默认双方的端口都是 31337，且不进行加密。也就是说，任何 BO 的默认配置的 BO 服务器都可以被默认配置的 BO 客户机检测出来。

一旦 BO 客户机与 BO 服务器通信成功，即可操纵 BO 服务器所在的电脑系统。

大多数杀毒软件和防黑客软件可以有效清除 BO 服务器程序。

（2）冰河

冰河的主要文件有两个：G_Server.exe 是被监控端后台监控程序，运行一次即自动安装，可任意改名。在安装前可以先通过 G_Client.exe 的配置本地服务器程序功能进行一些特殊配置，例如是否将动态 IP 发送到指定信箱、改变监听端口、设置访问口令等。

G_Client.exe 是监控端执行程序，用于监控远程计算机和配置服务器程序。冰河软件主要用于远程监控，具体功能包括：自动跟踪目标机屏幕变化、鼠标和键盘输入的完全模拟、记录各种口令信息、获取系统信息、限制系统功能、远程文件操作、注册表操作、发送信息、点对点通信等。

5. 网络监听攻击

由于局域网中采用广播方式，因此，在某个广播域中可以监听到所有的信息包。而黑客通过对信息包进行分析，就能获取局域网上传输的一些重要信息。事实上，很多黑客入侵时都把局域网扫描和侦听作为其最基本的步骤和手段，用这种方法获取其想要的密码等信息。另一方面，对黑客入侵活动和其他网络犯罪进行侦查、取证时，也可以使用网络监听技术来获取必要的信息。

在网络中，当信息进行传播的时候，可以利用工具将网络接口设置成监听的模式，便可将网络中正在传播的信息截获或者捕获到，从而进行攻击。网络监听在网络中的任何一个位置都可进行。黑客一般都是利用网络监听来截取用户口令。

现在网络中所使用的协议都是较早前设计的，许多协议的实现都是基于一种非常友好的、通信的双方充分信任的基础。在通常的网络环境之下，用户的信息包括口令都是以明文的方式在网上传输的，因此进行网络监听从而获得用户信息并不是一件难事，只要掌握有初步的 TCP/IP 协议知识就可以轻松地监听到想要的信息。

网络监听是很难被发现的。运行监听程序的主机在监听的过程中，只是被动地接收在以太网中传输的信息，它不会跟其他的主机交换信息，也不能修改在网络中传输的信息包。这就说明了网络监听的检测是比较麻烦的事情。

在网络监听时，常常要保存大量的信息（也包含很多的垃圾信息），并将对收集的信息进行大量的整理，这样就会使正在监听的机器对其他用户的请求响应变得很慢。同时监听程序在运行的时候需要消耗大量的处理器时间，如果在这个时候就详细地分析包中的内容，许多包就会因来不及接收而被漏走。所以监听程序很多时候就会将监听到的包存放在文件中等待以后分析。

6. 缓冲区溢出攻击

（1）缓冲区溢出的原理

缓冲区是内存中存放数据的地方，在程序试图将数据放到机器内存中的某一个位置的时候，因为没有足够的空间就会发生缓冲区溢出。而人为地造成溢出则是有一定企图的，攻击者写一个超过缓冲区长度的字符串，然后植入到缓冲区，再向一个有限空间的缓冲区中植入超长的字符串。这时可能会出现两个结果，一是过长的字符串覆盖了相邻的存储单元，引起程序运行失败，严重的可导致系统崩溃；另一个就是利用这种漏洞可以执行任意指令，甚至可以取得系统特级权限。

（2）缓冲区溢出漏洞攻击方式

缓冲区溢出漏洞可以使任何一个有黑客技术的人取得机器的控制权甚至是最高权限。

1）在程序的地址空间里安排适当的代码。其实在程序的地址空间里安排适当的代码往往是相对简单的，但也同时要看运气如何。如果要植入的代码在所攻击程序中已经存在了，那么就简单地对代码传递一些参数，使程序跳转到目标中就可以完成了。很多时候这个可能性是很小的，此时就要用一种叫"植入法"的方式来完成了。向要攻击的程序里输入一个特定的字符串，程序就会把这个字符串放到缓冲区里，这个字符串包含的数据是可以在这个所攻击的目标的硬件平台上运行的指令序列。缓冲区可以设在堆栈（自动变量）、堆（动态分配的）和静态数据区（初始化或者未初始化的数据）等地方。也可以不必为达到这个目的而溢出任何缓冲区，只要找到足够的空间来放置这些攻击代码就够了。

2）将控制程序转移到攻击代码的形式。所有的这些方法都是在寻求改变程序的执行流程，使它跳转到攻击代码，最为基本就是溢出一个没有检查或者其他漏洞的缓冲区，这样做就会扰乱程序的正常执行次序。通过溢出某缓冲区，可以改写相近程序的空间而直接跳转过系统对身份的验证。原则上来讲攻击时所针对的缓冲区溢出的程序空间可为任意空间。但因不同地方的定位相异，所以也就带出了多种转移方式。

3）植入综合代码和流程控制。常见的溢出缓冲区攻击类是在一个字符串里综合了代码植入和流程记录。攻击时定位在一个可供溢出的自动变量，然后向程序传递一个很大的字符串，在引发缓冲区溢出改变事件记录的同时植入代码。

7. 电子邮件攻击

电子邮件攻击指通过发送电子邮件进行的网络攻击。有两种形式：

一是通常所说的邮件炸弹，指的是用伪造的 IP 地址和电子邮件地址向同一信箱发送数以千计、万计甚至无穷多次的内容相同的垃圾邮件，致使受害人邮箱被"炸"，严重者可能会给电子邮件服务器操作系统带来危险，甚至瘫痪。

二是电子邮件欺骗，攻击者佯称自己为系统管理员（邮件地址和系统管理员完全相同），给用户发送邮件要求用户修改口令（口令可能为指定字符串）或在貌似正常的附件中加载病毒或其他木马程序。这类欺骗只要用户提高警惕，一般危害性不是太大。

8. 口令攻击

口令攻击是黑客最喜欢采用的入侵网络的方法。黑客通过获取系统管理员或其他特殊用户的口令，获得系统的管理权，窃取系统信息、磁盘中的文件甚至对系统进行破坏。

口令攻击一般有三种方法：

1）通过网络监听非法得到用户口令，这类方法有一定的局限性，但危害性极大，监听者往往能够获得其所在网段的所有用户账号和口令，对局域网安全威胁巨大。

2）在知道用户的账号后（如电子邮件@前面的部分）利用一些专门软件强行破解用户口令，这种方法不受网段限制，但黑客要有足够的耐心和时间。

3）在获得一个服务器上的用户口令文件（此文件成为 Shadow 文件）后，用暴力破解程序破解用户口令，该方法的使用前提是黑客获得口令的 Shadow 文件。此方法在所有方法中危害最大。

强行破解口令是采用逐个试口令直到成功为止的方法，一般把这种方法叫做"字典攻击"。所谓"字典攻击"就是黑客用专门的破解软件对系统的用户名和口令进行猜测性的攻击，一般的弱口令（长度太短或有一定规律）可以很快地被破解。

9. 网页攻击

网页攻击指一些恶意网页利用软件或系统操作平台等的安全漏洞，通过执行嵌入在网页HTML 超文本标记语言内的 Java Applet 小应用程序、Javascript 脚本语言程序、ActiveX 软件部件交互技术支持可自动执行的代码程序，强行修改用户操作系统的注册表及系统实用配置程序，从而达到非法控制系统资源、破坏数据、格式化硬盘、感染木马程序的目的。

常见的网页攻击现象有 IE 标题栏被修改、IE 默认首页被修改并且锁定设置项、IE 右键菜单被修改或禁用、系统启动直接开启 IE 并打开莫名其妙的网页、将网址添加到桌面和开始菜单，删除后开机又恢复、禁止使用注册表编辑器、在系统时间前面加上网页广告、更改

"我的电脑"下的系统文件夹名称、禁止"关闭系统"、禁止"运行"、禁止 DOS、隐藏 C 盘令 C 盘从系统中"消失"等。

防范网页攻击的最好的方法是安装防火墙和杀毒软件，并启动实时监控功能。有些杀毒软件可以对网页浏览时注册表发生的改变提出警告。

10．IP 欺骗攻击

这种攻击方式主要应用于用 IP 协议传送的报文中。IP 欺骗就是伪造他人的源 IP 地址。IP 欺骗技术只能实现对某些特定的、运行 TCP/IP 协议的计算机进行攻击。

IP 欺骗式攻击有从随机扫描到利用系统已知的一些漏洞等多种形式。IP 欺骗攻击通常发生于一台主机被确信在安全性方面存在漏洞之后。此时入侵者已做好了实施一次 IP 欺骗攻击的准备，他知道目标网络存在漏洞并且知道该具体攻击哪一台主机。

11．逻辑炸弹

逻辑炸弹是嵌入到合法程序中的代码段，当遇到某些特定的条件时就会"爆炸"。能够引爆逻辑炸弹的条件很多，如某个特定的时间或运行某个特定的程序等。逻辑炸弹一旦被引爆，将会删除或修改文件中的数据，造成数据的丢失甚至是系统无法运行。

7.3 常见的网络安全防御技术

面对严峻的网络安全形势，针对不断出现的网络攻击手段，研究相应的网络安全防御技术显得越来越重要。根据近几年网络安全领域的发展情况，网络安全防御技术大致可以分为两类：传统防御和主动防御。

7.3.1 传统防御技术

传统防御技术主要包括防火墙、认证技术、访问控制、病毒防范、入侵检测、漏洞扫描、信息加密技术和灾难恢复等。

1．防火墙技术

防火墙是一种形象的说法，其实它是一种由计算机硬件和软件组成的一个或一组系统，用于增强内部可信网络和外部不可信网络之间的访问控制。从狭义上讲，防火墙是安装了防火墙软件的主机或路由器系统；从广义上来看，防火墙还应该包括整个网络的安全策略和安全行为。

防火墙是设置在被保护网络和外部网络之间的一道屏障，是内部网络和外部网络之间建立起一个安全网关，在其内部嵌入了保护内部网络计算机的安全策略，用来防止发生不可预测的、具有潜在恶意的入侵。在实施安全策略之后，防火墙能够限制被保护的内网与外网之间的信息存取和交换操作，根据安全策略来控制出入网络的信息流，以决定网络之间的通信是否被允许，防止外部网络用户通过非法手段进入内部网络，以提高内部网络的安全性。它的主要功能包括过滤不安全的服务和非法用户、管理网络访问行为、限制暴露用户、阻止非法的网络访问、对网络攻击进行探测和报警。防火墙技术是目前最为流行也是使用最为广泛的一种网络安全技术，一方面它使得本地系统和网络免于受到网络安全方面的威胁，同时也提供了通过广域网和互联网对外界进行访问的有效方式，是实现计算机网络安全的重要手段之一。

防火墙系统的实现技术主要分为分组过滤和代理服务两种。分组过滤技术是一种基于路由器的技术，由分组过滤路由器对 IP 分组进行选择，允许或拒绝特定的分组通过。过滤一般是基于一个 IP 分组的源地址、目的地址、源端口、目的端口和相关协议进行的。代理服务技术是由一个高层的应用网关作为代理服务器，接受外来的应用连接请求，进行安全判定后，再与被保护的网络应用服务器连接，使得外部服务用户可以在受控制的前提下使用内部网络的服务。

根据网络体系结构，防火墙可分为网络级防火墙、应用级网关、电路级网关和规则检查防火墙。网络级防火墙，也称包过滤防火墙，又叫分组过滤路由器，它工作在网络层。 一般是基于源地址和目的地址、应用或协议以及每个 IP 包的端口来作出通过与否的判断。应用级网关就是我们常说的"代理服务器"，它能够检查进出的数据包，通过网关复制传递数据，防止在受信任服务器和客户机与不受信任的主机间直接建立联系。电路级网关用来监控受信任的客户或服务器与不受信任的主机间的 TCP 握手信息，这样来决定该会话（Session）是否合法。规则检查防火墙结合了包过滤防火墙、电路级网关和应用级网关的特点，但是不同于一个应用级网关的是，它并不打破客户机/服务机模式来分析应用层的数据，它允许受信任的客户机和不受信任的主机建立直接连接。规则检查防火墙不依靠与应用层有关的代理，而是依靠某种算法来识别进出的应用层数据，这些算法通过已知合法数据包的模式来比较进出数据包，这样从理论上就能比应用级代理在过滤数据包上更有效。

目前在市场上流行的防火墙大多属于规则检查防火墙。从趋势上看，未来的防火墙将位于网络级防火墙和应用级防火墙之间，也就是说，网络级防火墙将变得更能够识别通过的信息，而应用级防火墙在目前的功能上则向"透明"、"低级"方面发展。最终防火墙将成为一个快速注册稽查系统，可保护数据以加密方式通过，使所有组织可以放心地在结点间传送数据。

2．认证技术

认证是防止恶意攻击的重要技术，它对开放环境中的各种消息系统的安全有重要作用，认证的主要目的有两个：一是验证信息的发送者是合法的；二是验证信息的完整性，保证信息在传送过程中未被篡改、重放或延迟等。目前有关认证的主要技术有：消息认证、身份认证和数字签名。

消息确认使约定的接收者能够认证消息是否是约定发信者送出的且在通信过程中未被篡改过的消息。身份确认使得用户的身份能够被正确判定。最简单而又最常用的身份确认方法有：个人识别号、口令、个人特征（如指纹）等。数字签名与日常生活中的手写签名效果一样。它不但能使消息接收者确认消息是否来自合法方，而且可以为仲裁者提供发信者对消息签名的证据。消息认证和身份认证解决了通信双方利害一致条件下防止第三者伪装和破坏的问题。数字签名能够防止他人冒名进行信息发送和接收，以及防止本人事后否认已进行过的发送和接收活动。

一个安全的信息确认方案应该是：合法的接收者能够验证他收到的消息是否真实；发信者无法抵赖自己发出的消息；除合法发信者外，别人无法伪造消息；发生争执时可由第三人仲裁。

用于消息确认中的常用算法有：EIGamal 签名、数字签名标准（DSS）、One-time 签名、Undeniable 签名、Fail-stop 签名、Schnorr 确认方案、Okamoto 确认方案、Guillou 一

Quisquater 确认方案、Snefru、Nhash、MD4、MD5 等。其中最著名的算法是数字签名标准（DSS）算法。

3．访问控制

访问控制是网络安全防范和保护的主要策略，主要任务是保证网络资源不被非法使用和非常访问，控制用户可以访问的网络资源的范围，为网络访问提供限制，只允许具有访问权限的用户访问网络资源，也是维护网络系统安全、保护网络资源的重要手段，是保证网络安全最重要的核心策略之一。

访问控制技术主要包括入网访问控制、网络的权限控制、目录级安全控制、属性安全控制、网络服务器安全控制、网络监测和锁定控制、网络端口和结点的安全控制等。根据网络安全的等级及网络空间的环境不同，可灵活地设置访问控制的种类和数量。

访问控制主要可分为自主访问控制和强制访问控制两大类。自主访问控制，是指由用户有权对自身所创建的访问对象（文件、数据表等）进行访问，并可将对这些对象的访问权授予其他用户和从授予权限的用户收回其访问权限。强制访问控制，是指由系统（通过专门设置的系统安全员）对用户所创建的对象进行统一的强制性控制，按照规定的规则决定哪些用户可以对哪些对象进行什么样操作系统类型的访问，即使是创建者用户，在创建一个对象后，也可能无权访问该对象。

常见的访问控制模型包括：基于任务的访问控制模型（基于任务、采用动态授权的主动安全模型）、基于角色的访问控制模型（将访问许可权分配给一定的角色，用户通过饰演不同的角色获得角色所拥有的访问许可权）、基于对象的访问控制模型（将访问控制列表与受控对象或受控对象的属性相关联，并将访问控制选项设计成为用户、组或角色及其对应权限的集合；同时允许对策略和规则进行重用、继承和派生操作）、基于属性的访问控制模型（利用相关实体，如主体、客体、环境的属性作为授权的基础来研究如何进行访问控制）和风险自适应访问控制模型（在以前访问控制模型的基础上将系统情况、风险等级等因素考虑进来进行访问控制。它结合请求者的信誉、资料、系统的架构和环境风险因素进行量化的风险评估，然后通过将其与访问控制策略比较来进行访问控制）等。

4．信息加密技术

信息加密的目的是保护网内的数据、文件、口令和控制信息，保护网上传输的数据。加密技术是指通过形形色色的算法，使用可逆的转换，将明文或数据转换为不可识别的格式的过程，能以较小的代价提供较高的安全保护。在多数情况下，信息加密是保证信息机密性的唯一方法。如果按照收发双方密钥是否相同来分类，可以将这些加密算法分为常规密码算法和公钥密码算法。在常规密码中，接收方和发送方使用相同的密钥，即加密密钥和解密密钥是相同或等价的。在公钥密码中，接收方和发送方使用的密钥互不相同，而且几乎不可能从加密密钥推导出解密密钥。当然在实际应用中人们通常将常规密码和公钥密码结合在一起使用，比如：利用 DES 或者 IDEA 来加密信息，而采用 RSA 来传递会话密钥。

按作用不同，加密技术可以分为数据传输、数据存储、数据完整性的鉴别以及密钥管理技术四种。数据传输加密技术是对传输中的数据流加密，常用的方法有链路加密、端点加密和结点加密三种。链路加密的目的是保护网络结点之间的链路信息安全；端到端加密的目的是对源端用户到目的端用户的数据提供保护；结点加密的目的是对源结点到目的结点之间的传输链路提供保护。数据存储加密技术是防止在存储环节上的数据泄密，分为密文存储和存取控制两种。数据完整性鉴别技术是对信息的传输、存取、处理用户的身份及相关内容进行验证，从而实现数据的安全保护，一般包括用户身份、密码、密钥等项的鉴别。密钥管理技术是在使用密钥对数据进行加密时各个环节所采取的保密措施，具体内容包括密钥的生成、存储、分配、更新及撤销等。

密码技术是网络安全最有效的技术之一。一个加密网络，不但可以防止非授权用户的搭线窃听和入网，而且也是对付恶意软件的有效方法之一。

5．入侵检测技术

入侵检测，顾名思义，是对入侵行为的发觉。它通过对计算机网络或计算机系统中的若干关键点收集信息并进行分析，从中发现网络或系统中是否有违反安全策略的行为和被攻击的迹象。

从技术上划分，入侵监测有两种检测模型：一种是异常检测模型，检测与可接受行为之间的偏差，如果可以定义每项可接受的行为，那么每项不可接受的行为就是入侵。这种检测模型漏报率低，但误报率较高。另一种是特征检测模型，检测与已知的不可接受行为之间的匹配程度，如果可以定义所有的不可接受的行为，那么每种能够与之匹配的行为都会引起告警。它将所有已知的攻击特征和系统漏洞等以形式化的方法组成一个攻击特征库，然后将捕获到的数据包用模式匹配的方法与特征库中的特征逐条比较，以此判断是否为攻击或恶意入侵，这种模型误报率低，但漏报率较高。随着网络技术的发展，这种检测方法的缺点和不足逐渐显现出来：需要匹配的数据量太大、只能检测到已知的攻击、容易受到欺骗等。

入侵检测系统执行的主要任务包括：监视、分析用户及系统活动；审计系统构造和弱点；识别、反映已知进攻的活动模式，向相关人士报警；统计分析异常行为模式；评估重要系统和数据文件的完整性；审计、跟踪管理操作系统，识别用户违反安全策略的行为。

入侵检测一般分为三个步骤，依次为信息收集、数据分析、响应（被动响应和主动响应）。信息收集的内容包括系统、网络、数据及用户活动的状态和行为。入侵检测利用的信息一般来自系统日志、目录以及文件中的异常改变、程序执行中的异常行为及物理形式的入侵信息四个方面。数据分析是入侵检测的核心，它首先构建分析器，把收集到的信息经过预处理，建立一个行为分析引擎或模型，然后向模型中植入时间数据，在知识库中保存植入数据的模型。数据分析一般通过模式匹配、统计分析和完整性分析三种手段进行。前两种方法用于实时入侵检测，而完整性分析则用于事后分析。统计分析的最大优点是可以学习用户的使用习惯。

入侵检测系统在发现入侵后会及时做出响应，包括切断网络链接、记录事件和报警等。响应一般分为主动响应（阻止攻击或影响进而改变攻击的进程）和被动响应（报告和记录所检测出的问题）两种类型。主动响应由用户驱动或系统本身自动执行，可对入侵者采取行动（如断开链接）、修正系统环境或收集有用信息；被动响应则包括告警和通知、简单网络管理协议（SNMP）陷阱和插件等。另外，还可以按策略配置响应，可分别采取立即、紧急、适时、本地的长期和全局的长期等行动。

网络安全公司一般都同时生产漏洞检测和入侵检测产品，入侵检测产品以硬件居多，也有部分软件产品，国产的入侵检测产品因为界面友好，日常使用的要多一些。常见的 IDS 产品有 ISS 的 Realsecure、CA 公司的 eTrust、Symantec 的 NetProwler、启明星辰公司的天阗、上海金诺的网安、东软的网眼等。

6．漏洞扫描

漏洞扫描就是对重要计算机信息系统进行检查，发现其中可被黑客利用的漏洞。漏洞扫描的结果实际上就是系统安全性能的一个评估，它指出了哪些攻击是可能的，是网络安全方案的一个重要组成部分。

从底层技术来划分，可以分为基于网络的扫描和基于主机的扫描这两种类型。基于网络的漏洞扫描工具可以看作为一种漏洞信息收集工具，根据不同漏洞的特性，构造网络数据包，发给网络中的一个或多个目标服务器，以判断某个特定的漏洞是否存在。基于网络的漏洞扫描器包含网络映射（Network Mapping）和端口扫描功能。基于主机的漏洞扫描器，扫描目标系统的漏洞的原理与基于网络的漏洞扫描器的原理类似，但是，两者的体系结构不一样。基于主机的漏洞扫描器通常在目标系统上安装一个代理（Agent）或者是服务（Services），以便能够访问所有的文件与进程，这也使基于主机的漏洞扫描器能够扫描更多的漏洞。现在流行的基于主机的漏洞扫描器在每个目标系统上都有个代理，以便向中央服务器反馈信息，中央服务器通过远程控制台进行管理。

安全扫描的内容包括网络远程安全扫描、Web 网站扫描和系统安全扫描。

在早期的共享网络安全扫描软件中，有很多都是针对网络的远程安全扫描，这些扫描软件能够对远程主机的安全漏洞进行检测并做一些初步的分析。但事实上，由于这些软件能够对安全漏洞进行远程的扫描，因而也是网络攻击者进行攻击的有效工具，网络攻击者利用这些扫描软件对目标主机进行扫描，检测目标主机上可以利用的安全性弱点，并以此为基础实施网络攻击。

Web 站点上运行的 CGI 程序的安全性是网络安全的重要威胁之一，此外 Web 服务器上运行的其他一些应用程序、Web 服务器配置的错误、服务器上运行的一些相关服务以及操作系统存在的漏洞都可能是 Web 站点存在的安全风险。Web 站点安全扫描软件就是通过检测操作系统、Web 服务器的相关服务、CGI 等应用程序以及 Web 服务器的配置，报告 Web 站点中的安全漏洞并给出修补措施。Web 站点管理员可以根据这些报告对站点的安全漏洞进行修补从而提高 Web 站点的安全性。

系统安全扫描技术通过对目标主机的操作系统的配置进行检测，报告其安全漏洞并给出一些建议或修补措施。与远程网络安全软件从外部对目标主机的各个端口进行安全扫描不同，系统安全扫描软件从主机系统内部对操作系统各个方面进行检测，因而很多系统扫描软件都需要其运行者具有超级用户的权限。系统安全扫描软件通常能够检查潜在的操作系统漏洞、不正确的文件属性和权限设置、脆弱的用户口令、网络服务配置错误、操作系统底层非授权的更改以及攻击者攻破系统的迹象等。

安全扫描产品既有专业的大公司生产的产品，也有一些专用的小型的产品。比较有名的有 ISS 的扫描软件套件、NAI 公司的 Cybercop Scanner、Norton 公司的 NetRecon、WebTrends 公司的 WSA（WebTrends Security Analyer）、俄罗斯黑客组织制作的 Shadow Security Scanner。国产的大镜漏洞扫描软件也是一款优秀的漏洞扫描分析和安全评估系统。

7．病毒防护

病毒防护主要包括计算机病毒的预防、检测与清除。最理想的防止病毒攻击的方法就是预防，在第一时间内阻止病毒进入系统。而有效地预防计算机病毒的措施实际上来自用户的行为，其方法有：在操作系统上安装防病毒软件，并定期对病毒库进行升级，及时为计算机安装最新的安全补丁，从网络上下载数据前先进行安全扫描，不要随意打开未知的邮件，定期备份数据等。一旦系统被病毒感染，就要立即对病毒进行检测并对其进行定位，然后确定病毒的类型。在确定了病毒的类型后，从受感染的程序或文件中清除所有的病毒并恢复到感染前的状态。如果成功检测到病毒但无法识别并清除该病毒，则必须删除受感染的文件，并导入未被感染文件的备份。

检测磁盘中的计算机病毒可分成检测引导型计算机病毒和检测文件型计算机病毒。这两种检测从原理上讲是一样的，但由于各自的存储方式不同，检测方法是有差别的。下面介绍几种常用的检测方法。

1）比较法是用原始备份与被检测的引导扇区或被检测的文件进行比较。使用比较法能发现异常，如文件的长度有变化，或虽然文件长度未发生变化，但文件内的程序代码发生了变化。由于要进行比较，保留好原始备份是非常重要的，制作备份时必须在无计算机病毒的环境里进行，制作好的备份必须妥善保管，写好标签，并加上写保护。比较法的好处是简单、方便，不需专用软件。缺点是无法确认计算机病毒的种类名称。另外，当找不到原始备份时，用比较法就不能马上得到结论。

2）根据每个程序的档案名称、大小、时间、日期及内容，加总为一个检查码，再将检查码附于程序的后面，或是将所有检查码放在同一个数据库中，再利用此加总对比系统，追踪并记录每个程序的检查码是否更改，以判断是否感染了计算机病毒。一个很简单的例子就是当您把车停下来之后，将里程表的数字记下来。那么下次您再开车时，只要比对一下里程表的数字，那么您就可以断定是否有人偷开了您的车子。这种技术可侦测到各式的计算机病毒，但最大的缺点就是误判断高，且无法确认是哪种计算机病毒感染的，对于隐形计算机病毒也无法侦测到。

3）特征字串搜索法是用每一种计算机病毒体含有的特定字符串对被检测的对象进行扫描，如果在被检测对象内部发现了某一种特定字节串，就表明发现了该字节串所代表的计算机病毒。目前常见的防杀计算机病毒软件对已知计算机病毒的检测大多采用这种方法。计算机病毒扫描程序能识别的计算机病毒的数目完全取决于计算机病毒代码库内所含计算机病毒的种类多少。计算机病毒代码串的选择是非常重要的。短小的计算机病毒只有一百多个字节，长的有上万字节的。另外，代码串不应含有计算机病毒的数据区，数据区是会经常变化的。代码串一定要在仔细分析了程序之后才选出最具代表特性的，足以将该计算机病毒区别于其他计算机病毒的字节串。选定好的特征代码串是很不容易的，是计算机病毒扫描程序的精华所在。一般情况下，代码串是连续的若干个字节组成的串，但是有些扫描软件采用的是可变长串，即在串中包含有一个到几个"模糊"字节。扫描软件遇到这种串时，只要除"模糊"字节之外的字串都能完好匹配，就能判别出计算机病毒。

4）虚拟机查毒法专门用来对付多态变形计算机病毒。多态变形计算机病毒在每次传染时，都将自身以不同的随机数加密于每个感染的文件中，传统搜索法的方式根本就无法找到这种计算机病毒。虚拟机查毒法则是用软件仿真技术成功地仿真 CPU 执行，在 DOS 虚拟机下伪执行计算机病毒程序，安全并确实地将其解密，使其显露本来的面目，再加以扫描。

5）人工智能陷阱是一种监测计算机行为的常驻式扫描技术，它将所有计算机病毒产生的行为归纳起来，一旦发现内存中的程序有任何不当的行为，系统就会有所警觉，并告知使用者。这种技术的优点是执行速度快、操作简便，且可以侦测到各式计算机病毒；其缺点就是程序设计难，且不容易考虑周全。不过在这千变万化的计算机病毒世界中，人工智能陷阱扫描技术是一个至少具有主动保护功能的新技术。

6）宏病毒陷阱技术是结合了搜索法和人工智能陷阱技术，依行为模式来侦测已知及未知的宏病毒。其中，配合 OLE2 技术，可将宏与文件分开，使得扫描速度变得飞快，而且更可有效地将宏病毒彻底清除。

此外，还有分析法和先知扫描法等，一般是防杀计算机病毒的专业技术人员才采用。

市场上常见的网络版计算机病毒防治产品有瑞星、启明星辰（天玥）、诺顿（Norton）、趋势（Trend）、McAfee、熊猫卫士（Panda）等。

除了上面介绍的技术外，传统防御技术还包括数据备份技术和完善安全管理制度等。

7.3.2 主动防御技术

传统防御技术其防御能力是被动且是静态的，依赖于在接入系统之前的系统配置，只能防御系统配置中涉及的网络安全攻击。而网络安全防护是一个动态变化的过程，新的安全漏洞不断出现，黑客的攻击手法不断翻新，传统防御技术难以检测、识别和处理新产生的网络攻击手段，不能从根本上解决网络安全问题。

主动防御技术是近几年网络安全领域新兴的一个热点，主动防御技术是指能够及时发现正在进行的网络攻击，预测和识别潜在的攻击，并能采取相应措施使攻击者不能达到其目的的各种方法和技术手段。主动防御技术克服了传统防御技术的不足，是未来网络安全防护技术的发展方向。主动防御技术是在保证和增强基本网络安全的基础之上实施的，是以传统网络安全防御为前提的，主要包括入侵防护技术、蜜罐和蜜网技术、取证技术等。

1. 入侵防护技术

防火墙是实施访问控制策略的系统，对流经的网络流量进行检查，拦截不符合安全策略的数据包。入侵检测技术通过监视网络或系统资源，寻找违反安全策略的行为或攻击迹象，并发出报警。传统的防火墙旨在拒绝那些明显可疑的网络流量，但仍然允许某些流量通过，因此防火墙对于很多入侵攻击仍然无计可施。绝大多数入侵检测系统都是被动的，而不是主动的。也就是说，在攻击实际发生之前，它们往往无法预先发出警报。而入侵防护系统（IPS）则倾向于提供主动防护，其设计宗旨是预先对入侵活动和攻击性网络流量进行拦截，在恶意行为被发现时及时进行阻止，避免其造成损失，而不是简单地在恶意流量传送时或传送后才发出警报。IPS 是通过直接嵌入到网络流量中实现这一功能的，即通过一个网络端口接收来自外部系统的流量，经过检查确认其中不包含异常活动或可疑内容后，再通过另外一个端口将它传送到内部系统中，IPS 能够基于应用程序的内容来进行访问控制。当它检测到攻击企图时，会自动地将攻击包丢掉或采取措施将攻击源阻断。

IPS 实现实时检查和阻止入侵的原理在于 IPS 拥有数目众多的过滤器，能够防止各种攻击。当新的攻击手段被发现之后，IPS 就会创建一个新的过滤器。IPS 数据包处理引擎是专业化定制的集成电路，可以深层检查数据包的内容。所有流经 IPS 的数据包都被分类，分类的依据是数据包中的报头信息，如源 IP 地址和目的 IP 地址、端口号和应用域。每种过滤器负责分析相对应的数据包。通过检查的数据包可以继续前进，包含恶意内容的数据包就会被丢弃，被怀疑的数据包需要接受进一步的检查。

IPS 目前主要有两种实现方式：一种是 HIP（基于主机的入侵防护），软件系统直接部署在需要防范的目前系统上；另一种是 NIP（基于网络的入侵防护），软件或专门的硬件系统，直接接入网段中，保护同一网段，或下一级网段的所有系统。根据两种不同的实现方式，IPS 也主要分为了两种：HIPS（基于主机的入侵防护系统）和 NIPS（基于网络的入侵防护系统）。由于网络入侵威胁的动态特性，在进行网络部署时，综合考虑两种类型的 IPS，将会提供更好的防护。

IPS 主要由嗅探器、检测分析组件、策略执行组件、状态开关、日志系统和控制台组成。IPS 能够识别事件的侵入、关联、冲击、方向并进行适当的分析，然后将合适的信息和命令传送给防火墙、交换机和其他网络设备以减轻该事件的风险。除了防御功能，IPS 还可以消除网络中格式不正确的数据包和非关键的任务应用，使网络的带宽得到保护。

2．蜜罐和蜜网技术

蜜罐作为一种新兴的网络安全技术，以其独特的思想受到了网络专家的广泛关注。蜜罐的权威定义是：蜜罐是一种安全资源，其价值在于被扫描、攻击和攻陷，然后对这些攻击活动进行监视、检测和分析。蜜罐的主要目标是容忍攻击者入侵，记录并学习攻击者的攻击工具、手段、目的等行为信息，尤其是未知攻击行为信息，从而调整网络安全策略，提高系统安全性能。同时，蜜罐还有转移攻击者注意力，消耗其攻击资源、意志，间接保护真实目标系统的作用。蜜罐技术提供了一种动态识别未知攻击的方法，将捕获的未知攻击信息反馈给防护系统，实现防护能力的动态提升。

蜜罐最重要的功能是特殊设置的对于系统中所有操作的监视和记录，网络安全专家通过精心的伪装使得黑客在进入到目标系统后，仍不知晓自己所有的行为已处于系统的监视之中。为了吸引黑客，网络安全专家通常还在蜜罐系统上故意留下一些安全后门来吸引黑客上钩，或者放置一些网络攻击者希望得到的敏感信息，当然这些信息都是虚假信息。这样，当黑客正为攻入目标系统而沾沾自喜的时候，他在目标系统中的所有行为，包括输入的字符、执行的操作都已经为蜜罐系统所记录。有些蜜罐系统甚至可以对黑客网上聊天的内容进行记录。蜜罐系统管理人员通过研究和分析这些记录，可以知道黑客采用的攻击工具、攻击手段、攻击目的和攻击水平，通过分析黑客的网上聊天内容还可以获得黑客的活动范围以及下一步的攻击目标，根据这些信息，管理人员可以提前对系统进行保护。同时在蜜罐系统中记录下的信息还可以作为对黑客进行起诉的证据。不过，设置蜜罐并不是说没有风险，这是因为，大部分安全遭到危及的系统会被黑客用来攻击其他系统。这就是下游责任，由此引出了蜜网。

蜜网是在蜜罐技术上逐步发展起来的一个新的概念，又称为诱捕网络，在诱捕网络架构中，包含一个或多个蜜罐，同时又保证了网络的高度可控性，以及提供多种数据捕获和数据分析工具，以方便对攻击信息的采集和分析。

为了在大规模的分布式网络中方便地部署和维护蜜罐，对各个子网的安全威胁进行统一收集，人们又提出了蜜场的概念，对蜜罐进行集中管理，使得蜜罐的维护、更新、规范化管理和数据分析都变得更加简单。

蜜罐系统主要涉及以下几种相关技术：网络欺骗、数据捕获、数据控制（端口重定向）、攻击分析、特征提取和自动报警等。它的优点是：误报率低；能够进行对未知攻击的检测；成本低，蜜罐技术不需要大量资金的投入，可以使用一些低成本的设备进行搭建。蜜罐系统的不足是它可以被识别，一旦被攻击者辨别出其蜜罐的身份，它也就失去了价值。

蜜罐的类型一般分为两类：实系统蜜罐和伪系统蜜罐。实系统蜜罐是最真实的蜜罐，它运行着真实的系统，并且带着真实可入侵的漏洞，属于最危险的漏洞，但是它记录下的入侵信息往往是最真实的。伪系统蜜罐也是建立在真实系统基础上的，但是它最大的特点就是"平台与漏洞非对称性"，即利用一些工具程序强大的模仿能力，伪造出不属于自己平台的"漏洞"。

蜜罐技术是一种新兴的技术，还处于发展阶段，由于它有着其他技术无可比拟的优点，目前已称为一个完整防护体系中不可或缺的一部分，相信随着蜜罐技术的不断完善，它必将会得到更广泛的应用，发挥更大的作用。

3. 计算机取证技术

计算机取证（Computer Forensics）也称计算机法医学，它把计算机看做是犯罪现场，运用先进的辨析技术，对电脑犯罪行为进行法医式的解剖，搜寻确认罪犯及其犯罪证据，并据此提起诉讼。单靠网络安全技术应付网络犯罪效果是非常有限的，我们还必须要借助社会和法律的强大威力对付网络犯罪。法律手段中重要的一条就是证据，计算机取证正是在这种形势下产生和发展的，计算机取证技术的出现标志着网络安全防御理论走向成熟。

取证技术，包括静态取证技术和动态取证技术。静态取证技术是在已经遭受入侵的情况下，运用各种技术手段进行分析取证工作。现在普遍采用的正是这种静态取证方法，在入侵后对数据进行确认、提取、分析，抽取出有效证据，主要涉及数据保护技术、磁盘镜像拷贝技术、隐藏数据识别和提取技术、数据恢复技术、数据分析技术、加解密技术和数据挖掘技术。动态取证技术是计算机取证的发展趋势，它是在受保护的计算机上事先安装上代理，当攻击者入侵时，对系统的操作及文件的修改、删除、复制、传送等行为，系统和代理会产生相应的日志文件加以记录。利用文件系统的特征，结合相关工具，尽可能真实地恢复这些文件信息，这些日志文件传到取证机上加以备份保存用以作为入侵证据。在动态取证中最具特色的取证技术有入侵检测取证技术、网络追踪技术、信息搜索与过滤技术、陷阱网络取证技术、动态获取内存信息技术、IP地址获取技术、人工智能和数据挖掘技术等。

习题

一、选择

1. 以下对 DoS 攻击的描述，正确的是（　　）。

    A. 对于没有漏洞目标系统，远程攻击不会成功

    B. 以窃取目标系统上的机密信息为目的

    C. 导致目标系统无法正常处理用户的请求

    D. 不需要侵入受攻击的系统

2. 下列不属于认证技术的是（　　）。

    A. 身份识别

    B. 数字签名

    C. 消息认证

    D. 权限认证

3. 以下哪一级防火墙又称包过滤器？（　　）。

A. 应用级防火墙

B. 网络级防火墙

C. 电路级网关

D. 规则检查防火墙

4. SYN FLOOD 是（　　）。

A. 一种缓冲区溢出攻击

B. 一种网络监听攻击

C. 一种拒绝服务攻击

D. 一种计算机病毒

5. DDOS 是指（　　）。

A. 日志拒绝服务攻击

B. 缓冲区溢出攻击

C. 字典攻击

D. 分布式拒绝服务攻击

6. 常见的访问控制模型不包括（　　）。

A. 基于任务的访问控制模型

B. 基于角色的访问控制模型

C. 基于全局的访问控制模型

D. 风险自适应访问控制模型

7. 以下关于 IPS 的描述正确的是（　　）。

A. IPS 实施访问控制策略的系统，对流经的网络流量进行检查，拦截不符合安全策略的数据包

B. IPS 监视网络或系统资源，寻找违反安全策略的行为或攻击迹象，并发出报警

C. IPS 预先对入侵活动和攻击性网络流量进行拦截，在恶意行为启动时及时进行阻止

D. IPS 拒绝那些明显可疑的网络流量，但仍然允许某些流量通过

二、简答

1. 网络面临的威胁有哪些？

2. 网络安全分哪几个层次？简要说明。

3. 网络安全的策略有哪些？

4. 常见的网络攻击和防御技术有哪些？

5. 说明什么是主动防御技术。主动防御技术有哪些？

第 8 章　网络规划与设计

网络规划是为了使网络工程的结果能够符合网络建设的需求而在工程实施之前进行的总体方案设计。随着网络建设的需求不断增多，模块化的思想在网络规划的总体思路以及总体方案设计中显得越来越重要。可以说，网络规划的目标就是将待建设的网络进行模块化，以得到一个或几个满足用户需求且具体可实施的网络设计方案。

8.1　网络系统方案设计

网络规划的第一步是要做周密细致的方案设计。从网络系统的需求目标开始，进行包括软硬件选型、综合布线、机房建设等各个重要内容。

8.1.1　网络规划的目标和内容

一个成功的网络规划，要经过周密的论证和谨慎的决策，这需要对网络有一个明确的、层次化的设计。层次的划分从网络的基本结构开始。从功能上看，任何一个计算机网络都是由通信子网和资源子网两部分组成。其中通信子网负责数据的传输功能，而资源子网负责数据的存储和处理等功能。从拓扑图上看，通信子网位于资源子网的内层，如图 8-1 所示。

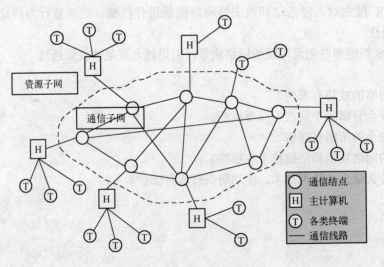

图 8-1　通信子网与资源子网

网络规划主要考虑以下几个方面的内容。

1）系统需求分析：进行对象研究和需求调查。弄清用户的性质、任务和特点，对网络环境进行准确的描述，明确系统建设的要求和条件。

2）实施场地规划：根据将要实施网络工程的场地空间大小和形状决定网络布局，安排设备、电源插座和线缆的位置与走向，排除可能的干扰因素。最好用图纸的方式将场地规划情况描绘出来。

3）技术方案设计：在需求分析的基础上，确定能达成目标的技术方案。

4）设备选型：根据技术方案选择各种设备。

5）软件平台配置：选定网络基础应用平台，包括网络操作系统、服务器组件、数据库、网络管理以及适合用户的应用软件。

6）网络工程实施：根据综合布线规范进行布线和调试。

7）经费预算：尽可能考虑一切涉及的费用。

8）网络测试：制定具体的网络系统测试指标和详细项目验收标准。

9）交付文档编制与用户培训：交付文档也称竣工文档，是与验收相关的各种技术文档的总称。验收通常是用户组织的由用户方管理部门、用户方、集成商、供应商、专家组、监理方共同参加的会议。用户培训是系统正常运行的保障，针对不同的客户群体进行专门的课程讲解，一般分为厂家培训、现场培训和认证中心培训。

10）技术支持：售后技术支持是对用户使用和挂历系统中所遇到的问题的协助。可以通过电话、网络等通信手段进行，必要时要到现场进行故障排除。在网络工程完成后，根据双方协议执行。

8.1.2 通信子网的规划设计

网络规划的主要部分是对通信子网的规划和设计。在基本的层次划分基础上，大型的网络设计普遍采用典型的三层结构网络模型，如图 8-2 所示。三个层次由内到外依次为：核心层、汇聚层和接入层。

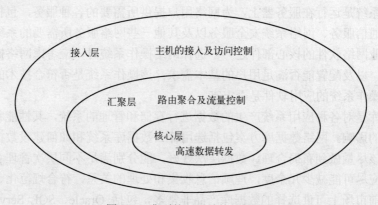

图 8-2 典型的三层结构网络模型

1）核心层：该层为网络提供了骨干组件或高速交换组件。在严格的分层设计中，核心层应该只完成数据交换的任务。核心层有以下特征：提供高可靠性；提供冗余链路；提供故障隔离；迅速适应升级；提供较少的延迟；提供较好的可管理性；具有一致的直径。

需要指出的是，在网络中使用路由器设备时，从边界到边界所途经的路由器的最大个数（也称跳数，hop 数），称为此网络的直径。所谓一致的直径，是指从任一末端站点通过主干到另一末端站点，都将具有相同的跳数。从任一末端站点到主干上的服务器的跳数也应该是一致的。

2）汇聚层：该层是核心层和终端用户接入层的分界面。汇聚层网络完成数据包的处理、过滤、寻址、策略增强和其他数据处理的任务。汇聚层的主要任务包括：提供转发策略；提供安全性；部门或工作组的访问控制；广播或多播域的定义；虚拟网之间的路由选择；介质翻译；路由协议的选择和分配。

其中，介质翻译是指不同标准的网络（如以太网和令牌环网）之间的相互转换。路由协议的选择包括在静态和动态路由选择协议之间的选择，或在两个不同的动态路由选择协议之间的重分配。

3）接入层：该层使终端用户能够接入网络。同时，访问优先级的设定以及带宽分配等优化网络资源的设置也在接入层完成。接入层为用户提供了访问网络的直接途径。主要功能如下：对汇聚层的访问控制和策略提供支持；建立独立的冲突域；建立工作组与汇聚层的连接。

8.1.3 资源子网的规划设计

资源子网包含所有由通信子网连接的主机，向整个网络提供各种类型的资源。资源子网的设计具体包括：网络服务器的配置；网络操作系统方案；网络数据库的方案；网络应用软件；电源配置方案。

服务器在网络中承担存取和处理大量数据的任务，是网络运行、管理、服务的中枢，是网络工程的关键设备之一，在网络中具有十分重要的地位。服务器的选择首先应该考虑服务器的稳定性与可靠性，其次包括服务器的开放性、性价比，容易管理和维护，并具有一定的扩展和升级能力。对具体硬件资源的具体考虑包括：CPU、内存、硬盘以及网卡的数据交换能力。

网络操作系统是运行在服务器上，为网络用户提供所需要的各种服务，包括共享资源管理服务、基本通信服务、网络系统安全服务以及其他一些网络服务所需要的系统软件。网络操作系统是企业网络软件的核心部件之一。选择网络操作系统时，应考虑网络操作系统的主要功能、优势，以及配置能否满足用户的基本需求；该操作系统是否符合技术的发展趋势以及支持该网络操作系统的应用软件是否丰富。

网络数据库是对各种应用系统产生的数据进行存储和管理的系统，其性能将对用户的应用系统有很大的影响。网络数据库方案包括选用什么数据库系统和如何建设数据库。在建设数据库时，应该尽量做到布局合理、数据层次性好，能分别满足不同层次管理者的要求。同时，数据存储应尽可能减少冗余度，理顺信息收集和处理的关系，符合规范化、标准化和保密性原则。目前市场上可供选择的数据库产品非常多，包括 Oracle、SQL Server、Access、MySQL、DB2、Paradox 等。

网络应用软件需要根据实际应用需求来选择和配置。

任何一个网络子系统都必须专门考虑电源配置方案。为了确保网络系统在断电的情况下能够继续稳定地工作，必须配备不间断电源（UPS）。UPS 的配置方案要根据各种网络设备的功率、要求断电保护的时间长短以及 UPS 的性能价格进行综合考虑。可以选择采用集中式 UPS 方案和分布式 UPS 方案。

另外，资源子网的规划设计还包括网络 IP 地址的规划与分配。实际上通信子网同样设计 IP 地址的规划与分配问题。

8.1.4 网络操作系统与服务器资源

所有带有网络客户端或服务器功能的操作系统都称为网络操作系统。目前，几乎所有流行的通用操作系统都提供网络功能。如 Windows XP、Windows Server 2003、各种 Linux 系统、Android 以及 MAC OS 等。网络操作系统又可分为网络服务器和网络客户端两类。从网络工程规划的范畴考虑，网络服务器操作系统是不可缺少的一部分。服务器操作系统主要分为四大阵营：Windows、NetWare、UNIX 和 Linux。

1）Windows 服务器操作系统——重要版本 WindowsNT 4.0 Server、Windows2000/Advanced Server、Windows2003/Advanced Server，Windows Server 2008，Windows 服务器操作系统应用结合.Net 开发环境，为亲微软企业用户提供了良好的应用框架。

2）NetWare 服务器操作系统——在一些特定行业和事业单位中，NetWare 优秀的批处理功能和安全、稳定的系统性能也有很大的生存空间。NetWare 目前常用的版本主要有 Novell 的 3.11、3.12、4.10、5.0 等中英文版。

3）UNIX 服务器操作系统——UNIX 服务器操作系统由 AT&T 公司和 SCO 公司共同推出，主要支持大型的文件系统服务、数据服务等应用。目前市面上使用的主要有 SCO SVR、BSD UNIX、SUN Solaris、IBM-AIX、HP-UX。

4）Linux 服务器操作系统——Linux 操作系统虽然与 UNIX 操作系统类似，但是它不是 UNIX 操作系统的变种。Linux 在中小企业中应用广泛。

1. Windows Server 2008 R2

Windows Server 2008 R2 是微软推出的服务器操作系统，和以往的操作系统相比，在安全性、稳定性和性能上都有了很大的提高，在中小型网络中应用非常广泛。主要升级包括：

1）降低了系统资源消耗量：据统计，Windows Server 2003 企业版在空闲状态下需要占用大约 250MB 内存，而 Windows Server 2008 只略高于 150MB，其 R2 版本则只占用约 105MB 左右的内存。

2）提高了文件传输速度：微软称，在两端为 Windows Server 2008 R2/Windows 7 系列时，中小文件上传最高提速 20%，下载最高提速达 47%。使用命令行程序 RoBoCopy，利用新的多线程传输技术，在广域网上复制文件最高可带来 8 倍左右的速度提升。

3）支持 64 位版本。Windows Server 2008 支持 32 位和 64 位硬件系统。而新的 Windows 2008 R2 则只提供 64 位版本。

4）Hyper-V 技术。虚拟化服务由原来的 Hyper-V1.0 升级到了 2.0 版本，增加了包括实时迁移、动态虚拟机存储、增强的处理器支持和增强的网络支持在内的多项功能。

5）IIS7.5。在 Windows Server 2008 R2 中，IIS 的版本升级到了 7.5，提高了 Web 服务器的功能和性能。

Windows Server 2008 集成了多个网络服务，用户不必安装第三方软件即可实现各种网络服务。默认安装情况下，Windows Server 2008 提供了 16 项网络服务：

（1）Active Directory Rights Management Services（AD RMS）

AD RMS 建立用户标识，为授权的用户提供受保护信息的许可证。有助于防止信息被未授权而使用。

（2）Active Directory 轻型目录服务（AD LDS）

AD LDS 为应用程序特定的数据和启用目录的应用程序提供存储。一台服务器上可实现多个 AD LDS 实例，每个实例可以有各自不同的架构。

（3）Active Directory 域服务（AD DS）

AD DS 使用域控制器向网络用户授予通过一个登录过程访问网络上所允许资源的权限。AD DS 存储有关网络上对象的信息并使此信息可用于用户和网络管理员。

（4）Active Directory 证书服务（AD CS）

AD CS 创建证书颁发机构和相关的角色服务，可以使您颁发和管理在各种应用程序中所使用的证书。

（5）DHCP 服务器

动态主机配置协议（DHCP）服务器支持集中配置、管理和提供客户端计算机的临时 IP 地址和相关信息。

（6）DNS 服务器

域名系统（DNS）服务器为 TCP/IP 网络提供名称解析服务。如果选择 Active Directory 域服务角色，则可以配置 DNS 服务器与 Active Directory 域服务器协同工作。

（7）Hyper-V

Hyper-V 提供了可用于创建和管理虚拟机及其资源的服务。每个虚拟机都是一个在独立执行环境中操作的虚拟计算机系统。这使服务器能够同时运行多个操作系统。

（8）Web 服务器（IIS）

IIS 提供可靠、可管理并且可扩展的 Web 服务器端应用程序运行环境。

（9）Windows Server Update Service（WSUS）

WSUS 允许网络管理员创建不同的更新组、指定应安装的 Microsoft 更新，以及获取有关计算机兼容性级别和更新报告。

（10）Windows 部署服务（WDS）

WDS 可以通过网络提供简单、安全的方法将 Windows 操作系统快速地远程部署到计算机系统之上。

（11）传真服务器

传真服务器发送和接收传真，并使用户能够管理传真资源，如该计算机或网络上的作业、设置、报告和传真设备。

（12）打印和文件服务

使用此服务器角色，可以使管理员能够集中管理打印服务器和网络打印机资源。使用户可以从网络扫描仪接收扫描的文档并将这些文档共享至网络。

（13）网络策略和访问服务（NPS）

NPS 提供网络策略服务器、路由和远程访问、健康注册颁发机构（HRA）和主机凭据授权协议（HCAP），这些将有助于网络的健康和安全。

（14）文件服务

文件服务提供有助于管理存储、启用文件复制、管理共享文件夹、确保快速搜索文件以及启用对 UNIX 客户端计算机进行访问的技术。

（15）应用程序服务器

提供对高性能分布式业务应用程序的集中管理和承载。

（16）远程桌面（RD）服务

远程桌面用来使用户能够访问安装在 RD 会话主机服务器或虚拟机上的基于 Windows 的程序或访问整个 Windows 桌面。

2．Red Hat Enterprise Linux Server 6

到目前为止，已经有众多的 Linux 发行版本可供设计者选择。如 Red Hat、Slackware、Mandriva、Debian、Ubuntu、SuSE、Fedora 等都推出了各自的服务器版本。根据著名的调查公司 NetCraft 调查，Linux 服务器使用率的排名依次为 Red Hat、Debian、SuSE、Fedora、Mandrake 和 Gentoo。

Red Hat Enterprise Linux Server 6，简称 RHEL Server 6 是目前最新的 Red Hat Linux 服务器版本。用于服务器的红帽企业 Linux 是一个通用平台，可以部署在物理系统上，作为主要管理程序上或云中的虚拟机。红帽的所有版本均通过发布的接口（kABI、内核库和服务基础设施）来保证。支持从单一插槽到由合作伙伴生产的大型系统的多种硬件。红帽企业 Linux 服务器版本还包括完整的 LAMP 堆栈（Apache/Tomcat、PHP/Perl/Python、MySQL/PostgreSQL）、文件和打印服务（NFS、CIFS/SMB、CUPS），以及身份验证服务（openldap、kerberos5）等。读者可参考 Red Hat 网站：http://www.cn.redhat.com。

8.1.5　网络方案中的设备选型

根据需求分析，合理选择层次化结构设计中的设备是网络规划的一项常规技能。理论上，网络设备分布在网络体系结构的各个层次。如中继器、集线器属于物理层设备；网桥和二层交换机属于数据链路层设备；路由器属于网络层设备；而防火墙、网关等属于传输层以上的高层设备。但是，由于生产厂商和网络产品的多元化，实际中间的网络设备很多并没有严格处于某一个层次，相反，设备的发展趋势是将更多层次的功能聚集到一起。如三层交换机就既能实现二层交换又能实现路由的功能；而有些路由器又融合了防火墙的功能。总的来说，在某个网络方案的设备选型中，应尽量选择同一厂商的系列产品，而选择有突出优势的个别其他厂商产品作为必要的补充。同一厂商在不同的应用层次上可提供的系列产品，称之为产品线。这样做的目的，主要是获得更好的组网兼容性和便捷的售后服务。

在实际的设备选型中，可以按照接入层、汇聚层和核心层三个层次划分来选择。主要包括下列设备：

1．网卡（NIC）

网卡是用于实现终端与接入层设备之间物理连接的客户端资源。无论是采用双绞线、同轴电缆、光纤接入还是无线接入，都必须在终端设备上配备网卡。网络方案中，只需要考虑实际需要安装网卡的数量。而对于网卡本身的选型则主要考虑以下几个因素：

1）网络类型：选择时应根据网络的类型来选择相对应的网卡。常见的有以太网卡，令牌环网卡，FDDI 网卡等。

2）传输速率：应根据服务器或工作站的带宽需求并结合物理传输介质所能提供的最大传输速率来选择网卡的传输速率。例如以太网卡，可选择的速率就有 10Mbit/s，10/100Mbit/s，1000Mbit/s，甚至 10Gbit/s 等多种。但并不是速率越高就越合适。例如，为连接在只具备 100Mbit/s 传输速率的双绞线上的计算机配置 1 000Mbit/s 的网卡就是一种浪费。

3）总线类型：计算机中常见的总线插槽类型有 ISA、EISA、VESA、PCI 和 PCMCIA 等。在服务器上通常使用 PCI、EISA 或 PCI-E 总线的网卡，一般的工作站终端则可采用 PCI 或 ISA 总线的普通网卡（目前 PC 基本上已不再支持 ISA 连接），在笔记本电脑则用 PCMCIA 总线的网卡或采用并行接口的便携式网卡。

4）网卡支持的电缆接口：网卡最终是要与网络电缆进行连接，所以也就必须至少有一个接口能正确连接到网线上，从而通过它与其他计算机网络设备连接。不同的网络接口适用于不同的网络类型，目前常见的接口主要有以太网的 RJ-45 接口，细同轴电缆的 BNC 接口和粗同轴电缆的 AUI 接口、FDDI 接口、ATM 接口等。而且有的网卡为了适用于更广泛的应用环境，提供了两种或多种类型的接口，如有的网卡会同时提供 RJ-45、BNC 接口或 AUI 接口。

5）价格与品牌：不同速率、不同品牌的网卡使用的主芯片以及其他元器件的质量有一定差异，因而价格差别较大，要根据实际需要选择。

另外，在无线接入方案中，只能选择无线网卡。无线网卡不需要电缆接口，除以上因素外还应考虑天线的质量。

2．交换机

随着产品价格优势的体现，目前集线器这种纯粹的物理层设备已经基本被交换机所替代。在接入层和汇聚层都有可供选择的交换机产品。一般来说，在接入层采用二层交换机，而在汇聚层采用三层交换机。选择二层交换机时主要考虑的问题包括如下。

1）背板带宽：背板带宽是指交换机接口处理器或接口卡和数据总线间的最大数据吞吐率。一台交换机如果要求能实现全双工无阻塞交换，那么它的背板带宽值应该大于端口总数×最大端口带宽×2。背板带宽反映了交换机所有端口总的交换能力，也叫做交换带宽。

2）吞吐率：交换机的吞吐率是指该交换机在单位时间内转发的数据量的大小。在选择交换机时一般要把背板带宽和吞吐率综合考虑。

3）端口速率：除了背板带宽、吞吐率等，端口速率也是衡量交换机的一项重要指标。现在的端口速度有 10Mbit/s、10/100Mbit/s、1 000Mbit/s、10/100/1 000Mbit/s 甚至更高。相应的接口物理特性也不尽相同。当然，高速端口的每端口价格也越高。从成本考虑，如无明确的端口速率需求，用户接入交换机选择 10/100Mbit/s 端口即可，而对于主干交换机则可选择 1 000Mbit/s 端口。

4）端口密度：端口密度即一台交换机最多能包含的端口数量，是对端口数量的一种衡量标准。这一指标特别针对模块化的交换机设备。相同价格下，端口密度越大的交换机，其每端口成本越小。

5）交换方式：交换方式有 Cut-through、Store-and-forward、Fragment-free 三种。这三种交换方式的区别主要在考虑抗干扰能力和交换速度之间的平衡。如果工作环境较为恶劣，电磁干扰很强，这应当选择 Store-and-forward 的交换机。如果工作环境比较干净，则完全可以选择 Cut-through 的交换机。如果无法准确确认工作环境，而对速度要求不是十分苛刻，就可以选择 Fragment-free。一些高级交换机可以通过设置来切换这三种工作模式。

6）堆叠能力：多台交换机之间可以通过级连或堆叠两种方式组成交换机组。不同类型的交换机只能级连，而同类的交换机可以进行堆叠。级连需要占用以太网端口，而堆叠则需要通过专门的接口进行。堆叠的方式有两种，一种是星型堆叠，另一种是菊花链型堆叠。可根据具体需要而定。

7）VLAN 支持：VLAN 已成为现在中高档交换机的标准配置，但不同厂商的设备对 VLAN 的支持能力不同，支持 VLAN 的数量也不同。选择支持 VLAN 的交换机时，不只是要看它最多能支持多少个 VLAN，支持哪几种 VLAN，还必须注意该交换机支持 TRUNK 的协议是 ISL 还是 802.1Q。

8）MAC 地址数量：每台交换机都有一个 MAC 地址表。所谓 MAC 地址数量，是指交换机的 MAC 地址表中可以最多存储的 MAC 地址数量。存储的 MAC 地址数量越多，那么数据转发的速度和效率也就越高，抗 MAC 地址表溢出的能力也就越强。

9）网管能力：对于一个中大型网络，网管支持能力是至关重要的。然而，现在的各个交换机生产厂商提供的网管方式各不相同，而且互不兼容。所以选择交换机时要特别注意现在正在使用什么网管软件，或将来即将采用什么网管软件。

10）QoS 支持能力：现在的网络应用已经不像以前只是传输数据，而往往将语音、视频的应用都加入其中。因为交换机的交换能力是固定的，如果网络中有必须保护的业务，就必须限制视频等应用占用的带宽，这时 QoS 就显得尤为重要了。它可以为重要业务保留带宽，并在能力允许的范围内合理配备各种应用需要的带宽。

3. 路由器

从应用场合上看，路由器分为边界路由器和中间结点路由器。边界路由器主要作为局域网与其他网络的接口设备，一般与防火墙一起使用，如图 8-3a 所示。

作为一种关键设备，路由器的选型必须要考虑性能、冗余和稳定性。路由器的工作效率决定了它的性能，也决定了网络的承载数据量及应用。路由器的路由方式大体可分为软件方式和硬件转发两类。硬件转发方式可以有效改善数据传输中的延迟，提高网络的效能。路由器的软件稳定性及硬件冗余性也是必须考虑的因素，一个完全冗余设计的路由器可以大大提高设备运行中的可靠性。除此之外，还要考虑：

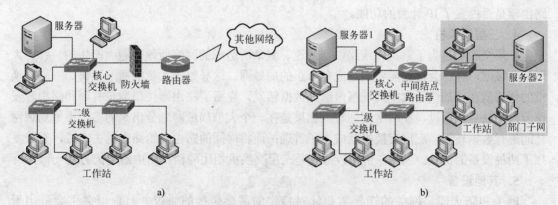

图 8-3　路由器的应用分类

a) 边界路由器　b) 中间结点路由器

1）接口：路由器的选择必须考虑在一个设备中可以同时支持的接口类型，比如各种铜芯电缆、双绞线或光纤接口的百兆/千兆以太网、ATM 接口和高速 POS 接口等。

2）端口的数量和模块化程度：选择一款适用的路由器必然要考虑路由的端口数。从几个端口到数百个端口，用户必须根据自己的实际需求及将来的扩展等多方面来考虑。对中小企业来说，几十个端口一般都能满足企业的需求。而对大型企业来说，则要根据网段的数目先做个统计，并对企业网络今后可能的发展做充分预测，然后再做选择。目前，高端的路由器产品一般采用模块化设计。路由器产品可通过添加模块获得更丰富的端口和相应的功能。

3）支持的协议：在选择路由器时必须要考虑路由器支持的各种开放协议，开放协议是设备互连的良好前提，所支持的协议丰富，则说明设计上的灵活与高效。比如看其是不是支持完全的组播路由协议、是不是支持多协议标签交换 MPLS、是不是支持冗余路由协议 VRRP。此外，在考虑常规 IP 路由的同时，有些企业还会考虑路由器是否支持 IPX、AppleTalk 路由。有的设备厂商为提高路由的效率，会开发出若干私有协议，用户在对这些非标准化特性的选择上最好要先明确自己的需要，同时也要注意在核心技术上应该避免采用这类技术，因为非标准的协议意味着不同设备厂商之间产品的不兼容，它会把用户困死在某一个设备厂商上。而且不标准的协议也常被新型的开放协议所替代。

4）确定管理方法的难易程度：路由器的管理特别重要。目前路由器的主流配置有三种，一种是即插即用型路由器，它不需要配置，它的主要用户群是家庭或者 SOHO；第二种是采用最简单 Web 配置界面的路由器，它的主要用户群是低端中小型企业；第三种方式是借助终端通过专用配置线连到路由器端口上做直接配置，因为刚买的路由器，其配置文件都还没有内容，所以用户购入路由器后都要先用这种方式做基本的配置，这种路由器的用户群是大型企业及专业用户，所以它在设置上要比低端路由器复杂。而且现在的高端路由器都采用了命令行配置方式，应该由经过专门培训的专业人士来进行管理、配置。

5）企业自身的特殊需求：企业用户为了让不同的应用享受不同等级的服务，或者为了对某一类用户的流量等信息进行统计，需要对各应用、用户、网段或者接口设定不同的流量保障，这种用户在选择路由器时，就必须注意路由器的服务质保体系及流量控制特性，以及路由器是否内置了 IP 计费的功能。

4. 三层交换机

三层交换机是为了解决传统路由器低速、复杂所造成的网络瓶颈问题而产生的。针对大型的局域网，往往会根据需要规划成多个小的局域网，这导致了大量的网际互访。三层交换机的优势就在于加快了大型局域网内部的数据转发，克服了路由器接口数量有限和路由转发速度慢的缺点。所以，在网络规划时，如果是在一个大型局域网划分出来的多个小型局域网之间进行数据转发，三层交换机就成为了首选；而将网间的路由交给路由器去完成，充分发挥了两种设备的优点。当然，价格较低也是三层交换机相比同档次路由器的优势之一。

5. 其他设备

网关和防火墙。网关的选择主要针对特定的需要转换的协议。目前网关主要应用于 VPN、反垃圾电子邮件或无线 AP。而防火墙的选型，关键是要明确采用哪种防火墙技术。目前在市场上的防火墙产品根据所采用的主要过滤技术可划分为包过滤型防火墙、应用代理型防火墙和状态包过滤型防火墙三种。其次，还要考虑防火墙的并发连接数。

6. 综合布线系统设备

详见 8.3 节。

8.2 网络运行方案设计

网络系统方案分为建设方案和运行方案，两部分之间存在一些约束关系。

8.2.1 网络冗余方案设计

即使是强壮的分层结构设计的网络也有发生单点故障的可能。所谓单点故障，是指该故障将导致整个网络系统的工作中断。如果网络系统只依赖某一个因素、部分、系统、设备或人，就有单点故障的隐患。单点故障是任何一个工程项目都应该避免的。冗余是目前避免单点故障的最好方式。一般来说，可以认为冗余和备份是同义词。所谓网络冗余，就是提供备份链路或设备，当系统发生故障时可以随时替换故障点继续工作。但是如果缺乏恰当的规划和实施，冗余的链路和连接点会削弱网络的层次性，降低网络的稳定性和可维护性。网络冗余设计要遵循两个原则：

1）冗余一般不用于负载平衡。若将冗余用于负载平衡，那么当网络发生故障需要征用冗余链路时，网络会因负载失衡而产生不稳定性。

2）只对通信链路做冗余，而且冗余应只在正常链路不可用的情况下才可见。按照网络层次的划分，网络冗余可以划分为核心层冗余、分布层冗余和接入层冗余。

核心层冗余主要围绕三个目标进行设计：减少链路的跳数；减少可用的路径数量；增加核心层可承受的故障数量。

常见的核心层冗余分为完全网状规划和部分网状规划两种。完全网状规划中，每个核心层路由器都与冗余核心层路由器实现点对点的连接，如图 8-4 所示。

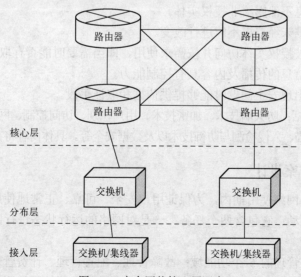

图 8-4 完全网状核心层冗余

完全网状核心层的优点是提供最大的冗余度和最小的跳数；缺点是对于较大型的网络会产生过剩的冗余路径，增加了核心路由选择收敛的时间。部分网状结构的核心层对跳数、冗余和路径数量做了折中。正常情况下，数据传输不超过 3 跳；其缺点是某些路由协议不能很好地处理折中点对多点的部分网状规划。

分布层冗余常用的方法是"双归接入"。双归接入是指分布层路由器通过连接到两个核心层路由器的方式接入核心层，如图 8-5 所示。

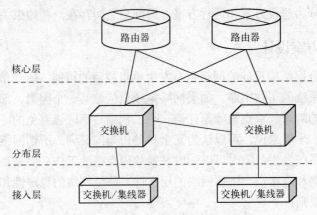

图 8-5　双归接入

当一个链路失效时，不会削弱路由器或交换机任何目的地的可达性。另外，也可以在分布层路由器或交换机之间安装链路来提供冗余。

接入层冗余与分布层冗余类似，常见的方法也是"双归接入"。

8.2.2　网络安全方案设计

网络安全是指网络系统本身及其中的数据受到保护，不受偶然的或者恶意的破坏、更改或窃取的措施。网络安全包括 5 个基本要素。

1）机密性：信息不泄露给非授权实体。

2）完整性：数据未经授权不能进行改变。

3）可用性：可被授权实体访问并按需求使用，即当需要时能否存取所需的信息。

4）可控性：对信息的传播及内容具有控制能力。

5）可审查性：出现安全问题时能够提供依据和取证手段。

网络安全技术包括：防火墙技术、加密技术、用户识别、访问控制、网络防病毒和反病毒技术、网络安全漏洞扫描、入侵检测与防御技术以及数据安全等。具体内容将在后续章节讲解。

8.2.3　网络管理方案设计

网络管理定义为网络使用期内，为保证用户安全、可靠、正常地使用网络服务而从事的一切操作和维护性活动。它包含两个任务：一是对网络的运行状态进行监测，二是对网络的运行状态进行控制。

ISO 定义了网络管理的 5 个功能域：故障管理、配置管理、计费管理、性能管理和安全管理。许多网络设备厂商和网络集成公司都对这 5 项功能做了扩展。这部分功能由各厂商自行定义，并没有标准化。ISO 称之为本地管理功能。

网络管理系统是一个软硬件结合、以软件为主的分布式网络应用系统。网络管理软件简称"网管软件"，它是协助网络管理员对整个网络或网络中的设备进行日常维护和监视网络运行状态的应用软件。网管软件大都可以生成网络运行信息的日志，为分析和研究网络状况提供数据。常用的网管软件有 HP 公司的 OpenView、Sun 公司的 NetManager、IBM 公司的 NetView、Cisco 公司的 Cisco Works 和 Cabletron 公司的 Spectrum 等。

关于网络管理的具体内容将在后续章节讲解。

8.3 综合布线系统

综合布线系统（Integrated Wiring System，IWS）指的是一套用于建筑物内或建筑群之间，为计算机网络、通信设施与监控系统预先设置的信息传输通道。综合布线系统是伴随着智能大厦的发展而出现的，它是智能大厦得以实现的基础设施之一，可以比喻成智能大厦内的信息"高速公路"。综合布线系统为智能大厦和智能建筑群中的信息设施提供了多厂家产品兼容、模块化扩展、系统重组灵活的便利。其最大的好处是既为用户创造了现代信息系统建设的环境，又为用户节约了成本，保护了投资。实际上，综合布线系统已成为现代化建筑的一个重要组成部分。

8.3.1 综合布线系统的组成

从物理成分上来说，综合布线系统是由许多部件组成的，包括传输介质、线路管理硬件、连接器、插座、插头、适配器、传输电子线路、电气保护设施以及由这些部件构造而成的各种子系统。

根据美国 ANSI 的 TIA/EIA-568A 和 TIA/EIA-568B 标准，综合布线系统分为 6 个子系统，分别是：工作区子系统、水平干线子系统、管理间子系统、垂直干线子系统、设备间子系统和建筑群子系统，如图 8-6 所示。

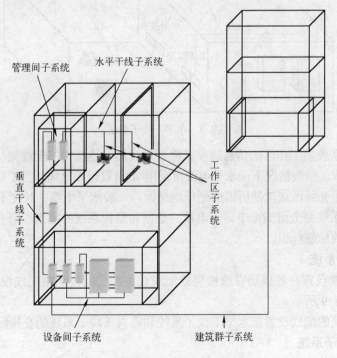

图 8-6　综合布线系统的 6 个子系统

1. 工作区子系统

一个独立划分的需要连接终端设备（TE）的区域称为一个工作区，如图 8-7 所示。

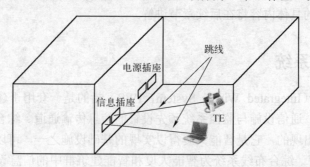

图 8-7　工作区子系统

工作区子系统包括与水平干线子系统的接口——信息插座、连接信息插座和终端设备的跳线以及各种适配器和连接器。每个工作区内信息点的数量根据相应的设计要求设置。一般每 $5\sim10m^2$ 的区域至少要设置两个信息插座，一个用于语音（如 RJ11 插座），一个用于数据（如 RJ45 插座）。同时设计时还需考虑提供足够的电源插座。值得重视的是，规范的设计应注意强弱电分离，即将信息插座和电源插座隔开一段距离。

2. 水平干线子系统

水平干线子系统的作用是将同一楼层内所有工作区的信息插座连接到该楼层的配线设备，如图 8-8 所示。

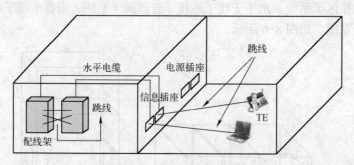

图 8-8　水平干线子系统

水平干线子系统由工作区的信息插座、楼层配线架、连接楼层配线架与信息插座的水平电缆和跳线等组成。一般情况下，水平电缆可采用 4 对双绞线电缆。当工作区有高速率的应用需求时，可采用光纤，这就是所谓的光纤到桌面。一般水平电缆的长度不应大于 90m。

水平干线子系统要全面支持电话、电视、数据和监视系统的需求。所有使用的电缆均应在对端进行严格的标签标识。

3. 管理间子系统

管理间子系统设置在各楼层存放楼层分配线设备的房间内，由配线设备、输入/输出设备等组成，如图 8-9 所示。

管理间子系统的配线设备是水平干线子系统和垂直干线子系统的交接区。

4. 垂直干线子系统

垂直干线子系统由设备间配线设备、跳线和设备间至各楼层管理间分配线设备的连接电缆组成，如图 8-10 所示。

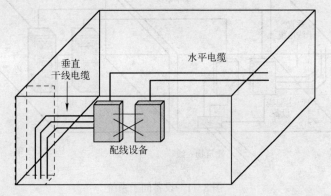

图 8-9　管理间子系统

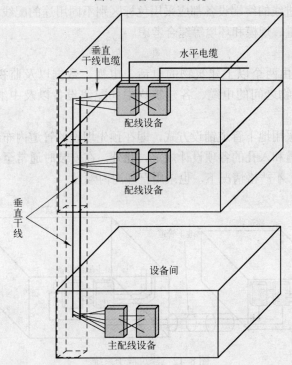

图 8-10　垂直干线子系统

垂直干线子系统是建筑物内综合布线的中枢，它把公共系统设备与各水平子系统互连起来。垂直干线可由大对数双绞线、同轴电缆或光缆组成，一端接于设备间的主配线设备上，另一端接在各楼层间的分配线设备上。

5．设备间子系统

设备间是为每幢建筑的进线接驳设备设置的专门区域，一般和计算机机房相邻。它是网络管理人员的工作场所。设备间子系统由综合布线系统的建筑物进线设备、主配线架及跳线等组成。它把数据、语音、电视的进线、主机房内的各种设备同垂直干线连接起来，如图 8-11 所示。

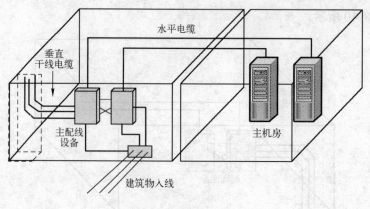

图 8-11　设备间子系统

设备间内的所有进线的终端设备都应采用色标区别不同用途的配线场。设备间的位置及大小应根据设备的数量、规模和环境等综合考虑。

6. 建筑群子系统

建筑群子系统是由两个以上建筑物的电话、电视、数据以及监视系统组成的一个布线系统。它由各建筑物之间的电缆、各建筑物中的配线设备以及中继配线设备组成，如图 8-12 所示。

建筑群子系统应采用地下管道铺设方式，即在预先埋设的管道内布线。管道内敷设的铜缆或者光缆应遵循管道和入孔的各项设计规定。此外，在安装时通常至少预留 1～2 个备用管道，以供扩充之用。不严格情况下，也采用直埋沟内敷设。

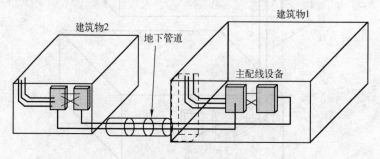

图 8-12　建筑群子系统

8.3.2　综合布线系统的标准

综合布线系统涉及的各种产品的生产厂家非常多，要想使各家的产品互相兼容，使综合布线系统更加开放、方便实施和管理，集成度更高，就必须制定出一系列相关的标准，规范各种产品的接口，并为综合布线系统范畴内的设计、实施、测试和服务等活动制定规范的过程指导。

标准一词是指对重复性事物和概念所做的统一规定。标准的产生是以科学、技术和实践经验的综合成果为基础，经各方参与者协商一致，由主管机构批准，以特定形式发布，作为各方共同遵守的准则和依据。综合布线系统目前已有多种国际、国家及行业标准。

（1）国外综合布线系统的主要标准

美国电子工业协会 EIA 和通信工业协会 TIA 于 1991 年 7 月颁布了《商业建筑物电信布线标准》的第一个版本。它将电话和计算机两种网络的布线系统结合在一起形成综合布线系统，该标准通常称为 ANSI/EIA/TIA568 标准。同时还推出了《商业楼宇的通信路径和间隔标准》，即 ANSI/EIA/TIA569 标准。1995 年，上述标准经过改进并正式修订为 ANSI/EIA/TIA568A 标准。2000 年又颁布了 ANSI/EIA/TIA568B 标准。

另外，ISO 组织于 1995 年 7 月在 ANSI/EIA/TIA568 的基础上发布了 ISO/IEC 11801，作为综合布线系统的国际标准。

（2）我国综合布线系统的标准

2000 年 8 月我国发布了《建筑与建筑群综合布线工程系统设计规范》（GB/T 50311—2000）和《建筑与建筑群综合布线系统工程验收规范》（GB/T 50312—2000）。

2000 年 10 月颁布了《智能建筑设计标准》（GB/T 50314—2006）。

2001 年 10 月，我国信息产业部颁布了《大楼通信综合布线系统》第二版（YD/T926-2001）作为我国通信行业的一项标准，于 2001 年 11 月 1 日起正式实施。

2007 年 4 月我国建设部发布了《综合布线系统工程设计规范》（GB 50311—2007）和《综合布线系统工程验收规范》（GB 50312—2007），并于同年 10 月 1 日起开始实施。

（3）综合布线系统标准举例

国内外综合布线标准主要针对"商业办公"电信系统，布线系统的使用寿命要求至少要10 年。标准内容包括建议的拓扑结构和布线距离，传输介质及参数等。同时，为确保标准的开放性，还规定了连接器的物理和电器特性。

水平干线子系统主要涉及水平跳线架、水平线缆、线缆出入口/连接器和转换点等。如EIA/TIA568A 推荐使用的水平线缆包括：4 对 100Ω 五类非屏蔽双绞线、2 对 150Ω 屏蔽双绞线（线缆端接接口为 IEEE 802.5 数据接口）、50Ω 同轴电缆、62.5/125μm 双芯多模光缆（端接 SC 连接器）。EIA/TIA568B 标准允许使用 50/125μm 多模光缆。垂直干线子系统主要涉及主配线架、中间配线架、建筑外主干线缆和建筑内主干线缆等。例如，EIA/TIA568A 推荐使用的主干线缆包括：100Ω 多对数非屏蔽双绞线 24AWG、4 对 100Ω 非屏蔽双绞线 24AWG五类、150Ω 屏蔽双绞线、62.5/125μm 双芯多模光缆等。

8.3.3 综合布线系统的产品选型

综合布线系统的产品主要是配线架、各种线缆、各种插接件、连接器、适配器、检测设备以及各种施工设备和工具等。选择综合布线产品时，首先要确定其是符合前述综合布线系统标准，其次是产品的用材和做工，最后是品牌价格、售后服务等其他因素。但是要直接验证产品的质量好坏往往不那么容易，业界普遍的做法是选择某个有信誉保障的厂商的统一产品线。此处以美国 TE 公司（http://www.te.com）为例介绍综合布线系统的主要产品线。

TE 公司是美国安普公司 AMP 品牌的拥有者，公司设计和制造 50 多万种产品，于 1989年进入中国。其主要的产品线包括：电缆和光缆产品、工作区布线产品、电信间布线产品、各类跳线产品、各类连接器产品、各类工具产品、高密度铜缆布线系统产品、高密度光缆布线系统产品、智能布线管理系统产品、开放式办公区布线产品。

1. 图片示例

（1）AMP 六类布线系统组成：由 4 个部分组成，6 类线缆、6 类插座和面板、6 类跳线和 6 类插头（RJ45 水晶头），如图 8-13 所示。

图 8-13　六类线缆、跳线、信息插座及面板（从左到右）

（2）布线工具：常见的布线工具及名称如图 8-14 所示。

图 8-14　五对 110 型打线器、单对 110 型打线器及 RJ45-11 打线钳

2. 常用产品分类列表

（1）工作区子系统

双孔面板 （语音+数据）	超五类网络模块	语音模块	超五类数据跳	语音跳线	RJ45-RJ11 跳线

（2）水平子系统

语音数据 点位	超五类非 屏蔽线缆	进机柜 五类线	电话线	进机柜 电话线	SC15	SC20	SC25	SC32	各式桥架

注：SC15、SC20、SC25 为各型号的预埋电气套管

（3）配线间子系统

超五类 非屏蔽 模数据块	超五类 24 口 配线架	6 口 光纤 配线架	110 配线架 （50 对）	110 配线架 （100 对）	超五类 网络 跳线 （2m）	6 口 双 LC 适配板	尾纤 （1m）	LC-LC 光纤 跳线 （2m）	理线器	42U 机柜	光纤 熔接盒

（4）垂直子系统

6 芯多模室内光纤	50 对语音线缆	100 对语音线缆	垂直桥架 200×200

（5）管理间子系统

24 口光纤 配线架	110 配线架	8 口双 LC 适配板	尾纤（1m）	LC-LC 光纤 跳线（2m）	理线器	42U 机柜

（6）设备间子系统

24 口 LC 光纤配线架（含耦合器 2U）
LC 多模光纤尾纤（1.5m）
2 米 LC-LC 多模双芯跳线
机架式 100 对 110 配线架（含背板、端接模块）
110 理线槽
机柜

实际应用中可参考以上常用设备进行添加或删减。

习题

一、选择

1. 通信子网设计时采用典型的三层结构是（　　　）。

  A．物理层、网络层、传输层

  B．物理层、链路层、网络层

  C．核心层、汇聚层、接入层

  D．硬件层、系统层、应用层

2. 网络运行方案主要确定哪几个方面（　　　）？

  A．网络建设方案、网络系统方案、网络运行方案

  B．网络建设方案、网络冗余方案、综合布线方案

  C．网络冗余方案、网络管理方案、网络设计方案

  D．网络管理方案、网络安全方案、网络冗余方案

3. 综合布线采用模块化的结构，按各模块的作用，可把综合布线划分为（　　　）个部分。

  A．3 个部分   B．4 个部分

  C．5 个部分   D．6 个部分

4. 下列哪项不属于水平干线子系统的设计内容（　　　）。

  A．布线路径设计   B．管槽设计

  C．设备安装   D．线缆类型选择

5. 下列哪项不属于管理间子系统的组成部件或设备（　　　）。

  A．水平跳线连线   B．管理标识

  C．配线架   D．网络设备

二、简答

1. 简述网络规划的目标和内容。

2. 常用的网络设备有哪些？

3. 网络安全设计的要素是什么？

4. 简述综合布线系统的组成。

5. 管理间子系统和设备间子系统的区别是什么？

第9章 网络管理

网络系统投入运行后，有很大一部分工作量在于对网络系统的管理。网络管理主要涉及对网络运行情况的监控、对网络性能的配置等内容。

9.1 网络管理的基本概念

任何一个系统都需要管理，计算机网络系统也不例外。网络工程建设完成后，接下来就会面临一个长期的网络维护和管理阶段。在本书的范畴内，将计算机网络的管理简称为网络管理。

关于网络管理的定义很多，本书采纳其中的一种：网络管理监督、控制网络资源的使用和网络的各种活动，使网络性能达到最优的过程。简单地说，网络管理实际上就是通过合适的方法和手段使网络综合性能达到最优，简称网管。

网络管理技术集中了通信技术和计算机网络技术两个方面，是通信技术和计算机技术结合最为紧密的部分。它不仅包括了信息的传输、存储和处理技术，而且还包括了各种信息服务、仿真模拟、决策支持、专家系统、神经网络以及容错技术，它们运用于网络管理之中，并形成了比较完整的技术学科。显然，网络管理学科是建立在计算机网络和电信网络知识体系之上的，如图 9-1 所示。

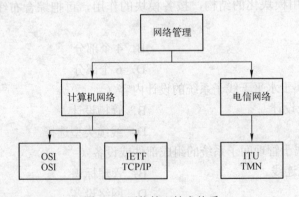

图 9-1 网络管理技术体系

9.1.1 网络管理的需求和目标

在当今高度发展的信息化社会，计算机网络的稳定性和可靠性是计算机网络高效运行的一个基本保障，是良好运行状态的基本要求。要达到这一要求就必须运用网络管理。网络管理是网络发展中一个很重要的技术，对其发展有着很大的影响，并已成为现代信息网络中最重要的问题之一。它的重要性已经在各个方面得到了体现，并为越来越多的人所重视。随着网络规模的扩大和复杂性的增加，网络管理已经成为整个网络系统中不可缺少的重要部分，是网络可靠、安全、高效运行的保障和必要手段。

早期的网管，管理行为在发现故障或接到用户申告之后开始。技术人员到现场通过连接仪器、操作按钮来检测和改变传输装置、复用设备、交换机等网络资源的状态。后来随着网络技术的更新与发展，提出了以远程监控为基础的网络管理的新框架。网络的性能状况定期地甚至实时地得到监视，使管理系统有了预测问题的能力。从根据现场检测的局部信息进行孤立判断，转变为对有明确定义的全局信息进行解释。

网络管理的需求体现在两个方面。一方面体现在它是网络和分布处理系统对于商业和人们的日常生活都越来越重要了。计算机网络日益成为个人和企/事业单位日常活动必不可少的工具。许多公司、国家机关和大学每天都要使用网络上的数据业务（例如电子邮件和传真）、视频业务（如电视会议）和话音业务（如 IP 电话）来保证他们的生存和发展。另一方面计算机的组成越来越复杂，网络互联的规模越来越大，而且联网设备多是异构型设备、多制造商、多协议栈的环境。这种新情况的出现增加了网络管理的难度。这样的网络靠手工管理是无能为力的，所以网络管理是一项迫切任务。

网络管理的目标总结起来主要包括以下几点：减少停机时间，改进响应时间；提高设备利用率；减少运行费用，提高效率；减少/消灭网络瓶颈；适应新技术（新设备、新平台）；使网络更容易使用；安全。

当然，随着网络技术的发展，网络管理也不断会有新的目标添加进来。

9.1.2 网络管理的分类

1. 按照发展历史分类

根据网络管理系统的发展历史，可以划分为三代。

第一代网络管理系统就是最常用的命令行方式，结合一些简单的网络监测工具。它不仅要求使用者精通网络的原理及概念，还要求使用者了解不同厂商的不同网络设备的配置方法。如路由器和智能交换机中的配置和管理命令。

第二代网络管理系统有着良好的图形化界面，用户无须过多了解设备的配置方法，就能图形化地对多台设备同时进行配置和监控，大大提高了工作效率，但仍然存在由于人为因素造成的设备功能使用不全面或不正确的问题数增大，容易引发误操作。

第三代网络管理系统相对来说比较智能，是真正将网络和管理进行有机结合的软件系统，具有"自动配置"和"自动调整"功能。而且通常是采用基于 B/S（浏览器/服务器）架构，一方面可实现远程管理，另一方面实现起来非常容易，只要有浏览器即可。对网管人员来说，只要把用户情况、设备情况以及用户与网络资源之间的分配关系输入网管系统，系统就能自动地建立图形化的人员与网络的配置关系，并自动鉴别用户身份，分配用户所需的资源（如电子邮件、Web、文档服务等）。

2. 按照管理对象分类

目前常用的网络管理软件可分为两大类，主要是根据管理对象来分类：即通用网络管理软件（NMS）和网元（设备）管理软件（EMS）两大类。网元管理软件只管理单独的网元（网络设备，如交换机、路由器、服务器等），通用网络管理软件的管理目标则是整个网络。

3．按照管理范畴分类

从网络管理的范畴来分类，又可分为对网"路"的管理，即针对交换机、路由器等主干网络进行管理；对接入设备的管理，即对内部 PC、服务器、交换机等进行管理；对行为的管理，即针对用户的使用进行管理；对资产的管理，即统计网络系统软、硬件信息等。

4．按照管理功能分类

根据国际标准化组织（ISO）定义的网络管理有五大功能：故障管理、配置管理、性能管理、安全管理、计费管理，即通常所说的 FCAPS，表示网络管理的五种基本功能的缩写，见第 9.1.3 节。

5．根据网络管理软件产品功能的不同分类

网络管理软件产品可细分为五类，即网络故障管理软件，网络配置管理软件，网络性能管理软件，网络服务/安全管理软件，网络计费管理软件。不过，其实现在大多数网络管理软件都是以上部分或全部功能的集合，单一功能的比较少见。

9.1.3　网络管理的功能

国际标准化组织 ISO 在 ISO/IEC7498-4 文档中定义了网络管理的五大功能，简称为 FCAPS，并被广泛接受。

1．故障管理（Fault Management）

故障管理是网络管理中最基本的功能之一。用户都希望有一个可靠的计算机网络。当网络中某个组成部分失效时，网络管理器必须能够迅速查找到故障并及时排除。通常不大可能迅速隔离某个故障，因为网络故障的产生原因往往相当复杂，特别是当故障是由多个网络组成共同引起的。在此情况下，一般先将网络修复，然后再分析网络故障的原因。分析故障原因对于防止类似故障的再发生相当重要。

网络故障管理包括故障检测、隔离和纠正三方面，应包括以下典型功能。

1）故障监测：主动探测或被动接收网络上的各种事件信息，并识别出其中与网络和系统故障相关的内容，对其中的关键部分保持跟踪，生成网络故障事件记录。

2）故障报警：接收故障监测模块传来的报警信息，根据报警策略驱动不同的报警程序，以报警窗口/振铃（通知一线网络管理人员）或电子邮件（通知决策管理人员）发出网络严重故障警报。

3）故障信息管理：依靠对事件记录的分析，定义网络故障并生成故障卡片，记录排除故障的步骤和与故障相关的值班员日志，构造排错行动记录，将事件-故障-日志构成逻辑上相互关联的整体，以反映故障产生、变化、消除的整个过程的各个方面。

4）排错支持工具：向管理人员提供一系列的实时检测工具，对被管设备的状况进行测试并记录下测试结果以供技术人员分析和排错；根据已有的排错经验和管理员对故障状态的描述给出对排错行动的提示。

5）检索/分析故障信息：浏览并且以关键字检索查询故障管理系统中所有的数据库记录，定期收集故障记录数据，在此基础上给出被管网络系统、被管线路设备的可靠性参数。对网络故障的检测依据对网络组成部件状态的监测。不严重的简单故障通常被记录在错误日志中，并不作特别处理；而严重一些的故障则需要通知网络管理器，即所谓的"警报"。一般网络管理器应根据有关信息对警报进行处理，排除故障。当故障比较复杂时，网络管理器应能执行一些诊断测试来辨别故障原因。

2. 配置管理（Configuration Management）

配置管理同样相当重要。它初始化网络、并配置网络，以使其提供网络服务。配置管理是一组对辨别、定义、控制和监视组成一个通信网络的对象所必要的相关功能，目的是为了实现某个特定功能或使网络性能达到最优。

1）配置信息的自动获取：在一个大型网络中，需要管理的设备是比较多的，如果每个设备的配置信息都完全依靠管理人员的手工输入，工作量是相当大的，而且还存在出错的可能性。对于不熟悉网络结构的人员来说，这项工作甚至无法完成，因此，一个先进的网络管理系统应该具有配置信息自动获取功能。即使在管理人员不是很熟悉网络结构和配置状况的情况下，也能通过有关的技术手段来完成对网络的配置和管理。在网络设备的配置信息中，根据获取手段大致可以分为三类：一类是网络管理协议标准的 MIB 中定义的配置信息（包括 SNMP 和CMIP 协议）；二类是不在网络管理协议标准中有定义，但是对设备运行比较重要的配置信息；三类就是用于管理的一些辅助信息。

2）自动配置、自动备份及相关技术：配置信息自动获取功能相当于从网络设备中"读"信息，相应的，在网络管理应用中还有大量"写"信息的需求。同样根据设置手段对网络配置信息进行分类：一类是可以通过网络管理协议标准中定义的方法（如 SNMP 中的 set 服务）进行设置的配置信息；二类是可以通过自动登录到设备进行配置的信息；三类就是需要修改的管理性配置信息。

3）配置一致性检查：在一个大型网络中，由于网络设备众多，而且由于管理的原因，这些设备很可能不是由同一个管理人员进行配置的。实际上，即使是同一个管理员对设备进行的配置，也会由于各种原因导致配置一致性问题。因此，对整个网络的配置情况进行一致性检查是必需的。在网络的配置中，对网络正常运行影响最大的主要是路由器端口配置和路由信息配置，因此，要进行检查的也主要是这两类信息。

4）用户操作记录功能：配置系统的安全性是整个网络管理系统安全的核心，因此，必须对用户进行的每一配置操作进行记录。在配置管理中，需要对用户操作进行记录，并保存下来。管理人员可以随时查看特定用户在特定时间内进行的特定配置操作。

3. 计费管理（Accounting Management）

计费管理记录网络资源的使用，目的是控制和监测网络操作的费用和代价。它对一些公共商业网络尤为重要。它可以估算出用户使用网络资源可能需要的费用和代价，以及已经使用的资源。网络管理员还可规定用户可使用的最大费用，从而控制用户过多占用和使用网络资源。这也从另一方面提高了网络的效率。另外，当用户为了一个通信目的需要使用多个网络中的资源时，计费管理可计算总计费用。

1）计费数据采集：计费数据采集是整个计费系统的基础，但计费数据采集往往受到采集设备硬件与软件的制约，而且也与进行计费的网络资源有关。

2）数据管理与数据维护：计费管理人工交互性很强，虽然有很多数据维护系统自动完成，但仍然需要人为管理，包括交纳费用的输入、联网单位信息维护，以及账单样式决定等。

3）计费政策制定：由于计费政策经常灵活变化，因此实现用户自由制定输入计费政策尤其重要。这样需要一个制定计费政策的友好人机界面和完善的实现计费政策的数据模型。

4）政策比较与决策支持：计费管理应该提供多套计费政策的数据比较，为政策制定提供决策依据。

5）数据分析与费用计算：利用采集的网络资源使用数据，联网用户的详细信息以及计费政策计算网络用户资源的使用情况，并计算出应交纳的费用。

6）数据查询：提供给每个网络用户关于自身使用网络资源情况的详细信息，网络用户根据这些信息可以计算、核对自己的收费情况。

4. 性能管理（Performance Management）

性能管理估价系统资源的运行状况及通信效率等系统性能。其能力包括监视和分析被管网络及其所提供服务的性能机制。性能分析的结果可能会触发某个诊断测试过程或重新配置网络以维持网络的性能。性能管理收集分析有关被管网络当前状况的数据信息，并维持和分析性能日志。一些典型的功能包括：

1）性能监控：由用户定义被管对象及其属性。被管对象类型包括线路和路由器；被管对象属性包括流量、延迟、丢包率、CPU 利用率、温度、内存余量。对于每个被管对象，定时采集性能数据，自动生成性能报告。

2）阈值控制：可对每一个被管对象的每一条属性设置阈值，对于特定被管对象的特定属性，可以针对不同的时间段和性能指标进行阈值设置。可通过设置阈值检查开关控制阈值检查和告警，提供相应的阈值管理和溢出告警机制。

3）性能分析：对历史数据进行分析、统计和整理，计算性能指标，对性能状况作出判断，为网络规划提供参考。

4）可视化的性能报告：对数据进行扫描和处理，生成性能趋势曲线，以直观的图形反映性能分析的结果。

5）实时性能监控：提供了一系列实时数据采集；分析和可视化工具，用以对流量、负载、丢包、温度、内存、延迟等网络设备和线路的性能指标进行实时检测，可任意设置数据采集间隔。

6）网络对象性能查询：可通过列表或按关键字检索被管网络对象及其属性的性能记录。

5. 安全管理（Security Management）

安全性一直是网络的薄弱环节之一，而用户对网络安全的要求又相当高，因此网络安全管理非常重要。网络中主要有以下几大安全问题：网络数据的私有性（保护网络数据不被侵入者非法获取）；授权（Authentication）（防止侵入者在网络上发送错误信息）；访问控制（控制对网络资源的访问）。

相应的，网络安全管理应包括对授权机制、访问控制、加密和加密关键字的管理，另外还要维护和检查安全日志。网络管理过程中，存储和传输的管理和控制信息对网络的运行和管理至关重要，一旦泄密、被篡改和伪造，将给网络造成灾难性的破坏。网络管理本身的安全由以下机制来保证：

1）管理员身份认证，采用基于公开密钥的证书认证机制；为提高系统效率，对于信任域内（如局域网）的用户，可以使用简单口令认证。

2）管理信息存储和传输的加密与完整性，Web 浏览器和网络管理服务器之间采用安全套接字层（SSL）传输协议，对管理信息加密传输并保证其完整性；内部存储的机密信息，如登录口令等，也是经过加密的。

3）网络管理用户分组管理与访问控制，网络管理系统的用户（即管理员）按任务的不同分成若干用户组，不同的用户组中有不同的权限范围，对用户的操作由访问控制检查，保证用户不能越权使用网络管理系统。

4）系统日志分析，记录用户所有的操作，使系统的操作和对网络对象的修改有据可查，同时也有助于故障的跟踪与恢复。

网络对象的安全管理有以下功能：

1）网络资源的访问控制，通过管理路由器的访问控制链表，完成防火墙的管理功能，即从网络层（IP）和传输层（TCP）控制对网络资源的访问，保护网络内部的设备和应用服务，防止外来的攻击。

2）告警事件分析，接收网络对象所发出的告警事件，分析员安全相关的信息（如路由器登录信息、SNMP 认证失败信息），实时地向管理员告警，并提供历史安全事件的检索与分析机制，及时地发现正在进行的攻击或可疑的攻击迹象。

3）主机系统的安全漏洞检测，实时的监测主机系统的重要服务（如 WWW，DNS 等）的状态，提供安全监测工具，以搜索系统可能存在的安全漏洞或安全隐患，并给出弥补的措施。

9.1.4 网络管理的体系结构与配置

1. 网络管理的体系结构

计算机网络管理系统的层次结构如图 9-2 所示：最下层是操作系统（OS）和硬件，OS 可以是一般的主机操作系统（如 DOS，UNIX，Windows 98，Windows 2000）等，也可以是专门的网络操作系统（如 Novell NetWare 或 OS/2 LAN SERVER）。操作系统之上是支持网络管理的协议簇，例如 OSI、TCP/IP 等协议，以及专用于网络管理的 SNMP、CMIP 等。协议栈上面是网络管理框架（Network Management Framework），这是各种网络管理应用工作的基础结构。

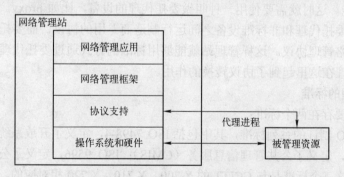

图 9-2　网络管理体系结构

各种网络管理框架的共同特点如下：

1）管理功能分为管理站（Manager），和代理（Agent）两部分。

2）为存储管理信息提供数据库支持，例如关系数据库或面向对象的数据库。

3）提供用户和用户视图（View）功能，例如 GUI 和管理信息浏览器。

4）提供基本的管理操作，例如获取管理信息，配置设备参数等操作过程。

管理资源可能与管理站处于不同的系统中，有关资源的管理信息由代理进程控制，代理进程通过网络管理协议与管理站对话。网络资源也可能受到分布式操作系统的控制。

2．网络管理系统的配置

网络管理系统的配置包括四个结点：网络管理站，服务器（代理），工作站（代理），网络设备（代理）。每个结点都包含一组与管理有关的软件，称为网络管理实体（NME）。NME 的功能包括收集有关通信和网络活动方面的统计信息，对本地设备进行测试，记录其状态信息，在本地存储有关信息，响应网络控制中心的请求，传送统计信息或设备状态信息，根据网络控制中心的指令，设置或改变设备参数等。

网络中至少有一个结点（主机或路由器）担当管理站的角色。除了网络管理实体 NME 之外，管理站中还有另一组软件，称为网络管理应用（NMA）。NMA 提供用户接口，根据使用的命令显示管理信息，通过网络向 NME 发出请求或指令，以便获取有关设备的管理信息，或者改变设备配置。

网络中的其他结点在 NME 的控制下与管理站通信，交换管理信息。这些结点中的 NME 模块叫做代理模块，网络中任何被管理的设备（主机、网桥、路由器或集线器等）都必须实现代理模块。

所有代理在管理站的监视和控制下协同工作实现集成的网络管理，称为集中式的网络管理策略。集中式网络管理可以有效地控制整个网络资源，平衡网络负载，优化网络性能。集中式网络管理适用于小型网络。对于大型网络，分布式网络管理系统代替了单独的网络控制主机。管理客户机与一组网络管理服务器交互作用，共同完成网络功能，称为分布式网络管理。这种管理策略可以实现分部门管理，由一个中心管理站实施全局管理。分布式网络管理的灵活性和可伸缩性带来的好处日益为网络管理工作者所青睐，因而这方面的研究和开发是目前网络管理中最活跃的领域。

分布式网络管理系统要求每个被管理的设备都运行代理程序，并且所有管理站和代理都支持相同的管理协议。而有些非标准设备，由于不支持当前的网络管理标准，无法实现NME 的全部功能。这时就需要使用一种叫做委托代理的设备，比如 proxy，来管理一个或多个非标准设备。委托代理和非标准设备之间运行制造商专用的协议，而委托代理和管理站之间运行标准的网络管理协议。这样管理站就能够用标准的方式通过委托代理得到非标准设备的信息，委托代理在这里起到了协议转换的作用。

3．网络管理的标准

网络管理主要存在两个标准：

一个是由 ISO 制订的系列标准，其中包括 ISO 7498-4，定义了开放系统互连管理的体系结构；ISO 9595，定义了公共管理信息服务（CMIS）；ISO 9596，定义了公共管理信息协议规范（CMIP）。这三个标准是与 CCITT 的 X.700、X.710、X.720 相对应的。但由于网络管理功能复杂，目前还没有完全支持 ISO 标准的产品。

另一个网管标准就是 SNMP，即简单网络管理协议，它于 1988 年 8 月成为标准RFC1157，RFC 是 Internet 的标准，SNMP 的原则是简单易行，现在已有越来越多的产品支持 SNMP。

9.2 网络管理协议

随着网络的不断发展，规模增大，复杂性增加，简单的网络管理技术已不能适应网络迅速发展的要求。以往的网络管理系统往往是厂商在自己的网络系统中开发的专用系统，很难对其他厂商的网络系统、通信设备软件等进行管理，这种状况很不适应网络异构互联的发展趋势。20 世纪 80 年代初期 Internet 的出现和发展使人们进一步意识到了这一点。研究开发者们迅速展开了对网络管理的研究，并提出了多种网络管理方案，包括 HEMS、SGMP、CMIS/CMIP 等。

因特网结构委员会（IAB）最初制订的关于 Internet 管理的发展策略，其初衷是采用 SGMP 作为暂时的 Internet 管理解决方案，并在适当的时候转向 CMIS/CMIP。SGMP 是在 NYSERNET 和 SURANET 上开发应用的网络管理工具，而 CMIS/CMIP 是 20 世纪 80 年代中期国际标准化组织（ISO）和 CCITT 联合制订的网络管理标准。同时，IAB 还分别成立了相应的工作组，对这些方案进行适当的修改，使它们更适于 Internet 的管理。这些工作组随后相应推出了 SNMP（Simple NetWork Management Protocol 1988）和 CMOT（CMIP/CMIS Over TCP/IP1989）等网络管理协议，下面进行简单介绍。

9.2.1 简单网络管理协议（SNMP）

SNMP 是最早提出的网络管理协议之一，它一推出就得到了广泛的应用和支持，特别是很快得到了数百家厂商的支持，其中包括 IBM、HP、SUN 等大公司和厂商。目前 SNMP 已成为网络管理领域中事实上的工业标准，并被广泛支持和应用，大多数网络管理系统和平台都是基于 SNMP 的。

1．SNMP 概述

SNMP 的前身是简单网关监控协议（SGMP），用来对通信线路进行管理。随后，人们对 SGMP 进行了很大的修改，特别是加入了符合 Internet 定义的 SMI 和 MIB体系结构，改进后的协议就是著名的 SNMP。SNMP 的目标是管理互联网Internet 上众多厂家生产的软硬件平台，因此 SNMP 受 Internet 标准网络管理框架的影响也很大。现在 SNMP 已经出到第三个版本的协议，其功能较以前已经大大地加强和改进了。

SNMP 的体系结构是围绕着以下四个概念和目标进行设计的：保持管理代理（Agent）的软件成本尽可能低；最大限度地保持远程管理的功能，以便充分利用 Internet 的网络资源；体系结构必须有扩充的余地；保持 SNMP 的独立性，不依赖于具体的计算机、网关和网络传输协议。在最近的改进中，又加入了保证 SNMP 体系本身安全性的目标。另外，SNMP 中提供了四类管理操作：

1）get 操作用来提取特定的网络管理信息。

2）get-next 操作通过遍历活动来提供强大的管理信息提取能力。

3）set 操作用来对管理信息进行控制（修改、设置）。

4）trap 操作用来报告重要的事件。

2．SNMP 管理控制框架与实现

（1）SNMP 管理控制框架

如图 9-3 所示是 SNMP 网络管理模型。

SNMP 定义了管理进程（Manager）和管理代理（Agent）之间的关系，这个关系称为共同体（Community）。描述共同体的语义是非常复杂的，但其句法却很简单。位于网络管理工作站（运行管理进程）上和各网络元素上利用 SNMP 相互通信对网络进行管理的软件统称

为 SNMP应用实体。若干个应用实体和 SNMP 组合起来形成一个共同体，不同的共同体之间用名字来区分，共同体的名字则必须符合 Internet 的层次结构命名规则，由无保留意义的字符串组成。此外，一个 SNMP 应用实体可以加入多个共同体。

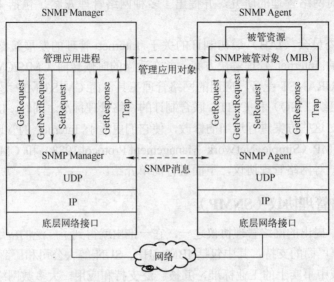

图 9-3　SNMP 网络管理模型

SNMP 的应用实体对 Internet 管理信息库中的管理对象进行操作。一个 SNMP 应用实体可操作的管理对象子集称为 SNMP MIB 授权范围。SNMP 应用实体对授权范围内管理对象的访问仍然还有进一步的访问控制限制，比如只读、可读写等。SNMP 体系结构中要求对每个共同体都规定其授权范围及其对每个对象的访问方式。记录这些定义的文件称为"共同体定义文件"。

SNMP 的报文总是源自每个应用实体，报文中包括该应用实体所在的共同体的名字。这种报文在 SNMP 中称为"有身份标志的报文"，共同体名字是在管理进程和管理代理之间交换管理信息报文时使用的。管理信息报文中包括以下两部分内容：

1）共同体名，加上发送方的一些标识信息（附加信息），用以验证发送方是否是共同体中的成员，共同体实际上就是用来实现管理应用实体之间身份鉴别的。

2）数据，这是两个管理应用实体之间真正需要交换的信息，在第三版本前的 SNMP 中只是实现了简单的身份鉴别，接收方仅凭共同体名来判定收发双方是否在同一个共同体中，而前面提到的附加信息尚未应用。接收方在验明发送报文的管理代理或管理进程的身份后要对其访问权限进行检查。访问权限检查涉及以下因素：

- 一个共同体内各成员可以对哪些对象进行读写等管理操作，这些可读写对象称为该共同体的"授权对象"（在授权范围内）。
- 共同体成员对授权范围内每个对象定义了访问模式：只读或可读写。
- 规定授权范围内每个管理对象（类）可进行的操作（包括 get，get-next，set 和 trap）。
- 管理信息库（MIB）对每个对象的访问方式限制（如 MIB 中可以规定哪些对象只能读而不能写等）。

管理代理通过上述预先定义的访问模式和权限来决定共同体中其他成员要求的管理对象访问（操作）是否允许。共同体概念同样适用于转换代理（Proxy Agent），只不过转换代理中包含的对象主要是其他设备的内容。

　　（2）SNMP 实现方式

　　为了提供遍历管理信息库的手段，SNMP 在其 MIB 中采用了树状命名方法对每个管理对象实例命名。每个对象实例的名字都由对象类名字加上一个后缀构成。对象类的名字是不会相互重复的，因而不同对象类的对象实例之间也少有重名的危险。在共同体的定义中一般要规定该共同体授权的管理对象范围，相应地也就规定了哪些对象实例是该共同体的"管辖范围"。据此，共同体的定义可以想象为一个多叉树，以词典序提供了遍历所有管理对象实例的手段。有了这个手段，SNMP 就可以使用 get-next 操作符，顺序地从一个对象找到下一个对象。get-next（object-instance）操作返回的结果是一个对象实例标识符及其相关信息，该对象实例在上面的多叉树中紧排在指定标识符 object-instance 对象的后面。这种手段的优点在于，即使不知道管理对象实例的具体名字，管理系统也能逐个地找到它，并提取到它的有关信息。遍历所有管理对象的过程可以从第一个对象实例开始（这个实例一定要给出），然后逐次使用 get-next，直到返回一个差错（表示不存在的管理对象实例）结束（完成遍历）。由于信息是以表格形式（一种数据结构）存放的，在 SNMP 的管理概念中，把所有表格都视为子树，其中一张表格（及其名字）是相应子树的根结点，每个列是根下面的子结点，一列中的每个行则是该列结点下面的子结点，并且是子树的叶结点。因此，按照前面的子树遍历思路，对表格的遍历是先访问第一列的所有元素，再访问第二列的所有元素，直到最后一个元素。若试图得到最后一个元素的"下一个"元素，则返回差错标记。

9.2.2　通用管理信息协议（CMIP）

　　CMIP 是在 OSI 制定的网络治理框架中提出的网络治理协议。与其说它是一个网络治理协议，不如说它是一个网络治理体系。这个体系包含以下组成部分：一套用于描述协议的模型；一组用于描述被管对象的注册、标识和定义的治理信息结构；被管对象的具体说明以及用于远程治理的原语和服务。CMIP 与 SNMP 一样，也是由被管代理和治理者、治理协议与治理信息库组成。在 CMIP 中，被管代理和治理者没有明确的指定，任何一个网络设备既可以是被管代理，也可以是治理者。

　　CMIP 治理模型可以用三种模型进行描述：组织模型用于描述治理任务如何分配；功能模型描述了各种网络治理功能和它们之间的关系；信息模型提供了描述被管对象和相关治理信息的准则。从组织模型来说，所有 CMIP 的治理者和被管代理者存在于一个或多个域中，域是网络治理的基本单元。从功能模型来说，CMIP 主要实现失效治理、配置治理、性能治理、记账治理和安全性治理。每种治理均由一个非凡治理功能领域（Special Management Functional Area，SMFA）负责完成。从信息模型来说，CMIP 的 MIB 库是面向对象的数据存储结构，每一个功能领域以对象为 MIB 库的存储单元。

　　CMIP 是一个完全独立于下层平台的应用层协议，它的五个非凡治理功能领域由多个系统治理功能（SMF）加以支持。相对来说，CMIP 是一个相当复杂和具体的网络治理协议。它的设计宗旨与 SNMP 相同，但用于监视网络的协议数据报文要相对多一些。CMIP 共定义了 11 类 PDU。在 CMIP 中，变量以非常复杂和高级的对象形式出现，每一个变量包含变量属性、变量行为和通知。CMIP 中的变量体现了 CMIPMIB 库的特征，并且这种特征表现了 CMIP 的治理思想，即基于事件而不是基于轮询。每个代理独立完成一定的治理工作。

公共管理信息服务/公共管理信息协议（CMIS/CMIP）是 OSI 提供的网络管理协议簇。CMIS 定义了每个网络组成部分提供的网络管理服务，这些服务在本质上是很普通的，CMIP 则是实现 CMIS 服务的协议。

OSI 网络协议旨在为所有设备在 OSI 参考模型的每一层提供一个公共网络结构，而 CMIS/CMIP 正是这样一个用于所有网络设备的完整网络管理协议簇。 出于通用性的考虑，CMIS/CMIP 的功能与结构跟 SNMP 不相同，SNMP 是按照简单和易于实现的原则设计的，而 CMIS/CMIP 则能够提供支持一个完整网络管理方案所需的功能。

CMIS/CMIP 的整体结构是建立在使用 OSI 网络参考模型的基础上的，网络管理应用进程使用 OSI 参考模型中的应用层。也在这层上，公共管理信息服务单元提供了应用程序使用 CMIP 协议的接口。同时该层还包括了两个 OSI 应用协议：联系控制服务元素和远程操作服务元素，其中联系控制服务元素在应用程序之间建立和关闭联系，而远程操作服务元素则处理应用之间的请求/响应交互。另外，值得注意的是 OSI 没有在应用层之下特别为网络管理定义协议。

CMIP 的优点在于：它的每个变量不仅传递信息，而且还完成一定的网络治理任务。这是 CMIP 协议的最大特点，在 SNMP 中是不可能的，这样可减少治理者的负担并减少网络负载。完全安全性，它拥有验证、访问控制和安全日志等一整套安全治理方法。

9.2.3　RMON 技术

RMON 是远程监控的简称，是用于分布式监视网络通信的工业标准，RMON 和 RMON2 是互为补充的关系。RMON 协议广泛应用于如路由器、网管型交换机这类设备中。RMON MIB 由一组统计数据、分析数据和诊断数据构成。利用许多供应商开发的标准工具可显示出这些数据，因而它具有远程网络分析功能。RMON 探测器和 RMON 客户机软件结合在一起，就可以在网络环境中实施 RMON。这样就不需要管理程序不停地轮询，才能生成一个有关网络运行状况的趋势图。当一个探测器发现一个网段处于一种不正常状态时，它会主动与在中心网络控制台的 RMON 客户应用程序联系，并将描述不正常状况的信息转发。

RMON 监视下两层即数据链路和物理层的信息，可以有效监视每个网段，但不能分析网络全局的通信状况，如站点和远程服务器之间应用层的通信瓶颈，因此产生了 RMON2 标准。RMON2 标准使得对网络的监控层次提高到网络协议栈的应用层。因而，除了能监控网络通信与容量外，RMON2 还提供有关各应用所使用的网络带宽量的信息。

9.2.4　AgentX（扩展代理）协议

人们已经制定了各组件的管理信息库，如为接口、操作系统及其相关资源、外部设备和关键的软件系统等制定相应的管理信息库。用户期望能够将这些组件作为一个统一的系统来进行管理，因此需要对原先的 SNMP 进行扩展：在被管设备上安置尽可能多的成本低廉的代理，以确保这些代理不会影响设备的原有功能，并且给定一个标准方法，使得代理与上层元素（如主代理、管理站）进行互操作。AgentX 协议是由因特网工程任务组（IETF）在 1998 年提出的。

AgentX 协议允许多个子代理来负责处理 MIB 信息，该过程对于 SNMP 管理应用程序是透明的。AgentX 协议为代理的扩展提供了一个标准的解决方法，使得各子代理将它们的职责信息通告给主代理。每个符合 AgentX 的子代理运行在各自的进程空间里，因此比采用单个完整的 SNMP 代理具有更好的稳定性。另外，通过 AgentX 协议能够访问它们的内部状态，进而管理站随后也能通过 SNMP 访问到它们。随着服务器进程和应用程序处理的日益复杂，最后一点尤其重要。通过 AgentX 技术，我们可以利用标准的 SNMP 管理工具来管理大型软件系统。

9.3 基于 Web 的网络管理技术

随着应用 Intranet 的企业的增多，一些主要的网络厂商正试图以一种新的形式去应用 MIS，从而进一步管理公司网络。基于 Web 的网络管理技术——WBM（Web-Based Management）技术允许管理人员通过与 WWW 同样的能力去监测他们的网络，可以想象，这将使得大量的 Intranet 成为更加有效的通信工具。WBM 可以允许网络管理人员使用任何一种 Web 浏览器，在网络任何结点上方便迅速地配置、控制以及存取网络和她的各个部分。WBM 是网管方案的一次革命，她将使网络用户管理网络的方式得以改善。

WBM 技术是 Intranet 网络不断普及的结果。Intranet 实际上就是专有的 World Wide Web，它主要应用于一个组织内部的信息共享，运行 TCP/IP 并且通过安全防火墙等措施与外部 Internet 隔离，主要以运行兼容 HTML 语言的有关应用层协议的 Web 服务器组建而成。Intranet 用户以友好、易用的 Web 浏览器从任意网络平台或位置与服务器通信，连接简单、便宜而且无间断。

WBM 有着这样的优点：

1）地理上和系统上的可移动性。

2）统一的管理程序界面——Web 浏览器界面。

3）WBM 应用程序的平台独立性：独立于操作系统、体系结构和网络协议。

4）互操作性：管理员可以通过浏览器在不同的管理系统之间切换。

9.4 常见的网络管理软件

比较常见的网络管理软件有 HP 公司的 OpenView，IBM 公司的 NetView，思科公司的 Cisco Works for Windows，金盾 CIS5 等。

9.4.1 OpenView

OpenView 是 HP 公司开发的优秀的网管软件，OpenView 集成了网络管理和系统管理各自的优点，形成一个单一而完整的管理系统。OpenView 解决方案实现了网络运作从被动无序到主动控制的过渡，使 IT 部门及时了解整个网络当前的真实状况，实现主动控制，而且 OpenView 解决方案的预防式管理工具——临界值设定与趋势分析报表，可以让 IT 部门采取更具预防性的措施，管理网络的健全状态。OpenView 解决方案是从用户网络系统的关键性能入手，帮其迅速地控制网络，然后还可以根据需要增加其他的解决方案。在 E-Services 的大主题下，OpenView 系列产品包括了统一管理平台、全面的服务和资产管理、网络安全、服务质量保障、故障自动监测和处理、设备搜索、网络存储、智能代理、Internet 环境的开放式服务等丰富的功能特性。目前该产品主要应用在金融、电信、交通、政府、公用事业、制造业等领域。

9.4.2　NetView

IBM 公司于 1990 年获得 HP OpenView 的许可，并以此作为 NetView 网络管理平台的基础，所以 NetView 在功能和界面风格上都与前者有很多相似的地方。后来，IBM 公司购买了一家生产分布式系统管理产品的公司 Tivoli，与这家公司的 Tivoli Management Environment（TME）合并并裁剪，推出了 TME10/NetView，能支持大规模、多厂商网络环境的管理，支持第三方开发的应用程序集成。

9.4.3　Cisco Works for Windows

这款网络管理软件主要应用在中小型企业的网络环境。它是一个综合的、经济有效的、功能强大的网络管理工具，能够对交换机路由器、访问服务器、集线器等网络设备进行有效的管理。Cisco Works for Windows 网络管理软件可以安装在 Windows 95/98/NT 等操作系统上。这个网络管理软件最多可以管理数百个结点。采用同一厂商的网管能够对设备进行更为详尽细致的管理，Cisco Works for Windows 拥有思科全套产品的数据库，能够调出各种产品的直观视图，深入到每个物理端口去查询状态信息，其主要功能包括：自动发现和显示网络的拓扑结构和设备；生成和修改网络设备配置参数；网络状态监控；设备视图管理；Cisco Works Windows 基于流行的 Windows 操作平台，界面友好，易于掌握，能够满足校园网对网管的功能全面而又要方便操作的要求。

9.4.4　金盾 CIS5

金盾全面内网安全与网络行为管理软件 V5.0（Jin Dun Comprehensive Intranet Security & Network Behavior Management Soft），简称金盾 CIS5，是一套融合了最新信息技术和"全面内网安全管理"及"终端统一威胁管理"先进管理理念的里程碑式的软件产品。

9.5　TCP/IP 网络管理

TCP/IP 协议，即 Transmission Control Protocol/Internet Protocol 的简写，中译名为传输控制协议/网际协议，又名网络通信协议，是 Internet 最基本的协议、Internet 国际互联网络的基础，由网络层的 IP 和传输层的 TCP 组成。TCP/IP 定义了电子设备如何连入因特网，以及数据如何在它们之间传输的标准。协议采用了 4 层的层级结构，每一层都呼叫它的下一层所提供的网络来完成自己的需求。通俗而言：TCP 负责发现传输的问题，一有问题就发出信号，要求重新传输，直到所有数据安全正确地传输到目的地。而 IP 是给因特网的每一台电脑规定一个地址。

基于 TCP/IP 的网络管理包含两个部分：网络管理站（也叫管理进程）和被管的网络单元（也叫被管设备）。被管设备种类繁多，例如：路由器、X 终端、终端服务器和打印机等。这些被管设备的共同点就是都运行 TCP/IP。被管设备端和管理相关的软件叫做代理程序（Agent）或代理进程。管理站一般都是带有彩色监视器的工作站，可以显示所有被管设备的状态（例如连接是否掉线、各种连接上的流量状况等）。

管理进程和代理进程之间的通信可以有两种方式。一种是管理进程向代理进程发出请求，询问一个具体的参数值（例如：你产生了多少个不可达的ＩＣＭＰ端口？）。另外一种方式是代理进程主动向管理进程报告有某些重要的事件发生（例如：一个连接口掉线了）。管理进程除了可以向代理进程询问某些参数值以外，它还可以按要求改变代理进程的参数值（例如：把默认的IP TTL 值改为 64）。

9.5.1 IP 管理

IP 地址分配有两种策略：静态地址分配策略和动态地址分配策略。

所谓静态 IP 地址分配策略，指的是给每一个连入网络的用户固定分配一个 IP 地址，该用户每次上网都是使用这一地址，系统在给该用户分配 IP 地址的同时，还可给该用户分配一个域名。使用静态 IP 地址分配策略分的 IP 地址，是一台终端计算机专用的 IP 地址，无论该用户是否上网，分配给其的 IP 地址是不能再分配给其他用户使用的。

动态 IP 地址分配策略的基本思想是，事先不给上网的用户分配 IP 地址，这类用户上网时自动给其分配一个 IP 地址，该用户下网时，所用的 IP 地址自动释放，可再次分配给其他用户使用。使用动态 IP 地址分配策略的用户只有临时 IP 地址而无域名。通常来说，使用电话拨号上网的用户大都是使用动态 IP 地址分配策略分配的 IP 地址。

在 Internet 和 Intranet 网络上，使用 TCP/IP 时每台主机必须具有独立的 IP 地址。随着网络应用大力推广，网络客户急剧膨胀，如果再使用静态 IP 地址分配，IP 地址的冲突就会相继而来。IP 地址冲突会造成很坏的影响，首先，网络客户不能正常工作，只要网络上存在冲突的机器，一旦电源打开，在客户机上都会频繁出现地址冲突的提示。

出现问题有时并不能及时发现，只有在相互冲突的网络客户同时都在开机状态时才能显露出问题，所以具有一定的隐蔽性。有如下几种原因可以造成 IP 地址冲突。

DHCP 允许快速、动态地获取 IP 地址。为使用 DHCP 的动态地址分配机制，管理员必须配置 DHCP 服务器，使其能提供一组 IP 地址。任何时候一旦有新的计算机连到网络上，该计算机就与服务器联系，申请一个 IP 地址。服务器收到用户的申请后，自动从管理员指定的动态 IP 地址范围中找到一个空闲的 IP 地址，并将其分配给该计算机。

动态地址分配与静态地址分配是完全不同的，静态地址分配中的 IP 地址与用户终端是严格的一一对应关系，而动态地址分配却不存在这种一对一的映射关系，并且，服务器事先并不知道客户的身份。

9.5.2 DHCP 配置管理

动态主机设置协议（Dynamic Host Configuration Protocol，DHCP）是一个局域网的网络协议，使用 UDP 协议工作，主要有两个用途：给内部网络或网络服务供应商自动分配IP 地址给用户给内部网络管理员作为对所有计算机作中央管理的手段。 DHCP 有三种机制分配IP 地址：

1）自动分配（Automatic Allocation），DHCP 给客户端分配永久性的 IP 地址。

2）动态分配（Dynamic Allocation），DHCP 给客户端分配过一段时间会过期的 IP 地址（或者客户端可以主动释放该地址）。

3）人工配置（Manual Allocation），由网络管理员给客户端指定 IP 地址。管理员可以通过 DHCP 将指定的 IP 地址发给客户端。

三种地址分配方式中，只有动态分配可以重复使用客户端不再需要的地址。

DHCP 消息的格式是基于 BOOTP（Bootstrap Protocol）消息格式的，这就要求设备具有 BOOTP 中继代理的功能，并能够与 BOOTP 客户端和 DHCP 服务器实现交互。BOOTP 中继代理的功能，使得没有必要在每个物理网络都部署一个 DHCP 服务器。RFC 951 和 RFC 1542 对 DHCP 协议进行了详细描述。

DHCP 请求 IP 地址的过程如图 9-4 所示。

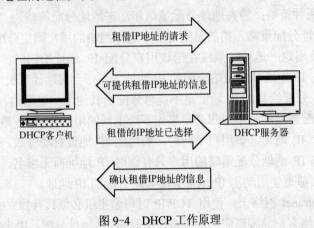

图 9-4   DHCP 工作原理

1）主机发送 DHCPDISCOVER 广播包在网络上寻找 DHCP 服务器。

2）DHCP 服务器向主机发送 DHCPOFFER 单播数据包，包含 IP 地址、MAC 地址、域名信息以及地址租期。

3）主机发送 DHCPREQUEST 广播包，正式向服务器请求分配已提供的 IP 地址。

4）DHCP 服务器向主机发送 DHCPACK 单播包，确认主机的请求。

其工作原理如图 9-4 所示。

要配置 DHCP，需按照下面任务列表进行配置，其中前三个配置任务是必需的。

1）启用 DHCP 服务器与中继代理（要求）。

2）DHCP 排斥地址配置（要求）。

3）DHCP 地址池配置（要求）。

4）配置 DHCP 服务器强制回复 NAK（可选）。

5）手工地址绑定（可选）。

6）配置 Ping 包次数（可选）。

7）配置 Ping 包超时时间（可选）。

8）以太网接口 DHCP 客户端配置（可选）。

9）PPP 封装链路上的 DHCP 客户端配置（可选）。

10）FR 封装链路上的 DHCP 客户端配置（可选）。

11）HDLC 封装链路上的 DHCP 客户端配置（可选）。

12）无线应用环境上的 DHCP 客户端配置（可选）。

9.5.3 VLAN 管理

VLAN（Virtual Local Area Network，虚拟局域网）是一种将局域网设备从逻辑上划分成一个个网段，从而实现虚拟工作组的新兴数据交换技术。这一新兴技术主要应用于交换机和路由器中，但主流应用还是在交换机之中。但又不是所有交换机都具有此功能，只有 VLAN 协议的第三层以上交换机才具有此功能，这一点可以查看相应交换机的说明书即可得知。

与普通的局域网不同，VLAN 中的工作站一般属于不同的 LAN 或 LAN 网段。并且，先有 LAN，后有 VLAN。VLAN 是建立在 LAN 之上的。VLAN 是通过将 LAN 中的工作站按一定的方法划分到逻辑组中而形成的。VLAN 的形成并没有改变原有网络的拓扑，在用户看来，网络的视图是一致的。

VLAN 在网络管理中有如下几个作用。

（1）广播风暴防范

限制网络上的广播，将网络划分为多个 VLAN 可减少参与广播风暴的设备数量。LAN 分段可以防止广播风暴波及整个网络。VLAN 可以提供建立防火墙的机制，防止交换网络的过量广播。使用 VLAN，可以将某个交换端口或用户赋予某一个特定的 VLAN 组，该 VLAN 组可以在一个交换网中或跨接多个交换机，在一个 VLAN 中的广播不会送到 VLAN 之外。同样，相邻的端口不会收到其他 VLAN 产生的广播。这样可以减少广播流量，释放带宽给用户应用，减少广播的产生。

（2）安全

增强局域网的安全性，含有敏感数据的用户组可与网络的其余部分隔离，从而降低泄露机密信息的可能性。不同 VLAN 内的报文在传输时是相互隔离的，即一个 VLAN 内的用户不能和其他 VLAN 内的用户直接通信，如果不同 VLAN 要进行通信，则需要通过路由器或三层交换机等三层设备。

（3）成本降低

成本高昂的网络升级需求减少，现有带宽和上行链路的利用率更高，因此可节约成本。

（4）性能提高

将第二层平面网络划分为多个逻辑工作组（广播域）可以减少网络上不必要的流量并提高性能。

（5）提高 IT 员工效率

VLAN 为网络管理带来了方便，因为有相似网络需求的用户将共享同一个 VLAN。

（6）简化项目管理或应用管理

VLAN 将用户和网络设备聚合到一起，以支持商业需求或地域上的需求。通过职能划分，项目管理或特殊应用的处理都变得十分方便，例如可以轻松管理教师的电子教学开发平台。此外，也很容易确定升级网络服务的影响范围。

（7）增加了网络连接的灵活性

借助 VLAN 技术，能将不同地点、不同网络、不同用户组合在一起，形成一个虚拟的网络环境，就像使用本地 LAN 一样方便、灵活、有效。VLAN 可以降低移动或变更工作站地理位置的管理费用，特别是一些业务情况有经常性变动的公司使用了 VLAN 后，这部分管理费用大大降低。

VLAN 可以用如下几个方面划分。

1）根据端口来划分 VLAN：许多 VLAN 厂商都利用交换机的端口来划分 VLAN 成员。被设定的端口都在同一个广播域中。例如，一个交换机的 1，2，3，4，5 端口被定义为虚拟网 AAA，同一交换机的 6，7，8 端口组成虚拟网 BBB。这样做允许各端口之间的通信，并允许共享型网络的升级。但是，这种划分模式将虚拟网限制在了一台交换机上。第二代端口 VLAN 技术允许跨越多个交换机的多个不同端口划分 VLAN，不同交换机上的若干个端口可以组成同一个虚拟网。以交换机端口来划分网络成员，其配置过程简单明了。因此，从目前来看，这种根据端口来划分 VLAN 的方式仍然是最常用的一种方式。

2）根据 MAC 地址划分 VLAN：这种划分 VLAN 的方法是根据每个主机的 MAC 地址来划分，即对每个 MAC 地址的主机都配置它属于哪个组。这种划分 VLAN 方法的最大优点就是当用户物理位置移动时，即从一个交换机换到其他的交换机时，VLAN 不用重新配置，所以，可以认为这种根据 MAC 地址的划分方法是基于用户的 VLAN，这种方法的缺点是初始化时，所有的用户都必须进行配置，如果有几百个甚至上千个用户的话，配置是非常累的。而且这种划分的方法也导致了交换机执行效率的降低，因为在每一个交换机的端口都可能存在很多个 VLAN 组的成员，这样就无法限制广播包了。另外，对于使用笔记本电脑的用户来说，他们的网卡可能经常更换，这样，VLAN 就必须不停地配置。

3）根据网络层划分 VLAN：这种划分 VLAN 的方法是根据每个主机的网络层地址或协议类型（如果支持多协议）划分的，虽然这种划分方法是根据网络地址，比如 IP 地址，但它不是路由，与网络层的路由毫无关系。这种方法的优点是用户的物理位置改变了，不需要重新配置所属的 VLAN，而且可以根据协议类型来划分 VLAN，这对网络管理者来说很重要，还有，这种方法不需要附加帧标签来识别 VLAN，这样可以减少网络的通信量。这种方法的缺点是效率低，因为检查每一个数据包的网络层地址是需要消耗处理时间的（相对于前面两种方法），一般的交换机芯片都可以自动检查网络上数据包的以太网帧头，但要让芯片能检查 IP 帧头，需要更高的技术，同时也更费时。当然，这与各个厂商的实现方法有关。

4）根据 IP 组播划分 VLAN：IP组播实际上也是一种 VLAN 的定义，即认为一个组播组就是一个 VLAN，这种划分的方法将 VLAN 扩大到了广域网，因此这种方法具有更大的灵活性，而且也很容易通过路由器进行扩展，当然这种方法不适合局域网，主要是效率不高。

5）基于规则的 VLAN：也称为基于策略的 VLAN。这是最灵活的 VLAN 划分方法，具有自动配置的能力，能够把相关的用户连成一体，在逻辑划分上称为"关系网络"。网络管理员只需在网管软件中确定划分 VLAN 的规则（或属性），那么当一个站点加入网络中时，将会被"感知"，并被自动地包含进正确的 VLAN 中。同时，对站点的移动和改变也可自动识别和跟踪。采用这种方法，整个网络可以非常方便地通过路由器扩展网络规模。有的产品还支持一个端口上的主机分别属于不同的 VLAN，这在交换机与共享式 Hub 共存的环境中显得尤为重要。自动配置 VLAN 时，交换机中软件自动检查进入交换机端口的广播信息的 IP 源地址，然后软件自动将这个端口分配给一个由IP子网映射成的 VLAN。

6）按用户定义、非用户授权划分 VLAN：基于用户定义、非用户授权来划分 VLAN，是指为了适应特别的 VLAN 网络，根据具体的网络用户的特别要求来定义和设计 VLAN，而且可以让非 VLAN 群体用户访问 VLAN，但是需要提供用户密码，在得到 VLAN 管理的认证后才可以加入一个 VLAN。

以上划分 VLAN 的方式中，基于端口的 VLAN 端口方式建立在物理层上；MAC方式建立在数据链路层上；网络层和 IP 广播方式建立在第三层上。

几种常见的 VLAN 应用有 Port vlan 与 Tag vlan：

- Port vlan：基于端口的 VLAN，处于同一 VLAN 端口之间才能相互通信。
- Tag vlan：基于 IEEE 802.1Q（vlan 标准），用 VID（vlan id）来划分不同的 VLAN。

9.5.4　WAN 接入管理

广域网（Wide Area Network，WAN）也叫远程网（Remote Computer Network，RCN），它的作用范围最大，一般可以从几十公里至几万公里。一个国家或国际间建立的网络都是广域网。在广域网内，用于通信的传输装置和传输介质可由电信部门提供。目前，世界上最大的信息网络 Internet 已经覆盖了包括我国在内的 180 多个国家和地区，连接了数万个网络，终端用户已达数千万，并且以每月 15%的速度增长。

作为 IT 资源的组成部分，广域网的建设应该与企业整体 IT 发展保持一致，以支撑企业 IT 业务和服务。因此，广域网管理需要有效管理企业广域网络资源和业务，提供专业、快捷、可靠的广域网络管理服务，从而保证广域网络的稳定和高效。为实现这一目标，广域网管理建设建议参考以下原则：

1）全面性。无论属于哪个行业，都需要关注基础管理、接入网管理和骨干网管理这三个方面，选择一个能够提供全面管理方案的平台和产品，对于每个企业的 IT 规划都至关重要。企业根据其行业特点和广域网发展情况，来选择网络管理平台和相应产品组件。比如，大型连锁企业的广域网，需要针对众多连锁店，提供分支接入管理和 IPSec VPN管理组件；对于政府行业专网，更多关注骨干网的可靠稳定和高质量的业务承载，因此拓扑连通性、流量性能管理和骨干网 VPN 管理则是重点。

2）高效性。广域网管理的高效性体现在业务部署和运维上，而运维工作占用了IT 管理员的大部分时间。因此，专业而丰富的网络流量和质量报表设计、设备和链路告警监管、运维流程处理是广域网管理的重要内容。而广域网的分支接入、骨干网 VPN、全网 QoS 策略等功能技术相对复杂，具有很强的专业性，且部署工作量大，因此需要提供自动化、经验化的管理工具以保证管理的效率。

3）智能性。根本上说，智能性也体现了高效性，但不同的是，智能性还能够辅助 IT 管理人员进行管理设计、避免错误部署等特点。比如把网络设计经验做成管理资源和流程，提供良好的人机交互界面，优化管理操作等，这里不仅体现了高效性，更体现了一种以人为本的设计关怀。

由于行业特点和规模的不同，企业在广域网的接入链路和技术选择方面有很大的差异。对于链路，有选择专线，配以固定地址；有选择 Internet 接入，采用固定或动态地址。对于同一个地方政府或企业，不同的级别或部门也经常采用不同的网络接入方式，比如电子政务外网，行政部门接入一般采用专线；而对于乡镇、街道办事处，由于接入点众多，数据传输量也不大，往往采用 Internet 接入，并提供 IPSec 加密。因此，不同的广域网接入方式决定了应采用不同的管理方式。

对于专线接入方式，一般把接入网纳入到骨干网中共同管理，对于不同层次的网络，根据企业要求，划分管理员的权限，进行分级分域管理。对于有大量分支网点采用 Internet 动态地址接入的情况，则要求大批量设备的动态地址管理，自动升级和配置下发，从而免去现场维护的工作，为 IT 远程管理提供了极大的方便。

为实现以上需求，推荐采用 H3C iMC BIMS 智能分支管理组件。对于有 IPSec 加密需求的分支，再辅以 IPSecVPN 组件进行管理，且 IPSec VPN 管理与 BIMS 管理实现联动，可通过 BIMS 进行 IPSec VPN 的统一部署，如图 9-5 所示。

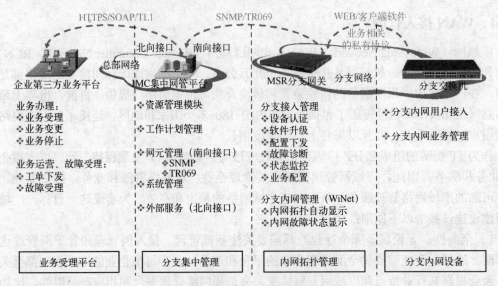

图 9-5　WAN 接入管理

9.5.5　拥塞控制与流量控制技术

拥塞现象是指到达通信子网中某一部分的分组数量过多，使得该部分网络来不及处理，以致引起这部分乃至整个网络性能下降的现象，严重时甚至会导致网络通信业务陷入停顿，即出现死锁现象。这种现象跟公路网中经常所见的交通拥挤一样，当节假日公路网中车辆大量增加时，各种走向的车流相互干扰，使每辆车到达目的地的时间都相对增加（即延迟增加），甚至有时在某段公路上车辆因堵塞而无法开动（即发生局部死锁）。

1．造成拥塞的原因

1）多条流入线路有分组到达，并需要同一输出线路，此时，如果路由器没有足够的内存来存放所有这些分组，那么有的分组就会丢失。

2）路由器的慢带处理器的缘故，以至于难以完成必要的处理工作，如缓冲区排队、更新路由表等。

2．防止拥塞的方法

1）在传输层可采用：重传策略、乱序缓存策略、确认策略、流控制策略和确定超时策略。

2）在网络层可采用：子网内部的虚电路与数据报策略、分组排队和服务策略、分组丢弃策略、路由算法和分组生存管理。

3）在数据链路层可采用：重传策略、乱序缓存策略、确认策略和流控制策略。

3．拥塞控制方法

（1）缓冲区预分配法

该法用于虚电路分组交换网中。在建立虚电路时，让呼叫请求分组途经的结点为虚电路预先分配一个或多个数据缓冲区。若某个结点缓冲器已被占满，则呼叫请求分组另择路由，或者返回一个"忙"信号给呼叫者。这样，通过途经的各结点为每条虚电路开设的永久性缓冲区（直到虚电路拆除），就总能有空间来接纳并转送经过的分组。此时的分组交换跟电路交换很相似。当结点收到一个分组并将它转发出去之后，该结点向发送结点返回一个确认信息。该确认一方面表示接收结点已正确收到分组，另一方面告诉发送结点，该结点已空出缓冲区以备接收下一个分组。上面是"停—等"协议下的情况，若结点之间的协议允许多个未处理的分组存在，则为了完全消除拥塞的可能性，每个结点要为每条虚电路保留等价于窗口大小数量的缓冲区。这种方法不管有没有通信量，都有可观的资源（线路容量或存储空间）被某个连接占有，因此网络资源的有效利用率不高。这种控制方法主要用于要求高带宽和低延迟的场合，例如传送数字化语音信息的虚电路。

（2）分组丢弃法

该法不必预先保留缓冲区，当缓冲区占满时，将到来的分组丢弃。若通信子网提供的是数据报服务，则用分组丢弃法来防止拥塞发生不会引起大的影响。但若通信子网提供的是虚电路服务，则必须在某处保存被丢弃分组的备份，以便拥塞解决后能重新传送。有两种解决被丢弃分组重发的方法，一种是让发送被丢弃分组的结点超时，并重新发送分组直至分组被收到；另一种是让发送被丢弃分组的结点在尝试一定次数后放弃发送，并迫使数据源结点超时而重新开始发送。但是不加分辨地随意丢弃分组也不妥，因为一个包含确认信息的分组可以释放结点的缓冲区，若因结点无空余缓冲区来接收含确认信息的分组，这便使结点缓冲区失去了一次释放的机会。解决这个问题的方法可以为每条输入链路永久地保留一块缓冲区，以用于接纳并检测所有进入的分组，对于捎带确认信息的分组，在利用了所捎带的确认释放缓冲区后，再将该分组丢弃或将该捎带好消息的分组保存在刚空出的缓冲区中。

（3）定额控制法

这种方法在通信子网中设置适当数量的称作"许可证"的特殊信息，一部分许可证在通信子网开始工作前预先以某种策略分配给各个源结点，另一部分则在子网开始工作后在网中四处环游。当源结点要发送来自源端系统的分组时，它必须首先拥有许可证，并且每发送一个分组注销一张许可证。目的结点方则每收到一个分组并将其递交给目的端系统后，便生成一张许可证。这样便可确保子网中分组数不会超过许可证的数量，从而防止了拥塞的发生。

4．流量控制

DTE 与 DCE 速度之间存在很大差异，这样在数据的传送与接收过程当中很可能出现收方来不及接收的情况，这时就需要对发方进行控制，以免数据丢失用于控制调制解调器与计算机之间的数据流，具有防止因为计算机和调制解调器之间通信处理速度的不匹配而引起的数据丢失。通常有硬件流量控制（RTS/CTS）和软件流量（XON/XOFF）控制。

DCE: Data Circuit-terminal Equipment，数据端接设备，直接与信道连接的设备，当信道是模拟信道时，DCE 是 Modem。当信道是数字信道时，DCE 是网桥、交换机、路由器等。

DTE: Data Terminal Equipment数据终端设备速度是指从本地计算机到 Modem 的传输速度，如果电话线传输速率（DCE 速度）为 56 000bit/s，Modem 在接收到数据后按 V.42 bis 协议解压缩56 000×4=115 200bit/s，然后以此速率传送给计算机，由此可见 56KModem（使用 V.42bis）的 DTE 速度在理想状态下都应达到 115 200bit/s。

其主要有以下这几种应用：

在电信和金融领域带宽应用主要表现在 SLA（服务等级协议）上，通过带宽管理设备给不同等级的用户提供不同等级的带宽服务，从而保障核心客户的投资回报率。

在教育、政府等应用，带宽管理器主要应用集中在对 P2P 的管理方面，尤其是 BT 的管理。同时带宽管理设备也开始作为视频会议的 QoS 的保障设备出现。由于 P2P 等应用的客户端不断升级，所以只有具有自主研发的国内产品才能实现快速根据新版本推出管理策略，在这个应用上国际厂商不具有优势。当然作为带宽管理器，还具有更多的应用方式。如以下的应用：

1）网络应用透明度问题，通过带宽管理器可以让以前未知的网络应用的状况能够详细查看。

2）防范突发的流量激增和未知应用的攻击，如 DoS 攻击等，保障网络安全。

3）评估核心应用的价值，通过对核心应用流量的监查，了解核心应用的使用率与效率。

4）保证关键应用（如 CRM、VPN、无线网络、视频会议、VoIP 等）所需的带宽，保证任何时候关键应用不受阻。

5）准确评估网络的负载能力以及新应用上线对整体网络应用的影响，保证客户的 IT 投资合理性。

6）实现按照用户的等级提供不同的网络资源配给，保障客户核心用户的网络价值。

7）降低网络管理人员的重复操作，并提供应用的量化数据，便于管理层根据应用状况做出决策。

以上这些应用只是在一些具体案例中出现，大部分用户还没有将带宽管理与自身的网络管理进行有效的融合。应用的前景很大。

习题

一、选择题

1. 网络管理框架的共同特点不包括（   ）。

    A．分为管理站和代理两部分

    B．为存储管理信息提供数据库支持

    C．提供用户视图功能

    D．提供基本的防火墙操作

2. 网络管理系统的配置包括（   ）。

    A．网络管理站、服务器代理、工作站代理、网络设备代理四个部分

    B．网络管理服务器、工作站、网络设备代理三个部分

    C．网络管理服务器、网络管理实体、网络管理应用三个部分组成

    D．网络管理站、网络代理站、网络管理协议三个部分

3. 网络管理系统的每个结点都包含一组与管理有关的软件，称为（   ）。

    A．网络管理接口

    B．网络管理视图

C．网络管理实体

D．网络管理应用

4．SNMP 协议支持的服务原语中，提供扫描 MIB 树和连续检索数据方法的是（　　　）。

A．Get

B．Set

C．Trap

D．Get-Next

5．位于网络管理工作站上和各网络元素上，利用 SNMP 相互通信对网络进行管理的软件统统称为（　　　）。

A．共同体

B．SNMP应用实体

C．管理信息库

D．SNMP 代理

二、简答题

1．什么叫网络管理？网络管理的功能是什么？

2．网络管理协议有哪些，各有什么特点？

3．简述简单网络管理协议的实现方法。

4．常见的网络管理软件有哪些，总结一下其共同点。

5．TCP/IP 网络管理有哪些内容。

第 10 章　网络工程基础实验

在计算机网络的理论基础之上，网络系统集成更倾向于工程实践中的琐碎技术。本章从最基本的组网技术开始，逐个讲解了网络工程实践中可能遇到的实践问题，读者可参照范例依实际情况进行这些基础实验。

10.1　认识常用网络设备及附件

网络工程中网络设备的选型很重要，这项工作可以通过平时的收集整理资料来积累经验。最基本的要求是对各种网络设备及其附件有一个整体的认知。

10.1.1　认识常用设备

【实验目标】　认识常用网络设备。

【实验方法】　网络搜索。

【实验过程】　在 Internet 上搜索并查看不同网络设备的类别、型号、功能和厂商。参照示例填写下表。

类　别	型　号	厂　家	功　能	图　片
中继器	UT-509	深圳 byt 自动化设备有限公司	能够延长 RS-485/422 网络的通信距离，提高整个网络的可靠性	UT-509工业级高性能RS-485/422光电隔离中继器
交换机				
网桥				
路由器				
网关				

10.1.2　RJ45 接头的制作

【实验目标】　RJ45 接头又称水晶头，本次实验需要实际动手制作水晶头，熟悉 EIA/TIA568A 和 EIA/TIA568B 标准（见图 10-1），了解双绞线的两种常用连接方式：直通线和交叉线。

直通线是指双绞线两端与水晶头的连接使用相同标准，均为 EIA/TIA568A 或均为

EIA/TIA568B。交叉线是指双绞线两端与水晶头的连接使用不同标准，一端使用 EIA/TIA568A 标准，另一端使用 EIA/TIA568B 标准。

【实验方法】 参考图示配线，使用夹线钳制作水晶头，使用测试仪测试网线是否连通如图 10-2 所示。

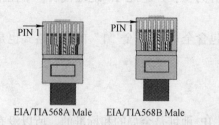
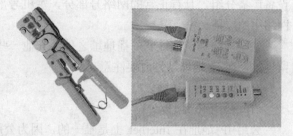

EIA/TIA568A Male EIA/TIA568B Male

图 10-1 EIA/TIA568A 标准和 EIA/TIA568B 标准   图 10-2 剥线夹线钳和测试仪

【实验过程】 首先，利用斜口错剪下所需要的双绞线长度，至少 0.6cm，最多不超过 10cm。然后再利用工具将双绞线的外皮除去 2～3cm。

剥线完成后，就要进行剥线的操作。将裸露的 8 根导线拨向 8 个不同的方向，小心地剥开每一对线，因为我们是遵循 EIA/TIA 568B 的标准来制作接头，所以线对颜色是有一定顺序的，可参看前面的图 10-1。需要特别注意的是，绿色条线应该跨越蓝色对线。这里最容易犯错的地方就是将白绿线与绿线相邻放在一起，这样 会造成串扰，使传输效率降低。

接下来将裸露出的双绞线用剪刀或斜口钳剪下只剩约 14mm 的长度，之所以留下这个长度是为了符合 EIA/TIA 的标准。最后再将双绞线的每一根线依序放入 RJ—45 接头的引脚内，第一只引脚内应该放白橙色的线，其余类推，如图 10-3 所示。

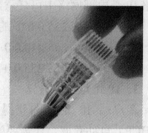

确定双绞线的每根线已经正确放置之后，就可以用 RJ—45 压线钳压接 RJ—45 接头了。

图 10-3 将双绞线插入水晶头

10.2 IP 地址规划与设置

【实验目标】 对一个具有 30 台 PC 的网络进行 IP 地址规划。要求自动分配内部每台 PC 的 IP 地址。将网络划分成两个子网，并且不允许 Internet 上的用户直接访问内部网络。

【实验方法】 画出网络结构图，标注各设备的 IP 地址及子网划分。将各配置参数制成表格形式，并根据实际情况填写。将各运行结果截图，并更名保存。

【实验过程】参考以下步骤执行。

1. 确定可分配的地址范围

网络中第一个不能使用的地址就是网络地址，网络地址用主机号部分为全"0"的 IP 地址表示，它代表一个特定的网络，也称网络标识地址。网络地址对于网络通信数据量的控制非常重要，位于同一网络中的主机具有相同的网络号，它们之间可以直接通信，网络号不同的主机之间不能直接进行通信，必须经过第 3 层设备（如路由器）进行转发。

网络分成两个子网，假设网络地址分别为 192.168.21.0 和 192.168.22.0。从局域网外部看，任何发往网络主机 192.168.21.1～192.168.21.254 的数据，目的网络都是 192.168.21.0，只有数据到达该局域网时，才能进行主机号的匹配。另一个子网的情况也是一样。

网络中第二个不能使用的地址是广播地址（Broadcast Address）。它用于向网络中的所有设备广播分组，具有正常的网络号部分，主机号部分为全"1"。此 IP 地址代表一个在指定网络中的广播。

除了网络标识地址和广播地址之外，其他一些包含全"0"和全"1"的地址格式也是保留地址，在 IP 地址规划时要注意。

2. 选择专用 IP 地址

（1）公用 IP 地址

公用 IP 地址在 Internet 上是唯一的，因为公用 IP 地址是全局的和标准的，所以没有任何两台连到公共网络的主机拥有相同的 IP 地址。所有连接 Internet 的主机都遵循此规则，公用 IP 地址是从 Internet 服务供应商（ISP）或地址注册处获得的。

（2）专用 IP 地址

随着 Internet 的发展，各个连接到 Internet 的组织需要为每台设备的每个接口获取一个公用地址。每个网络接口都有一个公有 IP 地址是不可能的，至少在 IPv4 版本中是这样的。Internet 的设计者注意到这个问题，所以保留了 IPv4 地址空间的一部分供专用地址使用。IANA（Internet 地址分配中心）提供了一个为内部网络保留网络 IP 地址的方案。以下这些网络 IP 是内部网络中可任意部署的：

子网掩码为 255.0.0.0 的 10.0.0.0 网络地址池。

子网掩码为 255.240.0.0 的 172.16.0.0 网络地址池。

子网掩码为 255.255.0.0 的 192.168.0.0 网络地址池。

3. IP 地址配置方法

客户端 IP 地址的获得可以通过手工配置 TCP/IP 选项或者使用动态主机配置协议（DHCP）自动获取。还需要配置的项目包括子网掩码、网关地址、DNS 地址等。

Windows 为 TCP/IP 客户端提供了 2 种配置 IP 地址的方法，用于满足 Windows 用户对网络的不同需求。

（1）手工分配

手工设置 IP 地址是最常用的一种分配方式。在以手工方式进行设置时，需要为网络中的每一台计算机分别设置 4 项 IP 地址信息（IP 地址、子网掩码、默认网关和 DNS 服务器地址）。在通常情况下，手工设置 IP 被用于设置网络服务器、计算机数量较少的小型网络。

手工设置的 IP 地址为静态 IP 地址，在没有重新配置之前，计算机将一直拥有该 IP 地址。而默认网关必须是计算机所在的网段中的 IP 地址，而不能填写其他网段中的 IP 地址。

（2）自动分配

如果网络中有一台设备提供 DHCP 服务的话，则客户端则可以简单设为自动获取 IP 地址。动态主机配置协议（Dynamic Host Configuration Protocol，DHCP）提供了自动的 TCP/IP 配置。DHCP 服务器为其客户端提供 IP 地址、子网掩码和默认网关地址等各种配置。网络中的计算机可以通过 DHCP 服务器自动获取 IP 地址信息。DHCP 服务器维护着一个容纳有许多 IP 地址的地址池，并根据计算机的请求而出租。DHCP 是 Windows 默认采用的地址分配方式。

4．确定 IP 规划方案

根据主机数量确定 IP 规划方案。对于主机数不超过 254 的小型网络可以选择 192.168.0.0 地址段。大中型企业由于网络设备众多，有的可以达到上万台，则可以选择 172.16.0.0 或 10.0.0.0 地址段。经过前面的分析，确定使用子网掩码为 255.255.255.0，基于专用网络 ID 192.168.0.0 的分配 IP 地址方案，这种方案提供在每个网段上最多增加到 254 台计算机的容量，足够满足本案例所有客户端的需求了。

在连接 Internet 的网络带宽不是很大，而且也没有太多的网络流量的情况下。可采用一个价格比较低廉的路由器，使用 NAT 技术将所有客户端共享上网，实现比较简单的安全防火墙作用。IP 地址配置要分别对待，文件服务器需要手工配置静态 IP 地址，这样所有用户都可以随时访问到这个静态 IP 地址，而其他客户端采用路由器上的 DHCP 功能，自动获得 IP。这台路由器的局域网端接口可设置成 192.168.1.1，这就是客户端需要指定的网关地址。而 DNS 服务器的地址使用 Internet 上的 DNS 服务器或者自行建立均可。

例如，将这个网络地址分配为 192.168.1.0，子网掩码为 255.255.255.0，那么它的主机范围就是：192.168.1.1～192.168.1.254，服务器使用固定的 192.168.1.2 的网络地址。其他主机采用自动分配的 IP 地址，但为了预留一些网络管理员和其他应用需求，只提供 192.168.1.100～192.168.1.199 这个范围的 IP。

5．实施

（1）在 Windows 系统下配置客户端 IP 地址项。

这部分比较简单，可参考前面章节的内容。

（2）配置路由器

现在的路由器一般会提供基于 Web 的配置界面。所以只需要在任何一个连通该路由器的客户机上访问其配置界面即可。路由器会提供其用于设备配置的 IP 地址，如：192.168.1.1。要登录该地址，需要先将客户机的 IP 地址设到和路由器在同一个网段，如：192.168.1.101，这时就可以在浏览器输入 192.168.1.1 登录该路由器了。DHCP 和 NAT 都可以在路由器上配置。具体操作步骤请参考相关章节。

（3）配置服务器 IP 地址

服务器由于需要随时为客户端提供服务，所以要手动设置静态 IP 地址。

6．测试连通性

最后一步就是测试网络的连通性，可以利用前面介绍的 Ipconfig、Ping、Tracert 等系统工具。

（1）测试 IP 地址属性

使用 Ipconfig /All 显示本机所有适配器的完整 TCP/IP 配置信息。Ipconfig 显示所有当前的 TCP/IP 网络配置值、刷新动态主机配置协议（DHCP）和域名系统（DNS）设置。

如果要释放和重新获得网络属性可以使用 release 和 renew 参数，Ipconfig 的使用方法可以从 Windows 系统帮助中查询。

（2）测试网络连通性

Ping 命令使用 Internet 控制消息协议（ICMP）回响请求和回响答复消息。路由器、防火墙或其他类型安全性网关上的数据报筛选策略可能会阻止该通信的转发。使用 Ping 127.0.0.1 测试回环地址的连通性。如果命令失败，本机的 TCP/IP 可能出现问题。

使用 Ping 命令检测远程主机（不同子网上的主机）IP 地址的连通性。如果 Ping 命令失败，请验证远程主机的 IP 地址是否正确，远程主机是否运行，以及该计算机和远程主机之间的所有网关（路由器）是否运行。

使用 Ping 命令检测默认网关 IP 地址的连通性。如果 Ping 命令执行失败，验证默认网关 IP 地址是否正确，以及网关（路由器）是否运行。

使用 Ping 命令检测 DNS 服务器 IP 地址的连通性。如果 Ping 命令失败，验证 DNS 服务器的 IP 地址是否正确，DNS 服务器是否运行，以及该计算机和 DNS 服务器之间的网关（路由器）是否运行。

（3）使用 Tracert 诊断工具

Tracert 通过递增"生存时间（TTL）"字段的值将"Internet 控制消息协议（ICMP）回响请求"消息发送给目标，并能显示网络路径中源主机与目标主机间的路由器的近侧路由器接口列表。不带任何参数时 tracert 显示帮助和使用格式。基本用法是：tracert [-d] [-h MaximumHops] [-j HostList] [-w Timeout] [TargetName]。

例如，要跟踪名为"www.whut.edu.cn"的主机的路由，输入：tracert www.whut.edu.cn 即可。

10.3 网络监控类命令

在网络运行过程中，可以通过一些简单的命令（程序）对网络的配置或运行情况做一些了解，也可以通过命令对设备的运行环境进行配置。这些命令可以分为两类，一类在用户终端运行，用以了解和该终端相关的网络状况。另一类在网络设备上运行，用以配置和查看该设备的运行时参数。大多数命令在命令行界面运行，以参数列表的形式显示结果。因此在使用时要记忆命令名称以及一些参数，查看结果时也要了解相应部分的含义。

10.3.1 Windows 系统的常用网络监控命令

【实验目标】 学习使用 Windows 环境下常用的网络命令，包括如下。
1）Ipconfig： IP 地址与以太网卡硬件地址查看命令。
2）Ping：网络连接测试命令。
3）ARP：地址解析命令。
4）Netstat：显示协议及其端口信息和当前的 TCP/IP 网络连接。
5）Route：控制网络路由表。
6）Tracert：该诊断实用程序将包含不同生存时间（TTL）值的 Internet 控制消息协议（ICMP）回显数据包发送到目标，以决定到达目标采用的路由。
【实验方法】 进入 Windows 的命令行模式，键入命令，记录显示结果。
【实验过程】 请选择下列命令中的若干进行验证性实验。选择开始菜单-运行-运行 cmd 命令，进入提示符状态。按正确的格式键入命令并按回车键执行。待执行结果出来以后，在命令行窗口按鼠标右键，选"标记"，然后就可以选择执行的结果文本，选好后按鼠标右键即将执行结果文本保存到了 Windows 剪贴板。在文本编辑器中选择粘贴，将刚才保存的执行结果保存到文件。

1. ipconfig
Ipconfig 命令应该是最基础的命令了，主要功能就是显示用户所在主机内部的 IP 的配置信息等资料。

它的主要参数如下。

1）all：显示与 TCP/IP 协议相关的所有细节信息，其中包括测试的主机名、IP 地址、子网掩码、结点类型、是否启用 IP 路由、网卡的物理地址、默认网关等。

2）renew all：更新全部适配器的通信配置情况，所有测试重新开始。

3）release all：释放全部适配器的通信配置情况。

4）renew n：更新第 n 号适配器的通信配置情况，所有测试重新开始。

例如：C:\>ipconfig，显示如下

```
Windows IP Configuration
Ethernet adapter 本地连接:
Connection-specific DNS Suffix . :
IP Address. . . . . . . . . . . . : 192.168.0.14
Subnet Mask . . . . . . . . . . . : 255.255.255.0
Default Gateway . . . . . . . . : 192.168.0.1
```

2．ping 命令

Ping 命令是一个在网络中非常重要的并且常用的命令，主要是用来测试网络是否连通。该命令通过发送一个 ICMP（网络控制消息协议）包的回应来看是否和对方连通，一般我们用来测试目标主机是否可以连接，或者可以通过 TTL 值来判断对方的操作系统的版本。

常用参数说明：-a　-t　-r

使用举例：

Ping	计算机名	ping	wangluo21	//获取计算机 IP
Ping	IP 地址	ping	-a 172.16.22.36	//获取计算机名
Ping	域名	ping	www.ecjtu.jx.cn	

比如你想测试你和 IP 地址为 192.168.0.1 的机器是否连通，那么就可以使用这个命令：ping 192.168.0.1，如果连通就会有如下返回：

```
C:\>ping 192.168.0.1
Pinging 192.168.0.1 with 32 bytes of data:
Reply from 192.168.0.1: bytes=32 time<1ms TTL=128
......
Ping statistics for 192.168.0.1:
Packets: Sent = 4, Received = 4, Lost = 0 （0% loss），
Approximate round trip times in milli-seconds:
Minimum = 0ms, Maximum = 0ms, Average = 0ms
```

如果不连通的话，就会返回超时：

```
Pinging 192.168.0.1 with 32 bytes of data:
Request timed out.

    ......
Ping statistics for 192.168.0.1:
Packets: Sent = 4, Received = 0, Lost = 4 （100% loss），
```

那么就证明你和该计算机的网络不通，也许是对方没有上网，或者装了防火墙。

在局域网中，如果是同一个工作组的机器，你可以通过 ping 对方的机器名称获得对方的 IP 地址，

参数：

-t：不间断地向一个机器发送包

-l：设定发送包的最大值，最大值为 65 500。如：

```
C:\>ping 192.168.0.1 -t -l 65500
```

因为加了-t 参数，ping 命令本身是不会停止的，可以使用 Ctrl+C 来终止该命令。Ping 命令还有一些别的参数，请自己参考帮助。

3．ARP 命令

显示和修改"地址解析协议"（ARP）。该命令只有在安装了 TCP/IP 协议之后才可用。

```
arp -a [inet_addr] [-N [if_addr]]
arp -d inet_addr [if_addr]
arp -s inet_addr ether_addr [if_addr]
```

参数：

-a（或 g）：通过询问 TCP/IP 显示当前 ARP 项。如果指定了 inet_addr，则只显示指定计算机的 IP 和物理地址。

inet_addr：以加点的十进制标记指定 IP 地址。

-N：显示由 if_addr 指定的网络界面 ARP 项。

if_addr：指定需要修改其地址转换表接口的 IP 地址（如果有的话）。如果不存在，将使用第一个可适用的接口。

-d：删除由 inet_addr 指定的项。

-s：在 ARP 缓存中添加项，将 IP 地址 inet_addr 和物理地址 ether_addr 关联。物理地址由以连字符分隔的 6 个十六进制字节给定。使用带点的十进制标记指定 IP 地址。项是永久性的，即在超时到期后项自动从缓存删除。ether_addr：指定物理地址。

4．Netstat

显示协议统计和当前的 TCP/IP 网络连接。该命令只有在安装了 TCP/IP 协议后才可以使用。

```
netstat [-a] [-e] [-n] [-s] [-p protocol] [-r] [interval]
```

参数说明：

-a：显示所有连接和侦听端口。服务器连接通常不显示。

-e：显示以太网统计。该参数可以与 -s 选项结合使用。

-n：以数字格式显示地址和端口号（而不是尝试查找名称）。

-s：显示每个协议的统计。默认情况下，显示 TCP、UDP、ICMP 和 IP 的统计。

-p：选项可以用来指定默认的子集。

-p protocol：显示由 protocol 指定的协议的连接；protocol 可以是 tcp 或 udp。如果与

-s 选项一同使用显示每个协议的统计，protocol 可以是 tcp、udp、icmp 或 ip。

-r：显示路由表的内容。

Interval：重新显示所选的统计，在每次显示之间暂停 interval 秒。按 Ctrl+B 停止重新显示统计。如果省略该参数，netstat 将打印一次当前的配置信息。

5．Route 命令

控制网络路由表。该命令只有在安装了 TCP/IP 后才可以使用。格式：

```
route [-f] [-p] [command [destination] [mask subnetmask]
[gateway] [metric costmetric]]
```

参数：

-f：清除所有网关入口的路由表。如果该参数与某个命令组合使用，路由表将在运行命令前清除。

-p：该参数与 add 命令一起使用时，将使路由在系统引导程序之间持久存在。默认情况下，系统重新启动时不保留路由。与 print 命令一起使用时，显示已注册的持久路由列表。忽略其他所有总是影响相应持久路由的命令。

Command：指定下列的一个命令。

表 10-1　Route 命令的 command 参数列表

命　令	目　的
print	打印路由
add	添加路由
delete	删除路由
change	更改现存路由
destination	指定发送 command 的计算机
mask subnetmask	指定与该路由条目关联的子网掩码。如果没有指定，将使用 255.255.255.255。
gateway	指定网关。名为 Networks 的网络数据库文件和名为 Hosts 的计算机名数据库文件中均引用全部 destination 或 gateway 使用的符号名称。如果命令是 print 或 delete，目标和网关还可以使用通配符，也可以省略网关参数
metric costmetric	指派整数跃点数（1～9999）在计算最快速、最可靠和（或）最便宜的路由时使用

6．Finger

在运行 Finger 服务的指定系统上显示有关用户的信息。根据远程系统输出不同的变量。该命令只有在安装了 TCP/IP 之后才可用。

```
finger [-l] [user]@computer[...]
```

参数：

-l：以长列表格式显示信息。

User：指定要获得相关信息的用户。省略用户参数以显示指定计算机上所有用户的信息：

@computer：指定本地或远程计算机。

7．tracert 命令

tracert 命令主要用来显示数据包到达目的主机所经过的路径，显示数据包经过的中继结点清单和到达时间。该命令的使用格式：

> tracert 主机 IP 地址或主机名

执行结果返回数据包到达目的主机前所历的中断站清单，并显示到达每个继站的时间。该功能同 ping 命令类似，但它所看到的信息要比 ping 命令详细得多，它把你送出的到某一站点的请求包，所走的全部路由均告诉你，并且告诉你通过该路由的 IP 是多少，通过该 IP 的时延是多少。 该命令参数有：

-d：不解析目标主机的名称。

-h： maximum_hops 指定搜索到目标地址的最大跳跃。

-j： host_list 按照主机列表中的地址释放源路。

-w： timeout 指定超时时间间隔，程序默认的时间单位是毫秒。

使用 tracert 命令可以很好的查看和目标主机的连接通道，例如中途经过多少次信息中转，每次经过一个中转站时花费了多长时间。通过这些时间，可以很方便地查出用户主机与目标网站之间的线路到底是在什么地方出了故障等情况。如果在 tracert 命令后面加上一些参数，还可以检测到更详细的信息。例如使用参数−d，可以指定程序在跟踪主机的路径信息时，同时也解析目标主机的域名。

请尝试简单地使用该命令来测试到达某网站（以 www.baidu.com 为例）的时间和经过的IP 地址：

> C:\>tracert www.baidu.com

通过最多 30 个跃点跟踪
到 www.a.shifen.com [119.75.218.77]的路由：

1	1 ms	1 ms	1 ms	192.168.0.1
2	4 ms	21 ms	20 ms	11.174.104.1
3	22 ms	21 ms	20 ms	11.175.225.121
4	23 ms	21 ms	22 ms	11.175.225.109
5	102 ms	21 ms	22 ms	202.97.37.186
6	200 ms	204 ms	203 ms	202.97.34.165
7	113 ms	101 ms	204 ms	220.181.16.149
8	211 ms	200 ms	207 ms	220.181.17.114
9	*	*	*	请求超时。
10	62 ms	38 ms	107 ms	119.75.218.77

跟踪完成。

看信息可以知道我们通过了 10 个 IP 结点和使用的时间。第一个一般是我们的机器是从该 IP 出去的，第二个开始就是经过的路由，最后一个当然就是目的地了。

8．nslookup 命令

nslookup 命令的功能是查询一台机器的 IP 地址和其对应的域名，通常它能监测网络中DNS 服务器是否能正确实现域名解析。运行 nslookup 命令需要一台域名服务器来提供域名服务。如果用户已经设置好域名服务器，就可以用这个命令查看不同主机的 IP 地址对应的域名。

该命令的一般格式为： nslookup [IP 地址/域名]

如果在本地机上使用 nslookup 命令来查询 www.baidu.com 的话，执行如下命令：

```
C:\>nslookup www.baidu.com
```

或者可以先进入 nslookup 模式再输入要查找的[域名/IP]：

```
C:\>nslookup
Default Server: dns2000.ruc.edu.cn
Address: 202.112.112.100
> www.baidu.com
```

如果要退出该命令，输入 exit 并回车即可。

9. Telnet 命令

Telnet 命令是一个远程登录的命令，可以通过这个命令来远程登录网络上已经开发了远程终端功能的服务器，来达到像管理本地计算机一样管理远程计算机的目的。该命令格式：telnet 远程主机 IP 端口。

例如：telnet 192.168.0.1 23。

如果不输入端口，则默认为 23 端口。一般登录后，对方远程终端服务就会要求你输入用户名和密码。

一般出现如下消息：

```
Welcome to Microsoft Telnet Service
login: root
password: ******
          如果登录成功后将出现如下信息：
          *═══════════════════════════════════════
Welcome to Microsoft Telnet Server.
*═══════════════════════════════════════
C:\Documents and Settings\root>
```

那么代表你通过 telnet 到了对方的系统，就可以做在你用户权限内的所有事情了。

10.3.2　Net 命令

【实验目标】　熟悉学习 Windows 平台下 Net 命令的使用方法。

【实验方法】　进入 Windows 的命令行模式，键入命令，记录显示结果。

【实验过程】　根据以下描述，完成各项操作。

1. 建立 IPC 连接

只要你拥有某 IP 的用户名和密码，那就用 IPC$做连接，这里假如你得到的用户是 administrator，密码是 123456。假设对方 IP 为 192.168.0.1，执行命令：

```
net use \\192.168.0.1\ipc$ "123456" /user:"administrator"
```

一般会显示如下信息：

```
C:\>net use \\192.168.0.1\ipc$ "123456" /user:"administrator"　命令成功完成。
```

退出的命令是：net use \\192.168.0.1\ipc$ /del

一般执行后会显示如下信息：

C:\>net use \\192.168.0.1\ipc$ /del   \\192.168.0.1\ipc$ 已经删除。

当然你也可以建立一个空的 IPC 连接，也就是不需要用户名和密码的 IPC 连接，一般建立这类连接后就可以获取对方的一些系统信息，比如用户名，共享资源等。建立空连接和建立 IPC 连接是一样的，不过是不需要用户名和密码，例如要建立和 IP 地址为 192.168.0.39 的机器的空连接，使用以下命令： net use \\192.168.0.39\ipc$ "" /user""

如果提示成功就建立了和该 IP 地址的空连接，然后通过其他命令就可以获取一些该系统的信息，这些系统信息在入侵或者是网络维护中是起着非常重要的作用的。比如黑客获取了某用户名，那么他就可以进行暴力破解密码等操作。

2．映射磁盘

如果和对方建立了 IPC 连接，那么就可以映射对方的磁盘。 这里是讲映射对方的 C 盘，当然其他盘也可以，只要存在就行了。比如把对方的 C 盘映射到本地的 Z 盘：net use z:\\127.0.0.1\c$。

执行命令后效果如下：

C:\>net use z: \\192.168.0.92\c$ 命令成功完成。

如果映射磁盘成功，就可以直接通过访问本地的Z盘来访问对方的C盘。

3．打开服务

如果想打开自己的一些服务，那么就可以使用 net start 命令，例如： net start telnet 就可以打开 Telnet 服务了。

一般有如下信息显示：

C:\>net start telnet

4．关闭服务

关闭服务使用 net stop 命令，例如：net stop tenet //就可以关闭 Telnet 服务了。

5．建立用户

建立用户必须有足够的权限。可以是本机，如果是对方的机器，必须远程登录到对方系统，或者获得了一个 shell 后才能执行（输入命令时要注意空格）。例如：

要添加一个 hacker 的用户密码为 goodhacker：

net user hacker goodhacker /add

只要显示命令成功，那么我们可以把他加入 Administrator 组（管理员组）了：

net localgroup Administrators hacker /add

6．激活用户/停止用户

可以使用 net user 命令激活 Guset 用户：net user guest /active:yes。

如果想停止一个活动用户，比如停止 Guest 用户，使用：net user guest /active:no。

7. 显示网络资源共享状况

net view，可以显示网络资源共享状况，比如执行 net view \\IP 地址，就可以查看该机器的资源共享状况，前提是必须建立了 IPC 连接，当然也可以建立一个空的 IPC 连接，也就是不需要用户名和密码的 IPC 连接。（上面的 IPC 连接有讲到，请仔细阅读）例如：

```
C:\>net view \\192.168.0.39
```

8. 发送网络消息

使用 net send 命令可以给局域网/广域网发送一条消息，格式为：net send IP 地址"消息内容"，如 net send 192.168.0.1 "这是 net send 发送的消息!" 那么 IP 地址为 192.168.0.1 的机器将出现一个标题为"信使服务"的窗口，里面显示了你发送的消息，当然如果对方关闭了 Messenger 服务的话，这条消息是不会显示的，如果你不想收到该类消息，也可以在服务中把 Messenger 服务关闭。

10.4 网络设备的配置

大多数网络设备在使用前或者使用时需要进行一些初始的配置，这些配置将在网络设备运行时起作用。为了用户配置设备的方便，现在的设备一般会提供一个图形化的操作界面，但是专业的网络设备也都会同时保留命令行的配置方式，以提供远程登录等配置方式。

10.4.1 交换机的基本配置

【实验目标】

1）学会局域网中主机 IP 地址和网关地址的设置。

2）掌握主机与交换机间连通测试。

3）掌握交换机端口参数的设置，熟悉交换机私有地址的设定规则。

【实验方法】 本实验以 S2126G 交换机为例，假设默认名为 Red-Giant。将交换机命名为 SwitchA。用一台 PC 通过串口（Com）连接到交换机的控制（Console）端口，另一台 PC 通过网卡（NIC）连接到交换机的 F0/1 以太网端口。假设 PC 的 IP 地址和掩码分别为 192.168.0.137 和 255.255.255.0，配置交换机的管理 IP 地址和网络掩码分别为 192.168.0.138，255.255.255.0。

【实验过程】

1. 在交换机上配置管理 IP 地址

```
Red-Giant>enable                                    ! 进入特权模式
Red-Giant # configure terminal                      ! 进入全局配置模式
Red-Giant （config）# hostname SwitchA               ! 配置交换机名称为 "SwitchA"
SwitchA（config）# interface vlan 1                  ! 进入交换机管理接口配置模式
SwitchA（config-if）# ip address 192.168.0.138 255.255.255.0    ! 配置交换机管理接口 IP 地址
SwitchA（config-if）# no shutdown                    ! 开启交换机管理接口
```

验证测试：验证交换机管理 IP 地址已经配置和开启。

```
SwitchA#show  ip  interface               ! 验证交换机管理 IP 地址已经配置，管理接口已开启
Interface          : VL1
```

```
Description           : Vlan 1
OperStatus            : up
ManagementStatus      : Enabled
Primary Internet address: 192.168.0.138/24
Broadcast address     : 255.255.255.255
PhysAddress           : 00d0.f8fe.1e48
```

2．配置交换机远程登录密码

```
SwitchA（config）# enable secret level 1 0 star          ! 设置交换机远程登录密码为 "star"
```

验证测试：验证从 PC 可以通过网线远程登录到交换机上。

```
C:\>telnet 192.168.0.138                                ! 从 PC 登录到交换机上
```

3．配置交换机特权模式密码

```
SwitchA（config）# enable secret level 15 0 star         ! 设置交换机特权模式密码为 "star"
```

验证测试：验证从 PC 通过网线远程登录到交换机上后可以进入特权模式。

```
C:\>telnet 192.168.0.138                                ! 从 PC 登录到交换机上
```

4．保存在交换机上所做的配置

```
SwitchA# copy   running-config startup-config           ! 保存交换机配置
或 SwitchA# write memory
```

验证测试：验证交换机配置已保存。

```
SwitchA# show configure                                 ! 验证交换机配置已保存
Using 243 out of 4194304 bytes
!
version 1.0
!
hostname SwitchA
enable secret level 1 5 $2,1u_;C3&-8U0<D4'.tj9=GQ+/7R:>H
enable secret level 15 5 $2,1u_;C3&-8U0<D4'.tj9=GQ+/7R:>H
!
interface vlan 1
 no shutdown
 ip address 192.168.0.138 255.255.255.0
!
end
```

10.4.2　交换机 VLAN 的配置

【实验目标】

1）掌握 VLAN 命令使用的基本原则。

2）掌握 VLAN 划分的规则。

3）熟悉 VLAN 地址的分配方法。

4）学会如何测试 VLAN 间的连通性。

【实验方法】 实验设备和连接图如图 10-4 所示，一台 S2126G 交换机连接一台 S3550 交换机，每台交换机各连接 2 台 PC。假设某企业网络中，计算机 PC1 和 PC3 属于销售部门，PC2 和 PC4 属于技术部门，PC1 和 PC2 连接在 S3550 上，PC3 和 PC4 连接在 S2126 上，而两个部门要求互相隔离。

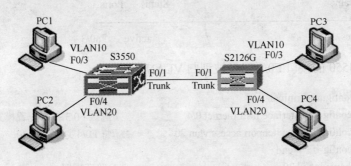

图 10-4　VLAN 配置实验网络连接图

【实验过程】

1）按照网络拓扑在机柜中选择一台 S3550 和一台 S2126，完成接线。

2）配置 S3550：

① 设备标识。

```
Switch# configure terminal
Switch（config）# hostname S3550
```

② 在 S3550 上创建 VLAN10、VLAN20。

```
S3550（config）# vlan 10                          //创建 VLAN10
S3550（config-vlan）# name sales                  //将 vlan 10 命名为营销 sales
S3550（config-vlan）# exit
S3550（config）# vlan 20                          //创建 VLAN20
S3550（config-vlan）# name technical             //将 vlan 20 命名为技术 technical
S3550（config-vlan）# end
S3550# show vlan                                 ！验证配置
VLAN Name                        Status    Ports
---- -------------------------- --------- --------------------------------
1    default                     active    Fa0/1 ,Fa0/2 ,Fa0/3 ,Fa0/4
                                           Fa0/5 ,Fa0/6 ,Fa0/7 ,Fa0/8
                                           Fa0/9 ,Fa0/10,Fa0/11,Fa0/12
                                           Fa0/13,Fa0/14,Fa0/15,Fa0/16
                                           Fa0/17,Fa0/18,Fa0/19,Fa0/20
                                           Fa0/21,Fa0/22,Fa0/23,Fa0/24

10   sales                       active
20   technical                                    active
```

可以看出，在 S3550 上 VLAN10 和 VLAN20 已经启用，但还没有指定端口。

③ 在 S3550 上把 F0/3 划归 VLAN10、F0/4 划归 VLAN20。

```
S3550# configure terminal
S3550（config）# interface fastEthernet 0/3         //进入 F0/3 接口配置模式
S3550（config-if）# switchport access vlan 10        //将 F0/3 划归 vlan10
S3550（config-if）# end
S3550# show vlan id 10                              //验证配置
VLAN Name                            Status    Ports
---- ------------------------------ --------- -------------------------------
10   sales                          active    Fa0/3
```

可以看出 S3550 的接口 F0/3 已经被划归 VLAN10。

```
S3550# configure terminal
S3550（config）# interface fastEthernet 0/4         //进入 F0/3 接口配置模式
S3550（config-if）# switchport access vlan 20        //将 F0/4 划归 vlan20
S3550（config-if）# end
S3550# show vlan id 20                              ! 验证配置
VLAN Name                            Status    Ports
---- ------------------------------ --------- -------------------------------
20   technical                      active    Fa0/4
```

可以看出 S3550 的接口 F0/4 已经被划归 VLAN20。

3）S2126 的配置方法与步骤 2 完全相同，这里不再列出。注意应当完成以下任务：将设备名改为 S2126、创建 VLAN10 和 VLAN20、分别将 F0/3 和 F0/4 接口划分至 VLAN10 和 VLAN20。

4）配置 S3550 和 S2126 之间的 Trunk 连接。

以 S3550 为例，需要配置 F0/1 为 TAG 端口，配置命令如下：

```
S3550（config）# interface fastEthernet 0/1         //进入 F0/1 接口配置模式
S3550（config-if）# switchport mode trunk            //将 F0/1 设置为 Trunk 模式
```

验证 F0/1 已经设置为 tag vlan 模式的方法如下：

```
S3550# show interface fastEthernet 0/1 switchport
Interface  Switchport Mode   Access Native Protected   VLAN lists
Fa0/1      Enable     Trunk  1      1      Disabled     All
```

注意 S2126 上也需要做同样配置：

```
S2126（config）# interface fastEthernet 0/1         //进入 F0/1 接口配置模式
S2126（config-if）# switchport mode trunk            //将 F0/1 设置为 Trunk 模式
```

5）配置 PC。

将 PC1 和 PC3 指定为 172.16.10.0/24 网段 IP，PC2 和 PC4 为 172.16.20.0/24 网段 IP。如 PC1：172.16.10.10、PC2：172.16.20.20、PC3：172.16.10.30、PC4：172.16.20.40。

```
C:\>ping 172.16.10.30                    ! 在 PC1 的命令行方式下验证能 Ping 通 PC3。
Pinging 192.168.10.30 with 32 bytes of data:
Reply from 192.168.10.30: bytes=32 time<10ms TTL=128
Reply from 192.168.10.30: bytes=32 time<10ms TTL=128
Reply from 192.168.10.30: bytes=32 time<10ms TTL=128
Reply from 192.168.10.30: bytes=32 time<10ms TTL=128
Ping statistics for 192.168.10.30:
Packets: Sent = 4, Received = 4, Lost = 0 (0% loss),
Approximate round trip times in milli-seconds:
Minimum = 0ms, Maximum = 0ms, Average = 0ms
```

6）验证 PC1 与 PC3 能互相通信，但 PC2 与 PC3 不能互相通信。

将 PC1、PC2、PC3 和 PC4 的 IP 地址设置在同一网段，例如 PC1：172.16.10.10、PC2：172.16.10.20、PC3：172.16.10.30、PC4：172.16.10.40。判断它们之间能否 ping 通，验证一下，将结果填入表 10-1。

表 10-2　VLAN 实验验证结果

验 证 机	所在 VLAN	验 证 机	所在 VLAN	能 否 连 通
PC1		PC2		□ 能；　□ 不能；
PC1		PC3		□ 能；　□ 不能；
PC1		PC4		□ 能；　□ 不能；
PC2		PC3		□ 能；　□ 不能；
PC2		PC4		□ 能；　□ 不能；
PC3		PC4		□ 能；　□ 不能；

10.4.3　交换机 STP 配置

【实验目标】

1）了解 STP 配置的目的和用途。

2）了解 STP 解决广播风暴的基本原理。

3）学会 STP 配置方法。

【实验方法】

1）调用主机和交换机并按拓扑结构连接。

2）启动各交换机的 STP 协议及优先级。

【实验过程】

1）配置 STP。

```
[SWITCH1]stp {enable|disable}
[SWITCH1]stp priority 4096              //设置交换机的优先级
[SWITCH1]stp root primary               //设置交换机为树根
[SWITCH1-Ethernet0/1]stp cost 200       //设置交换机端口的花费
```

2）查看 STP 的运行情况。

```
[SWITCH1]display stp
```

3）查看端口 STP 状态运行信息。

```
[SWITCH1]display stp interface Ethernet 0/7
```

10.4.4　路由器的基本配置

【实验目标】
1）掌握主机默认网关的设置。
2）掌握路由器常用的工作模式及其切换命令。
3）掌握路由器接口的 IP 设置。
4）掌握路由器接口的激活。
5）掌握路由器虚拟端口的配置。
6）掌握数据包的跟踪。

【实验方法】
1）使用路由器连接多个网络。
2）路由器接口配置。
3）以 telnet 方式登录路由器。

【实验过程】
本实验的网络图如图 10-5 所示。

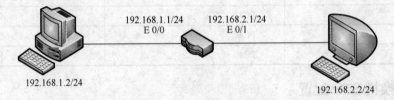

图 10-5　路由器配置实验图

1. 根据图 10-5 配置各主机的 IP 地址、子网掩码和默认网关

```
HostA 主机默认网关配置：ipconfig　/dg　192.168.1.1
HostB 主机默认网关配置：ipconfig　/dg　192.168.2.1
```

2. 通过专用电缆连接路由器的 Console 口并进行接口 IP 地址配置与激活

```
Router> enable
Router# configure terminal
Router（config）# interface Ethernet 0/0
Router（config-if）# ip address 192.168.1.1 255.255.255.0
Router（config-if）# no shutdown
Router（config-if）# exit
Router（config）# interface Ethernet 0/1
Router（config-if）# ip address 192.168.2.1 255.255.255.0
Router（config-if）# no shutdown
Router（config-if）# exit
```

3. 设置路由器虚拟登录接口的登录密码（设密码为 password）并允许远程登录

```
Router# configure terminal
Router（config）# line vty 0 4
Router（config-line）# password password
Router（config-line）# login
Router（config-line）# exit
```

4. 显示路由器各接口的三层配置情况

```
Router# show protocols
```

5. 主机以 telnet 方式登录路由器

```
telnet   192.168.1.1 或 telnet   192.168.2.1
```

6. 在 HostA 主机中跟踪到 HostB 的数据包

```
tracer 192.168.2.2
```

10.4.5 路由器静态路由及 RIP 路由配置

【实验目标】
1）进一步加深对路由器路由选择的理解。
2）熟悉路由器静态路由的配置方法。
3）熟悉与路由操作相关的命令，理解路由表的格式。

【实验方法】
1）使路由器的局域网端口与连接的设备可以互通。
2）使用静态路由实现两台 PC 之间的互通。
3）说明路由表在添加静态路由之前与之后的区别。
4）说明路由表在添加动态路由 RIP 之前与之后的区别。

【实验过程】参考以下步骤。

1. 按拓扑要求连接设备

2. 配置主机地址

```
PC1:10.65.1.1 netmask 255.255.0.0
PC2:10.71.1.1 netmask 255.255.0.0
PC3:10.66.1.1 netmask 255.255.0.0
```

3. 配置路由器 A 端口

```
[RouterA]interface ethernet0/0
[RouterA-Ethernet0/0]ip addrress 10.65.1.2 255.255.0.0
[RouterA-Ethernet0/0]undo shutdown
[RouterA-Ethernet0/0]int e0/1
[RouterA-Ethernet0/1]ip addrress 10.66.1.2 255.255.0.0
```

```
[RouterA-Ethernet0/1]undo shutdown
[RouterA-Ethernet0/1]int s0/1
[RouterA-Serial0/1]ip addrress 10.68.1.2 255.255.0.0
[RouterA-Serial0/1]undo shutdown
[RouterA-Serial0/1]clock rate 64000
[RouterA-Serial0/1]quit
[RouterA]ip routing
[RouterA]dis curr
```

4. 配置路由器 B 端口

```
[RouterB]interface ethernet0/0
[RouterB-Ethernet0/0]ip addrress 10.70.1.2 255.255.0.0
[RouterB-Ethernet0/0]undo shutdown
[RouterB-Ethernet0/0]int e0/1
[RouterB-Ethernet0/1]ip addrress 10.71.1.2 255.255.0.0
[RouterB-Ethernet0/1]undo shutdown
[RouterB-Ethernet0/1]int s0/0
[RouterB-Serial0/0]ip addrress 10.68.1.1 255.255.0.0
[RouterB-Serial0/0]undo shutdown
[RouterB-Serial0/0]quit
[RouterB]ip routing
[RouterB]dis curr
```

5. 配置主机 A 的网关及以太网端口 IP

```
[root@PC1 root]#ifconfig eth0 10.65.1.1 netmask 255.255.0.0
[root@PC1 root]#route add default gw 10.65.1.2
```

6. 测试主机 A 与路由器的连能性

```
[root@PC1 root]#ping 10.65.1.2  通
[root@PC1 root]#ping 10.66.1.2  通
[root@PC1 root]#ping 10.67.1.2  通
[root@PC1 root]#ping 10.68.1.2  不通
[root@PC1 root]#ping 10.69.1.2  不通
[RouterA]ip route-static 10.69.0.0 255.255.0.0 10.67.1.1
[root@PC1 root]#ping 10.69.1.1  通
```

7. 配置路由器的静态路由
设置 RouterA 的 IP：

```
f0/0: 10.65.1.2    --->PC1:10.65.1.1
f0/1: 10.66.1.2    --->PCB:10.66.1.1
s0/0: 10.67.1.2
s0/1: 10.68.1.2    --->接 RouterC s0/0
```

设置 RouterB 的 IP:

```
s0/0: 10.78.1.1    <---
s0/1: 10.67.1.1
f0/0: 10.69.1.2    --->PCC:10.69.1.1
f0/1: 10.70.1.2    --->PCD:10.70.1.1
```

8. 设置从 PC1 到 PCC 的静态路由

```
[ROA]ip routing
[ROA]ip route-static 10.69.0.0 255.255.0.0 10.68.1.1
[ROA]display ip route
[ROB]ip route-static 10.69.0.0 255.255.0.0 10.78.1.1
[ROB]display ip route
```

9. 连通性测试

```
[root@PC1 root]#ping 10.69.1.1    （通）
[root@PC1 root]#ping 10.78.1.1    （不通）
[root@PC1 root]#ping 10.70.1.1    （不通）
```

10. RIP 路由配置

```
[RouterA]rip version 2 multicast
[RouterA-rip]network 10.0.0.0                    ;可以用 all
[RouterA-rip]ip routing

[RouterB]rip version 2 multicast
[RouterB-rip]network 10.0.0.0
[RouterB-rip]ip routing

[RouterC]rip version 2 multicast
[RouterC-rip]network 10.0.0.0
[RouterC-rip]ip routing
[RouterC]dis ip route
```

配置主机 IP 测试连通状态。

```
[root@PC1 root]#ping 10.69.1.1  通
[root@PC1 root]#ping 10.70.1.1  通
[RouterA-rip]peer 10.68.1.1                ;指明交换点
[RouterA-rip]summary                       ;聚合
[RouterA-Serial0]rip split-horizon         ;水平分隔
[RouterA]rip work
[RouterA]rip input
[RouterA]rip output
[RouterA]router id A.B.C.D                  ;配置路由器的 ID
```

动态路由测试。

```
[root@PC1 root]#ping 10.69.1.1 通
[root@PC1 root]#ping 10.70.1.1 通
[root@PCC root]#ping 10.65.1.1 通
[root@PC1 root]#ping 10.76.1.1 通
```

10.4.6 路由器 OSPF 路由配置

【实验目标】 OSPF（Open Shortext Path First，开放式最短路径优先）协议，是目前网络中应用最泛的路由协议之一。属于内部网关路由协议，能够适应各种规模的网络环境，是典型的链路状态（Link-state）协议。

OSPF 路由协议通过向全网扩散本设备的链路状态信息，使网络中每台设备最终同步一个具有全网链路状态的数据库（LSDB），然后路由器采用 SPF 算法，以自己为根，计算到达其他网络的最短路径，最终形成全网路由信息。

OSPF 属于无类路由协议，支持 VLSM（变长子网掩码）。OSPF 是以组播的形式进行链路状态的通告的。

在大模型的网络环境中，OSPF 支持区域的划分，将网络进行合理规划。划分区域时必须存在 area 0（骨干区域）。其他区域和骨干区域直接相连，或通过虚链路的方式连接。实现网络的互连互通，从而实现信息的共享和传递。

本实验的目的是掌握在路由器上配置 OSPF 的方法。

【实验方法】 通过配置动态路由协议 OSPF 学习产生路由。

【实验过程】

本实验的拓扑结构如图 10-6 所示。

实验步骤如下。

1. 连接设备

根据拓扑图，用 3 根直通线将 PC1、PC2 分别与 S1、R2 的端口 fa0/1 相连，S1 的 fa0/2 端口与 R1 的 fa0/1 相连。用一根 V35 线缆将 R1 的 S1/2 与 R2 的 S1/2 相连。

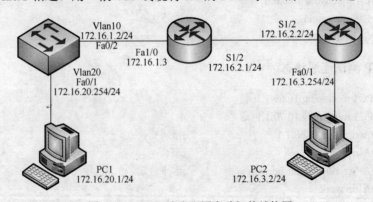

图 10-6 OSPF 路由配置实验拓扑结构图

2. IP 规划

表 10-3 给出了本实验中的 IP 规划。

表 10-3　IP 规划

设　　备	IP 地址	连 接 端 口
PC1	172.17.20.1/24	S3-fa0/1
PC2	172.16.3.2/24	R2-fa0/1
S3-VLAN 20	172.16.20.254/24	S3-fa0/1
S3-VLAN 10	172.16.10.2/24	R1-fa1/0
R1-fa1/0	172.16.1.3/24	S3-fa0/2
R1-S1/2	172.16.2.1/24	R2-S1/2
R2-S1/2	172.16.2.2/24	R1-S1/2
R2-fa0/1	172.16.3.254/24	PC2

3．实验配置

（1）S1 的配置

```
S1>en 14
S1>star                                              //进入特权模式
S1#configure  terminal                               //进入全局配置模式
S1（config）#vlan 10
S1（config-vlan）#name text1                          //创建 vlan 10 并命名为 text1
S1（config-vlan）#vlan 20
S1（config-vlan）#name text2                          //创建 vlan 20 并命名为 text2
S1（config-vlan）#exit
S1（config）#interface  fa0/1
S1（config-if）#switchport  access  vlan 20           //将 fa0/1 划分到 vlan  20
S1（config-if）#interface  fa0/2
S1（config-if）#switchport  access  vlan 10           //将 fa0/2 划分到 vlan  10
S1（config-if）#exit
S1（config）#interface  vlan 20
S1（config-if）#ip  address  172.16.20.254  255.255.255.0   //为 vlan 20 配置 IP 地址
S1（config-if）#no  shutdown
S1（config-if0#exit
S1（config）#interface  vlan 10
S1（config-if）#ip  address  172.16.1.2  255.255.255.0      //为 vlan 10 配置 IP 地址
S1（config-if）#no  shutdown
S1（config-if）#exit
S1（config）#router  ospf                             //开启 OSPF 协议进程
S1（config-router）#network  172.16.20.0  0.0.0.255  area 1
S1（config-router）#network  172.16.1.0   0.0.0.255  area 0 //申明本设备的直连网段并分配区域号
S1（config-router）#end
S1#wr
```

（2）R1 的配置

```
R1>en 14
R1>star                                              //进入特权模式
```

```
R1#configure    terminal                                              //进入全局配置模式
R1（config）#interface    fa1/0
R1（config-if）#ip    address    172.16.1.3    255.255.255.0          //为 fa1/0 设置 IP 地址
R1（config-if）#no    shutdown
R1（config-if）#interface    s1/2
R1（config-if）#clock    rate    6400                                 //将 r2 设置为 DCE
R1（config-if）#ip    address    172.16.2.1    255.255.255.0          //为 s1/2 设置 IP 地址
R1（config-if）#no    shutdown
R1（config-if）#exit
R1（config）#router    ospf                                          //开启 OSPF 协议进程
R1（config-router）#network    172.16.1.0    0.0.0.255    area 0
R1（config-router）#network    172.16.2.0    0.0.0.255    area 0      //申明本设备直连网段并分配区域号
R1（config-router）#end
R1#wr
```

（3）R2 的配置

```
R2>en 14
R2>star                                                               //进入到特权模式
R2#configure    terminal                                              //进入到全局配置模式
R2（config）#interface    s1/2
R2（config-if）#ip    address    172.16.2.2    255.255.255.0          //为 s1/2 设置 IP 地址
R2（config-if）#no    shutdown
R2（config-if）#interface    fa0/1
R2（config-if）#ip    address    172.16.3.254    255.255.255.0        //为 fa0/1 设置 IP 地址
R2（config-if）#no    shutdown
R2（config-if）#exit
R2（config）#router    ospf                                          //开启 OSPF 协议进程
R2（config-router）#network    172.16.2.0    0.0.0.255    arae 0
R2（config-router）#network    172.26.3.0    0.0.0.255    area 2

                                                                      //申明本设备的直辖网段并分配区域号
R2（config-router）#end
R2#wr
```

10.4.7 NAT 的配置

【实验目标】

1）掌握 NAT 相关概念、分类和工作原理。

2）学习配置 NAT 的命令和步骤。

3）查看 NAT 转换配置情况。

4）练习配置动态 NAT 和 PAT。

【实验方法】

1）NAT 拓扑与地址规划。

2）NAT 基本配置和 PAT 配置。

3）验证 NAT 和 PAT 配置并给出配置清单。

【实验过程】

NAT 基本概念如下。

静态 NAT：在静态 NAT 中，内部网络中的每个主机都被永久映射成外部网络中的某个合法的地址。静态地址将内部本地地址与内部合法地址进行一对一的转换，且需要制定和那个合法地址进行转换。如果内部网络有 E-mail 服务器或 FTP 服务器等可以为外部用户提供的服务，这些服务器的 IP 地址必须采用静态地址转换，以便外部用户可以使用这些服务。

动态 NAT：动态 NAT 首先要定义合法的地址池，然后采用动态分配的方法映射到内部网络。动态 NAT 是动态一对一的映射。

NAT 工作原理：NAT 技术使得一个私有网络可以通过 Internet 注册 IP 连接到外部世界，位于 inside 网络和 outside 网络中的 NAT 路由器在发送数据包之前，负责把内部 IP 翻译成外部合法地址。内部网络的主机不可能同时与外部网络通信，所以只有一部分内部地址需要翻译。

实验拓扑结构如图 10-7 所示。

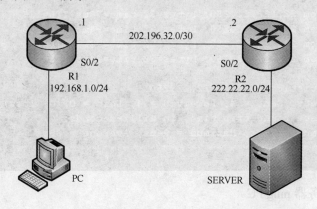

图 10-7　NAT 配置实验拓扑结构图

IP 地址规划情况：

	接　口	IP 地址	子网掩码
路由器 R1	S0/2	202.196.32.1	255.255.255.252
	F0/1	192.168.1.1	255.255.255.0
路由器 R2	S0/2	202.196.32.2	255.255.255.252
	F0/1	222.22.22.1	255.255.255.0

	Ip 地址	子网掩码	网　关
PC0	192.168.1.10	255.255.255.0	192.168.1.1
www 服务器	222.22.22.250	255.255.255.0	222.22.22.1

1. R1 路由器的基本配置清单

R1（config）#ip nat pool NAT 126.1.1.1 126.1.1.30 netmask 255.255.255.224
R1 （config）#ip nat inside source list 1 pool NAT overload

```
R1（config）#access-list 1 permit 192.168.1.0 0.0.0.255
R1（config）#int f0/0
R1（config-if）#ip nat inside
R1（config）#int s0/2
R1（config-if）#ip nat outside
```

2. R2 路由器的静态路由配置清单

```
R1（config）#ip route 126.1.1.0 255.255.255.224 s0/2
```

3. 验证 PC 和 www 服务器的通信情况

（1）PCping WWW 服务器

```
PC>ping 222.22.22.250

Pinging 222.22.22.250 with 32 bytes of data:

Reply from 222.22.22.250: bytes=32 time=78ms TTL=126
Reply from 222.22.22.250: bytes=32 time=94ms TTL=126
Reply from 222.22.22.250: bytes=32 time=93ms TTL=126
Reply from 222.22.22.250: bytes=32 time=94ms TTL=126

Ping statistics for 222.22.22.250:
    Packets: Sent = 4, Received = 4, Lost = 0 (0% loss),
Approximate round trip times in milli-seconds:
    Minimum = 78ms, Maximum = 94ms, Average = 89ms

PC>
```

（2）WWW 服务器 ping PC

```
Pinging 192.168.1.10 with 32 bytes of data:

Reply from 222.22.22.1: Destination host unreachable.
Reply from 222.22.22.1: Destination host unreachable.
Reply from 222.22.22.1: Destination host unreachable.
Reply from 222.22.22.1: Destination host unreachable.

Ping statistics for 192.168.1.10:
    Packets: Sent = 4, Received = 0, Lost = 4 (100% loss),

SERVER>
```

4. 查看地址翻译列表

```
Router#show ip nat translations
Pro  Inside global     Inside local      Outside local      Outside global
icmp 126.1.1.1:10      192.168.1.10:10   222.22.22.1:10     222.22.22.1:10
icmp 126.1.1.1:11      192.168.1.10:11   222.22.22.250:11   222.22.22.250:11
icmp 126.1.1.1:9       192.168.1.10:9    222.22.22.250:9    222.22.22.250:9
```

5. 利用 debug ip nat 观察地址翻译过程

```
Router#
NAT: expiring 126.1.1.1 (192.168.1.10) icmp 9 (9)
NAT: expiring 126.1.1.1 (192.168.1.10) icmp 10 (10)
NAT: expiring 126.1.1.1 (192.168.1.10) icmp 11 (11)
Router#debug ip nat
IP NAT debugging is on
Router#
NAT: s=192.168.1.10->126.1.1.1, d=222.22.22.250 [12]
NAT*: s=222.22.22.250, d=126.1.1.1->192.168.1.10 [15]
NAT: s=192.168.1.10->126.1.1.1, d=222.22.22.1 [13]
NAT*: s=222.22.22.1, d=126.1.1.1->192.168.1.10 [7]
NAT: expiring 126.1.1.1 (192.168.1.10) icmp 12 (12)
NAT: expiring 126.1.1.1 (192.168.1.10) icmp 13 (13)
NAT: s=192.168.1.10->126.1.1.1, d=222.22.22.250 [14]
NAT*: s=222.22.22.250, d=126.1.1.1->192.168.1.10 [18]
NAT: expiring 126.1.1.1 (192.168.1.10) icmp 14 (14)
```

10.4.8 路由器 ACL 的设计与配置

【实验目标】

1）掌握 ACL 的设计原则和工作过程。

2）掌握标准 ACL 的配置方法。

3）掌握扩展 ACL 的配置方法。

4）掌握两种 ACL 的放置规则。

5）掌握两种 ACL 调试和故障排除。

【实验方法】

1）允许 PC0 特定主机访问网络。

2）允许 PC1 所在网络访问网络。

3）允许 PC1 所在网络访问 www 服务。

4）给出具体的实验步骤和调试结果，给出每台路由器上面的关于 ACL 配置清单。

【实验过程】

1. 初始配置各路由器及 PC、服务器设备

初始化配置路由器 A：

```
Router（config）#int f0/0
Router（config-if）#ip address 128.196.1.1 255.255.255.0
Router（config-if）#no shut
Router（config-if）#int f1/0
Router（config-if）#ip address 128.196.2.1 255.255.255.0
Router（config-if）#no shut
Router（config-if）#int s2/0
Router（config-if）#ip address 10.10.1.1 255.255.255.0
Router（config-if）#clock rate 64000
Router（config-if）#no shut
```

初始化配置路由器 B：

```
Router（config）#int f0/0
Router（config-if）#ip address 172.168.1.1 255.255.255.0
Router（config-if）#no shut
Router（config-if）#ip address 128.196.1.2 255.255.255.0
Router（config-if）#no shut
```

初始化配置路由器 C：

```
Router（config）#int f0/0
Router（config-if）#ip address 128.196.2.2 255.255.255.0
Router（config-if）#no shut
Router（config-if）#int f1/0
Router（config-if）#ip address 172.168.2.1 255.255.255.0
Router（config-if）#no shut
```

初始化配置路由器 D：

```
Router（config）#int s2/0
Router（config-if）#ip address 10.10.1.2 255.255.255.0
Router（config-if）#no shut
Router（config-if）#int f0/0
Router（config-if）#ip address 10.10.2.1 255.255.255.0
Router（config-if）#no shut
```

初始配置 PC0：

IP Address	172.168.1.2
Subnet Mask	255.255.255.0
Default Gateway	172.168.1.1

初始配置 PC1：

IP Address	172.168.2.2
Subnet Mask	255.255.255.0
Default Gateway	172.168.2.1

初始配置 WWW 服务器 IP：

IP Address	10.10.2.2
Subnet Mask	255.255.255.0
Default Gateway	10.10.2.1

2. 配置各路由器协议（本实验采用 OSPF 协议）

配置路由器 A 的路由协议：

```
Router#config t
Enter configuration commands, one per line.    End with CNTL/Z.
Router（config）#route ospf 1
Router（config-router）#network 128.196.0.0 0.0.255.255 area 0
Router（config-router）#network 10.10.1.0 0.0.0.255 area 0
```

配置路由器 B 的路由协议：

```
Router#config t
Enter configuration commands, one per line.    End with CNTL/Z.
Router（config）#route ospf 2
Router（config-router）#network 128.196.1.0 0.0.0.255 area 0
Router（config-router）#network 172.168.1.0 0.0.0.255 area 0
```

配置路由器 C 的路由协议：

```
Router（config）#route ospf 3
Router（config-router）#network 128.196.2.0 0.0.0.255 area 0
Router（config-router）#network 172.168.2.0 0.0.0.255 area 0
```

配置路由器 D 的路由协议：

```
Router#config t
Enter configuration commands, one per line. End with CNTL/Z
Router（config）#route ospf 4
Router（config-router）#network 10.10.0.0 0.0.255.255 area 0
```

3. 配置 ACL

根据实验要求需在路由器 D 上配置标准 ACL。

```
Router（config）#access-list 1 permit 172.168.1.2 0.0.0.0
Router（config）#access
Router（config）#access-list 1 permit 172.168.2.0 0.0.0.255
Router（config）#interface f0/0
Router（config-if）#ip access-group 1 out
```

在路由器 C 上配置扩展 ACL。

```
Router（config）#access-list 101 permit tcp 172.168.2.0 0.0.0.255 10.10.2.0 0.0.0.255 eq 80
Router（config）#access-list 101 deny ip any any
Router（config）#interface f1/0
Router（config-if）#ip access-group 101in
```

4. 测试实验结果

在 PC 端 ping 外网 10.10.2.2。

```
PC>ping 10.10.2.2

Pinging 10.10.2.2 with 32 bytes of data:

Reply from 10.10.2.2: bytes=32 time=125ms TTL=125
Reply from 10.10.2.2: bytes=32 time=125ms TTL=125
Reply from 10.10.2.2: bytes=32 time=112ms TTL=125
Reply from 10.10.2.2: bytes=32 time=93ms TTL=125

Ping statistics for 10.10.2.2:
    Packets: Sent = 4, Received = 4, Lost = 0 (0% loss),
Approximate round trip times in milli-seconds:
    Minimum = 93ms, Maximum = 125ms, Average = 113ms
```

习题

一、简答

1. 说明 IP 地址规划的步骤。

2. 以上实验实际进行了哪几个？是否得到了预期的结果，或者出现了什么问题，请列表描述。

3. 你实际接触了哪些网络设备？通过实验结果说明为什么说它是属于某个层的设备？

二、设计

1. 某公司现有了一个 C 类网络地址 211.211.211.0，公司有设计部门、生产部门和市场部门，需要划分为互相独立的三个网络。要求每个子网能支持尽可能多的主机，请提供一个子网划分的方案。

2. 某学校使用 171.16.0.0/16 来划分子网，要满足 6 个部门的 IP 地址需求，其中基础系100，经管系100，电子系200，机械系300，管理系400，信息系600。

1）请分配各部门的网络号、起始 IP 地址、掩码及前缀。

2）各部门之间需要相互通信，请提供一个网络系统结构图。

参 考 文 献

[1]　Todd Lammle. CCNA 学习指南[M]. 6 版. 程代伟, 译. 北京: 电子工业出版社, 2008.

[2]　Andrew S Tanenbaum. 计算机网络[M]. 熊桂喜, 王小虎, 译. 北京: 清华大学出版社, 1999.

[3]　雷震甲. 网络工程师教程[M]. 3 版. 北京: 清华大学出版社, 2010.

[4]　苗凤君. 局域网技术与组网工程[M]. 北京: 清华大学出版社, 2010.

[5]　谢希仁. 计算机网络[M]. 北京: 清华大学出版社, 1999.

[6]　汪伟. 程一飞. 网络操作系统[M]. 合肥: 中国科学技术大学出版社, 2009.

[7]　程向前. 冯博琴. 计算机网络应用基础[M]. 北京: 人民邮电出版社, 2009.

[8]　田增国. 组网技术与网络管理 [M]. 2 版. 北京: 清华大学出版社, 2009.

[9]　William Stallings. 数据与计算机通信[M]. 王海, 李娟, 译. 北京: 电子工业出版社, 2011.

[10]　William Stallings. 密码编码学与网络安全: 原理与实践[M]. 王张宜, 译. 北京: 电子工业出版社, 2012.

[11]　魏楚元, 张蕾. 组网工程与技术[M]. 北京: 机械工业出版社, 2012.

[12]　卢加元. 计算机组网技术与配置[M]. 北京: 清华大学出版社, 2008.

精品教材推荐目录

序号	书号	书　名	作者	定价	配套资源
1	23989	新编计算机导论	周苏	32	电子教案
2	33365	C++程序设计教程——化难为易地学习 C++	黄品梅	35	电子教案
3	36806	C++程序设计　——北京高等教育精品教材立项项目	郑莉	39.8	电子教案、源代码、习题答案
4	23357	数据结构与算法	张晓莉	29	电子教案、配套教材、习题答案
5	08257	计算机网络应用教程(第3版)　——北京高等教育精品教材	王洪	32	电子教案
6	30641	计算机网络——原理、技术与应用	王相林	39	电子教案、教学网站、超星教学录像
7	20898	TCP/IP 协议分析及应用　——北京高等教育精品教材	杨延双	29	电子教案
8	36023	无线移动互联网：原理、技术与应用　——北京高等教育精品教材立项项目	崔勇	52	电子教案
9	24502	计算机网络安全教程(第2版)	梁亚声	34	电子教案
10	25930	网络安全技术及应用	贾铁军	41	电子教案
11	33323	物联网技术概论	马建	36	电子教案
12	34147	物联网实验教程	徐勇军	43	配光盘
13	37795	无线传感器网络技术	郑军	39.8	电子教案
14	39540	物联网概论	韩毅刚	45	电子教案、教学建议
15	26532	软件开发技术基础(第2版)　——"十二五"普通高等教育本科国家级规划教材	赵英良	34	电子教案
16	28382	软件工程导论	陈明	33	电子教案
17	33949	软件工程(第2版)	瞿中	42	电子教案
18	37759	软件工程实践教程 (第2版)	刘冰	49	电子教案
19	08968	数值计算方法(第2版)	马东升	25	电子教案、配套教材
20	28922	离散数学(第2版)　——"十一五"国家级规划教材	王元元	34	电子教案
21	41926	数字逻辑(第2版)	武庆生	36	电子教案
22	43389	操作系统原理	周苏	49.9	电子教案
23	35895	Linux 应用基础教(Red Hat Enterprise Linux/CentOS 5)	梁如军	58	电子教案
24	40995	单片机原理及应用教程(第3版)	赵全利	39	电子教案、习题答案、源代码
25	23424	嵌入式系统原理及应用开发　——北京高等教育精品教材	陈渝	38	电子教案
26	19984	计算机专业英语	张强华	32	电子教案、素材、实验实训指导、配光盘
27	28837	人工智能导论	鲍军鹏	39	电子教案
28	31266	人工神经网络原理　——北京高等教育精品教材	马锐	25	电子教案
29	26103	信息安全概论	李剑	28	电子教案
30	40967	计算机系统安全原理与技术(第3版)	陈波	49	电子教案
31	33288	网络信息对抗(第2版) —"十一五"国家级规划教材	肖军模	42	电子教案、配套教材
32	37234	网络攻防原理	吴礼发	38	电子教案
33	40081	防火墙技术与应用	陈波	29	电子教案